北京大学优秀教材

现代地震学教程

Textbook on Modern Seismology

（第 2 版）

周仕勇　许忠淮　编著

北京大学出版社
PEKING UNIVERSITY PRESS

图书在版编目(CIP)数据

现代地震学教程/周仕勇,许忠淮编著. —2版. —北京:北京大学出版社,2018.2
ISBN 978-7-301-29174-0

Ⅰ.①现… Ⅱ.①周… ②许… Ⅲ.①地震学—高等学校—教材 Ⅳ.①P315

中国版本图书馆 CIP 数据核字(2018)第 019262 号

书　　　名	现代地震学教程(第 2 版)	
	XIANDAI DIZHENXUE JIAOCHENG	
著作责任者	周仕勇　许忠淮　编著	
责 任 编 辑	王树通	
标 准 书 号	ISBN 978-7-301-29174-0	
出 版 发 行	北京大学出版社	
地　　　址	北京市海淀区成府路 205 号　100871	
网　　　址	http://www.pup.cn　新浪微博:@北京大学出版社	
电 子 信 箱	zpup@pup.cn	
电　　　话	邮购部 62752015　发行部 62750672　编辑部 62765014	
印 刷 者	北京虎彩文化传播有限公司	
经 销 者	新华书店	

787 毫米×1092 毫米　16 开本　14.25 印张　340 千字
2011 年 1 月第 1 版
2018 年 2 月第 2 版　2023 年 1 月第 3 次印刷

定　　　价　42.00 元

内 容 简 介

　　地震学是地球物理学的重要组成部分。本教材目的是介绍现代地震学的理论基础,设计为固体地球物理专业高年级本科生的专业基础课教材,同时也可以作为本科期间没有系统学习过地震学的低年级研究生的辅修教材或自学参考书,还可供从事相关领域工作的科技人员参考。主要内容包括:引言,弹性力学基础与地震波,体波与射线理论,面波与地球自由震荡,地球内部结构的确定,地震震源,地震运动学与动力学研究,地震观测、地震资料分析与应用,共8章。

　　作为一部新编教材,本书注意现代地震学的新进展,介绍了一些地震学前沿性研究内容,与已有同类教材相比,在内容上有较大的更新。尤其对地震波射线理论、面波理论及震源理论等地震学基础所涉及的基本方程进行了阐述和推导,是一部内容较系统的专业课程教材。为了避免理论学习中的单调,本书在讲述基本理论的同时,注意介绍理论的具体应用实例,以增加对基本理论的理解和书的可读性。本书在每章后设计的练习题,除了注意通过练习巩固学生的有关基本概念和理论知识外,还设计了一些小的科研训练题,以培养学生的编程能力及运用所学知识解决具体问题的能力。

第 2 版说明

因教学需要,在北京大学教务部的资助下,2010 年北京大学出版社出版了我们编写的教材《现代地震学教程》。由于是面向教学用书,受篇幅限制,编写过程中省略了地震观测与资料分析相关的部分内容,每章后面至关重要的文献参考目录也忍痛删除,留下不少遗憾。本书在《现代地震学教程》(2010 年版)的基础上,对原教材中的一些错误进行了更正,对原书第八章"地震观测"一节作了较大篇幅的扩充。并根据读者建议,在每个章节后面,增加了一些建议阅读的文献,使得本书成为基本覆盖地震学的基本理论、包含现代地震学的新发现与部分应用实例、内容更为翔实的科研和教学参考书。

特别感谢南方科技大学陈晓非教授、中国科学院大学章文波教授、云南大学胡家富教授及中国地震局地球物理研究所肖春艳女士等的宣传与推荐,感谢北京大学出版社王树通先生的辛勤工作。

无论是在第一版教材的编写还是在本书的重编过程中,作者所教授的部分学生参与了大量文字校对与绘图工作。他们是:梁晓峰(2004 级博士生)、姜明明(2004 级博士生)、唐有彩(2004 级博士生)、陶开(2006 级博士生)、邓凯(2010 级博士生)、岳汉(2005 级硕士生)、金戈(2004 级硕士生)、李鹏(2005 级硕士生)、王锐(2006 级硕士生)、李佳棋(2014 级博士生)。本书最后的校对与参考文献的查验工作是由李佳棋(2014 级博士生)、张申健(2015 级博士生)、侯郁(2017 级博士生)完成的。在此一并衷心感谢。

本书献给张廉强女士(许忠淮教授夫人)与高毅坚女士(周仕勇教授夫人)。

由于我们水平有限,尽管在此书的再版过程中,特别注意对原书的一些错误进行了修订,但仍可能存在一些不妥或错误之处,敬请读者提出宝贵意见。

周仕勇　许忠淮
2017 年 7 月 26 日

前　言

　　国内已出版的有影响的地震学专业教材主要有:北京大学傅淑芳、刘宝诚教授编写的《地震学教程》(1991 年出版),北京大学傅淑芳、朱仁益教授编写的《高等地震学》(1997 年出版),中国科技大学徐果明、周蕙兰教授编写的《地震学原理》(1982 年出版),陈运泰等编写的《数字地震学》(2004 年出版)。这些教材对我国固体地球物理专业及相近学科本科生及研究生教育发挥了重要作用。但是,上述教材出版时间较早。由于近年来,在数字地震观测及并行计算等技术快速发展的推动下,加之以有限频地震学等为代表的地震学新理论的发展,地震学新理论及相关应用取得了快速发展,地震波场模拟计算、由数字地震波形资料反演地球结构、反演震源过程、测定震源参数等诸多地震学的传统领域的研究产生了革命性的进步。因此迫切需要重编一本包含现代地震学的新进展、介绍当前地震学前沿性研究内容,对部分过去的地震学内容(尤其是地震观测、地球结构的地震学反演方法、地震定位、地震参数测定方法等相关内容)进行更新的新编教材。

　　2004 年作者在教研室主任陈晓非教授的安排下,开始为北京大学讲授地球物理学专业本科生主干基础课"地震学与地球内部物理学"。考虑到国内现存的地震学教科书部分内容需要更新,陈晓非教授建议选用国际上流行的地震学教科书 *Modern Global Seismology*(Lay & Wallace,1995)和 *An Introduction to Seismology, Earthquakes, and Earth Structure*(Stein & Wysession,2003),并亲手制订了教学大纲。教学实践发现:使用国际上流行的英文教材固然有许多长处,但是:(1)由于教育体制的不同,这两本书在国外大都作为研究生教材,内容较杂;(2)英文原版教材过于昂贵。因此,我们主要依据陈晓非教授编制的教学大纲,参照上述两本英文教材,结合我们在科研和教学中的一些体会,编写自己的讲义。本教材实际是作者 2004—2010 年在北京大学讲授地球物理学专业本科生主干基础课"地震学与地球内部物理学"的讲义整理而成。在对该教材的整理过程中,北京大学地球物理学专业不少学生提出了许多很好的建议,并有梁晓峰、姜明明、唐有彩、岳汉、金戈、李鹏、陶开、王锐、邓凯等同学志愿参加了原稿的校对和部分绘图工作,在此表示特别的感谢。

　　在本教材的编写过程中,借鉴了国内外许多优秀的专业著作和教材的内容,也引用了不少科研文献的图件。特别需要指出和感谢的是:在第一章引言(1.2.4 核爆炸的地震学侦查)中我们引用了《核爆炸地震学概要》(吴忠良,陈运泰,牟其铎,1994)书上的有关内容;第八章(8.2.3 全球重要数字地震台网介绍)中我们引用了《数字地震学》(陈运泰,吴忠良,王培德,许力生,李鸿吉,牟其铎,2004)书上的有关内容。在教材结构的设计上我们借鉴了 *Modern Global Seismology*(Lay & Wallace,1995)和《地震学教程》(傅淑芳,刘宝诚,1991)的结构。本教材还引用了 *New Manual of Seismological Observatory Practice*,GeoForschungsZentrum

Potsdam(GFZ 培训教材,Peter Bormann,2002),《地球物理学基础》(傅承义,陈运泰,祁贵仲,1985),《地震工程学》第二版(胡聿贤,2006)等著作和没列入主要参考书目的科研文献的部分研究成果和图件,在此表达深深的谢意。

由于我们水平有限,书中可能存在一些不妥或错误之处,敬请读者提出宝贵意见。

2010 年 7 月 26 日

目　　录

第 1 章　引　　言

20 世纪伟大的地震学家 Keiiti Aki（安艺敬一）在 1980 年全美地球物理学年会上曾预言：
"地震学将保持其在固体地球科学中的核心学科地位许多，许多，许多年。当你通过地表观测
的地震波而获取到地球内部的某些新认识和发现时，你会为自己作为地震学家而由衷地快乐
和骄傲。"Keiiti Aki 的预言今天仍然有效，地震学依然在固体地球科学中扮演着核心学科的
角色。特别是近年来数字地震观测技术及台网的迅速发展和普及，使地震学家们有能力对震
源过程进行更细致地观测，对地球内部结构展开更高精度的探测和反演。我们无疑迎来了现
代地震学发展的一个黄金时代。

本书作为讲授现代地震学的基础教材，将系统介绍地震波基本理论及其简单应用，并引导
读者思考以地震学理论为工具开展地震预测、地球内部物理学、地球动力学相关问题的研究。
关于地震学的定义及地震学研究的对象与目的，不同教科书有不同的表述。下面我们通过归
纳已有的代表性表述，给出我们自己的关于现代地震学的定义。

表述 1（摘自中国大百科全书——固体地球物理学、测绘学和空间科学卷. 1985）　地震学
是研究固体地球的震动和有关现象的一门科学，固体地球物理学的一个重要分支。它不仅研
究天然地震，也研究某些人为的或自然因素（如地下爆炸、岩浆冲击、岩洞塌陷等）所造成的地
面震动。这门科学首先是人类企图逃避或抗御地震灾害而发展起来的。

表述 2（摘自 K. Aki & P. G. Richards 著. 定量地震学. 李钦祖，等译. 1986）　地震学是以
地震图的资料为基础的一门科学。地震图是地球的机械振动的记录。这些振动可以用爆破人
为地产生，也可以由地震或火山喷发等天然原因产生。

表述 3（摘自傅淑芳，刘宝诚著. 地震学教程. 1991）　地震学是研究地震的发生、地震波
的接收及传播、地球介质的构造及特征的一门学科。它是地球物理学的一个重要分支。具体
说来，它主要是根据天然地震或人工地震的资料，运用物理学、数学及地质学的知识，来研究地
震发生的状况、地震波传播的规律，地壳和地球内部的分层构造及介质特征；以求一方面达到
预测、预防乃至控制地震，另一方面达到透视地球内部的目的。

表述 4（摘自 T. Lay & T. C. Wallace 著. Modern Global Seismology. 1995）　地震学是
研究激发地球中弹性波的源以及这种弹性波的生成、传播及弹性波记录图的学科。

表述 5（摘自 S. Stein & M. Wysession 著. An Introduction to Seismology, Earthquakes, and
Earth Structure, 2003）　地震学是研究由天然地震或人工地震激发的弹性波在固体地球内部
传播的学科。它是地球内部结构研究的基本工具，也是地震及相关现象研究的方法基础。

地震学区别于固体地球科学其他分支学科的显著特点是：

（1）在经典弹性力学理论基础上建立和发展的地震波激发、传播、接收和解释的理论是固
体地球科学中最完备的理论体系。

（2）以地震波为代表的地震学所应用的基础资料能穿透地球的最深处，从而携带地球深
处的结构和物理信息，使地震学具备高精度的探测地球内部结构的能力，迄今为止地震学仍是
研究地球内部结构最可靠、最精细的方法。

(3)现代地震学是建立在地震观测基础上并在对地震观测的研究与结果解释的过程中不断完善和发展的科学,地震减灾是现代地震学建立的原动力和重要的长期研究目标之一。

综上所述,我们可以看到:地震波理论是地震学的理论核心;地震记录是地震学研究和解释的基本观测资料;地震波在地球介质中的激发和传播、地球内部结构的地震波探测、天然地震的震源物理过程及地震减灾研究是地震学研究的基本内容。由此得到我们对现代地震学的定义:地震学是关于地震波在地球介质中的产生、传播、接收与解释理论的一门学科,是基于地震波理论并结合地震波观测开展震源、地震减灾及地球内部结构探测方法研究的一门学科,是固体地球物理学的一个重要分支。

1.1 现代地震学的发展

现代地震学是建立在现代地震观测基础上的,并在对地震观测结果的解释和研究过程中不断完善和发展的科学。因而地震观测是地震学的基础,它在地震学乃至整个地球科学的发展中起着非常重要的作用。用仪器观测地震,最早始于我国东汉时期。公元 132 年我国东汉科学家张衡设计并制造了候风地动仪(图 1.1),并于公元 134 年 12 月 13 日在当时的首都洛阳检测到了一次发生在陇西的地震。这是人类第一次用仪器检测到远处发生的地震。这时的地震仪实际上是验震器,即用于指示地震发生的装置,不可能像现代地震仪一样记录地震所引起的地面震动过程。尽管如此,候风地动仪仍是一项值得我们中国人骄傲的伟大发明。

现代地震观测实际始于 19 世纪末,从 19 世纪末到 20 世纪初现代地震仪的制成并安装使用,为建立在仪器记录基础上的现代地震学的研究奠定了基础。1875 年意大利人菲利普·切基(Filippo Cecchi)制造了第一台近代地震仪,可以记录两个分量(南—北分量与东—西分量)的地面运动。菲利普·切基的摆式地震仪放大倍数只有 3 倍,只能记录强震。1892 年米尔恩(J. Milne)在日本架设了能记录 3 个分量地面运动的三分向摆式地震仪,为以后布设的全球地震观测台网打下了基础。1898 年,维歇尔特(E. Wiechert)将黏滞阻尼引入地震仪,用大质量的摆和弱弹簧组成拾震系统,从而可以记录较宽频带的地震信号。1905 年俄国伽利津(Б. Голицын)成功设计并制成了电流计记录式地震仪,将机械能转换成电能,并将拾震器与电流计记录系统分开,更大地提高了地震

图 1.1 公元 132 年我国东汉科学家张衡设计制造的候风地动仪模型 (P. Borman 摄)

仪的灵敏度。1925 年安德森(J. A. Anderson)和伍德(H. O. Wood)制造了一种直接光杠杆放大记录的地震仪,其拾震系统的自由周期为 0.8 秒,阻尼因数 0.8,放大倍数为 2800。安德森-伍德地震仪(图1.2),1935 年被里克特(C. F. Richter)制定震级标准所采用,里氏震级标度迄今仍在沿用。

图 1.2　安德森-伍德地震仪(左)与现代宽频带数字地震仪(右)的拾震系统

从 1660 年胡克(R. Hooke)定律的创立开始,到 19 世纪末作为地震波理论基础的弹性波理论的建立,一共经历了 200 多年的时间。纳维尔(L. Navier)在 1821 年发表了关于一般平衡方程和振动方程的研究;1828 年泊松(Simeon-Denis Poisson)从理论上推导出弹性波存在纵波和横波两类体波;1887 年瑞利(L. Rayleigh)从理论上推测面波的存在;1892—1903 年,洛夫(A. E. Love)进一步发展面波理论;1904 年兰姆(H. Lamb)导出了层状介质中地震波传播的基本理论。经典弹性理论系统的建立为现代地震学体系的建设奠定了理论基础。

1875 年开始有了地面震动记录图,标志着现代地震学资料基础的诞生,1935 年里氏震级标度确立了地震参数(时间、地点、强度三要素)的定量描述基础,标志着现代地震学框架的建立已基本完成。

现代地震学发展的一个重要动力是有效减轻地震灾害的社会需求。天然地震及相关现象如地震波传播等是该学科最初的主要研究对象。现代地震学自 19 世纪末开始建立,历经 100 多年的发展,其研究领域大大拓宽。现代地震学的主要内容如今可以归纳为如下几个方面:

1. 地震波理论与地震波场模拟

地震波理论是关于地震波的激发及地震波在地球介质中传播的理论,其理论基础是经典弹性力学。地震波理论的研究由最初的均匀、各向同性、线性弹性介质中波的激发与传播问题(本书第 2～4 章将做详细阐述),后来逐渐发展到非均匀、非完全弹性及各同异性介质中波动方程与波的传播问题研究。由于在高频近似的条件下,地震波的传播问题用射线理论可以大大简化(详见本书第 3 章),可以看到我们将要学习的地震波理论与我们已经获得的经典光学或声学中光或声波传播的许多概念和定理(如惠更斯原理、费马定理等)是可以相互借用的,从而大大简化了地震波传播(尤其是在非均匀、复杂介质中的传播)理论的描述及地震波场模拟计算等相关问题的求解。

近年来,宽频带数字地震观测技术的发展及迅速普及,使我们有能力在更宽的频带范围内记录到地震波;计算机技术(高速度、大内存及并行计算技术等)及数值计算理论的高速发展使我们有能力开展复杂介质中宽频带地震波的激发与传播的波场模拟及理论地震图的计算。由此有限频地震波理论(finite frequency seismology)成了地震学的一个发展前沿。有限频地震波理论不再借用高频近似假设的射线理论,完全从波动方程出发,求解地震波在地球介质中传播的问题。因而理论更严密、求解精度更高,但理论描述及相关问题的求解过程颇为复杂,本教程作为入门教材,将不作专门介绍。

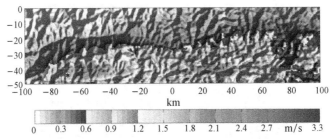

图 1.3　2008 年 5 月 12 日汶川 $M_S8.0$ 地震近场强地面运动峰值速度数值模拟结果

("*"标记的是地震初始破裂点位置;横坐标为沿 N50°E 方向;据 Zhang et al. 2008[14])

2.震源物理与地震震源参数测定

震源物理是指研究地震孕育、发生的物理过程及相关物理现象(本书第 6～8 章将作详细阐述)。由地震震源激发并经过地球介质传播至地震台的地震波,携带着地震震源及地震波传播路径上地球介质两方面的信息。因此传统上,我们利用地震波记录开展的反演研究可分为两类:一类是地震震源参数的反演,另一类是地球介质结构的反演。

如前面指出:现代地震学发展的原动力是矿产勘探和减轻地震灾害的需求。预测地震先要认识地震发生的物理过程。里德(H. F. Reid)早在 1910 年就提出了关于地震成因的弹性回跳学说(图 1.4)。1923 年日本学者中野广首先发现地震记录的地面初动四象限分布,并由此发展了地震震源的无矩双力偶(double-couple)点源模型。20 世纪 50 年代苏联科学家提出了地震震源的等效位错理论。这些重要发现是开展地震震源参数测量的理论基础,也是迄今为止震源物理研究中取得的重要进展。

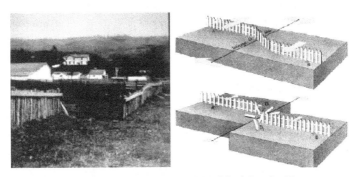

图 1.4　1906 年美国旧金山大地震破坏农场(左)及 Reid
据此提出的地震成因的弹性回跳模型示意图(右)

有限尺度震源破裂的物理过程研究是当前震源物理研究的重要课题。宽频带数字地震观测为我们开展震源破裂运动学反演研究提供了较好的资料基础,也为开展震源断层破裂动力学研究提供了较好的观测约束。

3.地球内部结构反演与地震勘探

迄今为止,地震波仍然是能够穿透整个地球并详细探测地球深部的最有效工具。自 20 世纪初期有了初步的地震波走时表后,便开始研究地球内部地震波速度的分布。1938 年古登堡(B. Gutenberg)和里克特、1940 年杰弗里斯(H. Jeffreys)和布伦(K. E. Bullen)根据大量地震震相的到时资料,构制地震波走时表,并发表了与现今研究结果很接近的地球内部地震波速度分布图像(图 1.5)。此后,有关地球内部的结构分层、物理特性及物质组成等问题的研究,都直接或间接应用了地球内部速度分布的结果。

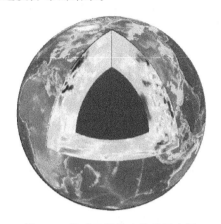

图 1.5　地球三维速度结构示意图

(根据 Li et al., 2008[16]中的结果 MIT-P08 绘制)

应该指出,利用地震波对地球内部结构的探测研究近年来已取得了显著的进展。我们不但对地球内部结构的分层(壳幔、幔核及内外核一级速度间断面)有了清楚的认识,对地球深部次级分层结构及区域性地壳分层结构的探测也能获取稳定、清晰的图像。对地球深部结构的横向变化及三维速度结构的反演也取得了重大进展,发表了地球三维地壳速度结构模型(如 Crust1.0 等)。地球内部结构的地震学反演研究目前所面临的课题是:如何获取更高精度的地球内部结构图像? 一个发展趋势是在关键的研究区域布设高密度的流动地震观测台阵以改善和丰富资料,与此同时,在反演方法上借用勘探地震学的一些方法和技术(如偏移叠加、τ-p 变换法、聚束和 F-K 分析法等),以获取高精度的结构图像。应该指出,勘探地震学是地震学的一个重要分支学科,地震勘探是地震波理论在地壳浅层结构精细反演中的具体应用。本书第 5 章将详细介绍地球内部结构地震学探测方法和结果。

4. 地震观测与地震预测

地震观测是指用仪器记录天然地震或人工震源产生的地面震动、并由此确定地震或人工震源基本参数(发震时间、震源位置及震级等)的过程(本书第 8 章将详细介绍)。地震观测包含有地震仪的研制、地震观测台网或台阵的布设方案设计、地震台的选址与建设、地震资料的分析与地震基本参数的测定等内容。现代地震学是在现代地震观测基础上建立和发展起来的学科。1889 年英国人米尔恩(J. Milne)和尤因(J. A. Ewing)安置在德国波茨坦的现代地震仪记录到了发生在日本的一次地震,获得了人类历史上第一张地震图。以后的百余年,地震观测水平有了极大的提高。20 世纪 60 年代,在世界范围内建成了由 120 个安装有标准地震仪的地震台组成的世界标准地震台网(WWSSN),20 世纪 80 年代,在世界范围内建成了安装有宽频带数字地震仪的 65 个地震台组成的全球数字地震台网(GDSN)。宽频带数字地震仪的出现是地震观测发展历史上又一次大的革命,同时也极大地推动了地震学的发展,产生了一系列用地震波波形资料开展震源和地球内部结构研究的新的理论和方法,使我们对震源过程及地球内部结构的反演研究更为方便和精细,也大大方便了资料的交流和国际合作研究计划的开展。如今,在著名的数字地震波形资料下载网站 http://www.iris.edu/hg/上搜集的由世界各机构或政府资助的全球数字地震台已超过 900 个。

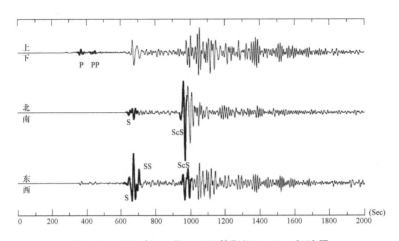

图 1.6　2005 年 10 月 8 日巴基斯坦 M_W7.6 级地震

(北京大学架设在中国宝鸡市的三分量宽频带数字地震仪记录,震中距为 28°)

地震减灾是现代地震学发展的重要动力。地震观测的发展及震源物理学的研究进展与地震减灾目标的实现是密切相关的。关于地震预测,由于孕震过程的复杂性及目前仍缺乏对震源进行直接观测的能力,我们对地震机理及震源破裂的物理过程的研究仍无突破性进展,对震源破裂如何起始、扩展及终止尚无明确认识。因此离实现地震预测的目标还有很长的路要走。目前地震预测的研究进展主要还是用统计学理论建立基于地震目录资料的地震危险性分析,亦即地震长期预测,并在重大工程选址等工程地震学领域取得了较大的成功。须指出的是:建立在现代地震观测基础上的现代地震目录由于记录时间短,在统计分析中常遇到样本量不够的缺陷,而依据文献记录和地震地质研究建立的历史地震目录虽然能将地震记录延伸至千年的尺度,但由于漏震及震级不确定性大,致使目录的完备性差。依托计算机技术的高速发展及震源物理学深入研究成果而开展的地震活动性理论模拟和理论地震目录计算可能是弥补现有地震目录缺陷的一种新的有希望的尝试,是目前震源物理及地震减灾研究的前沿课题之一,值得关注。

1.2　地震学在地球科学领域及现代社会中的应用

由于地震波能穿透地球的最深处,从而携带地球深处的结构和物理信息,使地震学具备高精度探测地球内部结构的能力,因而地震学仍是探测研究地球内部结构最可靠、最精细的方法,在地球动力学研究中有广泛的应用。另一方面,地震学涉及的地震震源研究、地震强地面运动模拟及核爆炸识别等有重要的社会应用意义。

1.2.1　地球内部结构反演研究的应用

实际上地震波传播理论与地球内部结构地震学探测是地震学中相互依存、相互促进的两个研究方向。从简单的震相到时计算到复杂的理论地震图合成都必须了解地震波所传播的地球介质的速度结构。同样,我们对地球结构的认识大多来源于地震波记录。

按地震波的性质与波的传播路径,如图 1.7 所示的各种类型的地震波(或称震相),地震学中都用简单的统一符号标记。

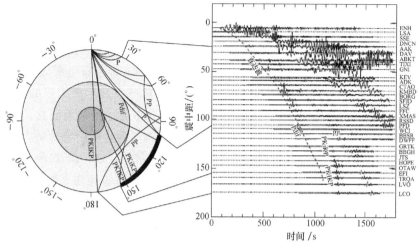

图 1.7　通过地球内部的典型地震波射线震相标记(左)及相应的地震图(右)

在地震图上可清楚看到不同时间到达的子波列,我们称之为震相。震相是地震图上显示的到达时间和震动特征不同的地震波组(如 P 波、S 波)。各种震相在到时、波形、振幅、周期和质点运动方式等方面都各有其自己的特征。震相特征取决于震源和传播介质的特性。由于这些波组都有一定的持续时间,所以相邻震相的波形互相重叠,产生干涉,使地震图呈现出一幅复杂图形。地震学的任务之一就是分析、解释各种震相的起因和物理意义,并利用各种震相走时曲线推测地球内部的速度结构。地震震相的识别与分析是地震学研究中最为基础的工作,通过搜集大量不同震中距地震台记录的各震相到时资料,杰弗里斯(H. Jeffreys)1939 年发表了地球内部 P 波和 S 波的速度分层模型,布伦(K. E. Bullen)1940 年提出了地球的密度分布模型。依据大量震相走时资料制定的杰弗里斯-布伦全球地震波震相平均走时表(简称 J-B 表),在全球地震定位中应用了近 80 年,其预测的震相理论走时与实际观测结果间的相对误差小于 1‰(图 1.8),迄今仍是地震定位及地球速度结构横向不均匀性研究的标准参考模型之一。

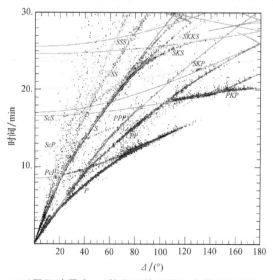

图 1.8　ISC(国际地震中心)搜集到的近百万个震相到时数据叠加图

(细线是用 Jeffreys 地球结构模型计算的各震相走时曲线;引自 P. Borman,2002[3])

1.2.2　地震危险性评价

地震学研究的基本目标之一是对某地未来一定时期内可能经受的最大地震动及其特征进行预测。地震研究表明,地震发生的地域分布与全球主要构造带分布是密切相关的,图 1.9 为全球 5 级以上地震震中分布图,虽然有约不到 10% 的地震分布在远离边界的板内区域,但可以清晰地看到地震基本是沿约 100 km 宽的板块边界带分布的。张培震研究员领导的中国内陆地震成因机理研究组的最新成果表明:板内地震的分布与内陆造山带等板内活动构造分布密切相关,即板内强震大多数分布在板内活动地块的边界带上。通常情况下,板内地震较板缘地震对人民生命、财产的威胁更大,这也是我国是世界上地震灾害死伤人数最多的国家的主要原因之一。

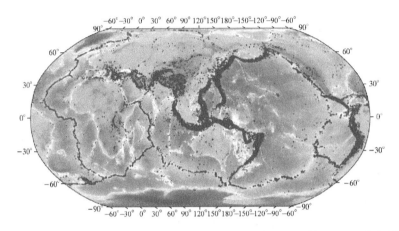

图 1.9　1973—2008 年全球 5 级以上地震震中分布图(根据 NEIC 的 PDE 地震目录绘制)

由表 1.1 可以看出地震在地球上的发生是非常频繁的,庆幸的是能造成严重灾害的 7 级以上强震所占的比例数是非常小的。由表 1.2 可以看出,有现代地震仪器记录以来全球所发生的特大地震全都发生在海洋板块向大陆板块俯冲的边界带上。除 2004 年发生在印尼苏门达腊的 $M_w 9.3$ 地震由于引起海啸造成严重灾难外(参见表 1.3),其余 4 次地震并没有造成严重的灾难后果。而随着海啸监测预警系统的建设与完善,地震海啸灾难的风险未来可能会显著减小。仔细分析表 1.3 可以看到,主要的地震灾难是由位于人口密集区的板内大地震造成的,因此加强人口密集区地震监测与地震防范是减轻地震灾难的有效途径。

表 1.1　全球平均每年发生的地震数目

地震震级 M_S	每年地震数	地震波能量释放/(10^{15} J/a)
≥8.0	0～2	0～1000
7～7.9	12	100
6～6.9	110	30
5～5.9	1400	5
4～4.9	13 500	1
3～3.9	>100 000	0.2

表 1.2　1900 年以来全球 6 次震级最大的地震

时间(世界时)	地　　点	震级 M_W
1952-11-04　16：58	俄罗斯勘察加半岛	9.0
1957-03-09　14：22	美国阿留申群岛	8.6
1960-05-22　19：11	智利	9.6
1964-03-28　03：36	美国阿拉斯加	9.2
2004-12-26　00：58	印尼苏门达腊	9.3
2011-03-11　05：46	日本东北地区近海	9.0

　　关于地震危险性预测,目前取得的较为显著的进展是强震孕育构造环境的认识。以地震构造空区(或空段)、异常地震条带等基于活动断层及地震空间活动图像分析圈定未来强震危险地点(或区)的方法,在地震危险性长期预测上获得了一定的成功,并在城市规划及重要生命线工程国家战略布局上得到应用,取得了较大的经济效益与社会效益。但关于具体构造区强震发生时间的几天至一月的短期预测迄今仍无令人信服的进展。20 世纪末,以美国学者盖勒(R. J. Geller)为首提出地震具有典型的分形结构,不存在特征长度标度,是一种自组织临界现象。而自组织临界现象具有内禀的不可预测性,所以地震发生时间是不可预测的。他们的观点在科学界的争论至今仍在持续,但愈来愈多的认识倾向认为盖勒等观点的理论基础过于牵强、片面。更多的学者认为,由于目前的方法和技术,不能深入地球内部对震源及地震的孕育过程进行直接或精确的间接观测,使得对地震发生时间的预测估计受到约束,但随着对地震前兆观测的积累、地震前兆产生的物理机理认识的深入及地震孕育与震源破裂物理过程研究的深入,实现有物理基础的地震发生时间概率性预测是有可能的。应该说,由于中国是遭受地震灾害最大的国家,中国政府对地震预测研究所投入的人力与物力大大高于世界其他国家,中国科学家在地震预测研究上首次突破了 1975 年海城 7.3 级地震的临震预报,编制了时间跨度最长的国家历史地震目录,总结编写了很多强震震例。

表 1.3　1900 年以来全球最有影响的灾难性地震

时间(世界时)	地　点	震级	灾　　难
1906-04-18	美国旧金山	8.3	地震造成 2500 余人死亡,地震及地震引起的火灾造成旧金山城市大量建筑遭到严重毁坏,成为美国历史上最重大的自然灾难之一
1908-12-28	意大利墨西拿	7.5	地震使墨西拿市的一半人口约 7.5 万人丧生,加上意大利本土的死亡人数,共有 16 万人死亡
1920-12-16	中国海原	8.5	地震造成 23 万多人死亡,海原县城全部房屋荡平
1923-09-01	日本东京	8.2	地震造成 14 万余人死亡,地震及其引起的火灾造成了东京市大量建筑遭到严重毁坏,并引起了海啸
1960-05-22	智利	9.6	地震造成了 5700 余人死亡;是有仪器记录以来地球上发生的最大震级的地震,引起了地球的自由振荡并被清晰记录,引起的大海啸波及日本,使日本因该大海啸死亡 3000 余人

续表

时间(世界时)	地 点	震级	灾 难
1970-05-31	秘鲁钦博特	7.8	地震造成了约 6.7 万人死亡,10 万多人受伤。该地震以东的容加依市,被地震引发的冰川泥石流埋没全城 2.3 万人
1976-07-28	中国唐山	7.8	地震造成 24 万余人死亡,唐山市几乎荡平
1985-09-19	墨西哥	8.1	地震造成约 1 万人死亡,上万所建筑被毁
1995-01-16	日本神户	7.2	地震造成约 5400 人死亡,34 000 多人受伤,19 万多幢房屋倒塌和损坏
1999-09-20	中国台湾	7.6	地震造成约 2100 人死亡,有 40 845 户房屋全部倒塌
2001-01-26	印度古吉拉特邦	7.9	10 万人在大地震中死亡,另有 20 万人受伤,作为印度最富庶地区之一的古吉拉特邦经济因此而倒退了 20 年
2004-12-26	印尼苏门达腊	9.3	地震及地震引起的海啸造成约 23 万人死亡,引起的海啸所造成伤亡与损失是迄今为止最大的
2008-05-12	中国汶川	8.0	地震造成约 8.8 万人死亡,引起大面积山体滑坡
2011-03-11	日本东北地区近海	9.0	8277 人遇难。地震引起巨大海啸,使日本福岛第一核电站 1～4 号机组发生核泄漏,造成严重核灾难

地震危险性预测研究上取得的另一个进展是强震发生概率的统计模型的建立。比较有代表性的以新西兰科学家 David Vere-Jones 基于里德的弹性回跳理论提出的应力(能)释放模型。其基本思想是:一地区发生某一震级以上强震的危险性与该地区的应力水平存在如下关系:

$$\lambda(t) = \exp[a + \nu X(t)] = \exp[a + \nu(\rho t - S(t))], \tag{1-1}$$

式中 $X(t)$ 为研究区应力水平函数,由两部分组成:ρt 表示研究区构造应力(能)在时间 t 内的积累,$S(t)$ 表示研究区在时间 t 内所发生的地震引起的构造应力(能)的累积释放。该模型将工程地震学中传统应用的简单稳态泊松模型发展成非稳态泊松模型。作者应用 Scholz 的岩石材料破裂实验的结果,对 David Vere-Jones 的应力释放模型的危险性函数的数学表达形式进行了物理诠释,并将危险性函数拓展到空间,使之有更好的实用性。多维应力释放模型的危险性函数的数学表达为

$$\lambda(x,y,t) = g(x,y) \cdot \exp\{\nu[\rho(x,y)t - \sigma_s(x,y,t)]\}, \tag{1-2}$$

式中,$g(x,y)$ 为研究区背景地震活动性空间分布函数,$\rho(x,y)$ 为研究区各发震构造平均应力加载速率,$\sigma_s(x,y,t)$ 为研究区时间 t 内地震发生所引起的累积应力变化。图 1.10 是我们计算的 1976 年 7 月 28 日唐山地震发生前后,华北地区地震危险性函数空间等值线分布图,我们可以看到,唐山地震发生前,该区地震危险性处于高值水平。

1.2.3 工程地震学中的应用

地震可能造成的破坏使工程建设设计者们必须考虑工程的地震设防问题,为此需要知道未来的地震活动性。工程师在设计一项工程时,希望具体了解此工程场址在其使用寿命内可能遭遇到的地震动强弱及其特性,以便合理地进行设计。然而如前节所述,地震的发生目前还不能精确地预测,只能在概率含意上推测工程可能受到的地震威胁或危险,前节提到的地震危险性分析统计模型的建立,是这里通常用到的一个手段。

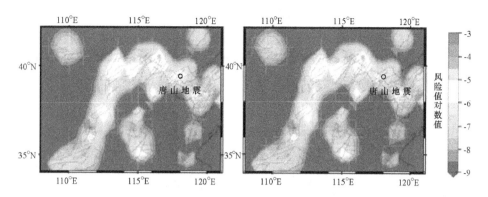

图 1.10　河北唐山 7.8 级地震发震前(左图)后(右图)地震危险性空间分布的比较
(黑色的圆圈标志着 1976 年 7 月 28 日地震的震中位置,黑色细线代表华北地区活动
断层体系;色标记的是发生强震危险性大小;据 Jiang et al.2011[15])

近几十年来,地震危险性分析的研究与应用都取得了较大的进展。这一工作已成为联系地震学与地震工程学两者的重要纽带,使结构抗震安全性有了科学的概率含意。地震危险性、危害性分析经历了两个阶段。在开始阶段中,它指的只是地震动本身,而且将地震危险性当作是一种确定性现象处理。即认定某一地区今后可能发生的地震动加速度不致超过某一强度(如 0.2 g);或同时再指定一个标准反应谱;再将这些地震动参数当作是确定的数值,进行工程结构抗震设计。第二阶段的特点在于它认为地震的发生与地震动特性都具有随机因素,必须用概率统计的方法去处理。因此,地震动的估计以及震害影响的估计,均用一定的超越概率表示。需指出的是,地震学中的地震危险性分析涉及的是某强度震级的地震发生的概率计算,而地震动除了地震强度这一重要参数影响外,震源机制、介质结构与地形等场地条件也不可忽视。因此,考虑介质结构不均匀性及地形影响的地震强地面运动理论模拟近年来开始走向工程地震学的应用中,成为地震学应用的新热点。

1.2.4　核爆炸的地震学侦查

核爆炸的地震学侦查(吴忠良等,1994[12])的意义在于:在无法接近核试验场、并且关于地下核爆炸信息处于高度保密状态的情况下,地震监测是侦查地下核试验最有效的一种技术手段。地震学核爆侦查主要处理如下两个问题:① 通过震源定位及波形分析,鉴别天然地震事件与地下核爆炸事件,确认进行了核爆炸;② 通过核爆激发的地震波分析,估计核爆炸当量。

将核爆炸与天然地震区分出来,主要困难是:① 核侦查不可能在核试验国及其盟国进行,多依靠远震或区域地震记录分析;② 受自然地理和政治地理的局限,要获得有利于核爆监测的最优台网分布是困难的;③ 针对一些无核国家的可能核试验的监测特别困难。

鉴别地下核试验的地震学方法主要有如下几种:

1. 测定震中位置和震源深度

如果记录到的某次事件发生在已知的核试验场附近,那么就很有必要参考其他方面的证据继续核实。核爆炸的震源深度都很浅,震源深度很浅是判别核爆炸的标志之一。

2. 波形特征差异

地震记录波形特征差异是鉴别地下核爆炸和天然地震的有用判据。例如,近震垂直向的核爆炸记录常有"大头"（初至 P 波较强）现象，而地震记录则是 S 波和面波较强（图 1.11）。但核查与逃避核查技术的较量一直在进行中，核查逃避技术也取得了很大的发展，如在核爆点建造一个足够大的空腔以使核爆震源与周围岩石解耦，将大当量的核爆紧跟在小当量的核爆后进行，两次核爆波形的叠加造成波形的复杂性等。因此现在已发现有许多核爆所激发的波不是简单的波形。

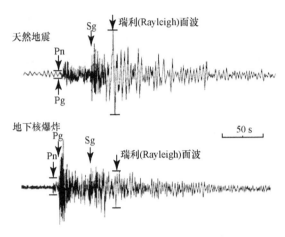

图 1.11　美国内华达试验场的一次天然地震（上）和一次地下核爆炸（下）区域地震记录（垂直向）的比较（引自 Richards 和 Zavales，1990）

3. 初动震源机制解

P 波初动方向是鉴别地下核爆炸的重要信息。爆炸产生的 P 波垂直向初动多是向上的，初动方向在震源球上无四象限分布特征。然而这一方法在实际应用中仍存在着一定的困难。区域台网（震中距<1000 km）范围内，地球介质结构不均匀性的影响使地震波的传播规律变得复杂，某些情况下在地震图上找不到清晰的 P 波初动；在远震范围内由于受自然地理条件（海洋）和政治地理条件的制约，能找到记录的地震台在震源球上的投影经常是集中在一个小区内，无法作初动的四象限分布特征分析，从而使用 P 波初动方向鉴别地下核爆的应用范围受到局限。

4. P 波与 S 波振幅比

由于爆炸震源初始辐射的 P 波较强，而地震是岩层突然剪切错动引起的，震源初始辐射的 S 波较强。在实践中发展了利用地震记录的直达 P 波最大振幅 A_P 与直达 S 波最大振幅 A_S 之比（A_P/A_S）来区别核爆炸与地震的方法，对同样体波震级的事件，核爆炸的（A_P/A_S）值偏高，天然地震的值偏低。

对远震和特别近的地震，直达 S 波震相是明确的，但对于区域范围（震中距约 1000 至 2000 km）的浅源地震，地震记录上不再出现"直达"的 S 波震相，显示最大振幅的一般是 Lg 波（在地壳内传播的一种导波），于是也有人用 P 波最大振幅 A_P 与 Lg 波最大振幅 A_{Lg} 之比来区别核爆炸与地震。

5. 地震波频谱

地震波频谱是鉴别地下核爆炸的另一重要信息。一般认为爆炸所激发的地震波较同样大小的天然地震所激发的地震波包含更大比例的高频成分。基于这一假定，人们定义了许多与频谱特性有关的判据作核爆鉴别。如：

$$SR = \frac{\int_{h_1}^{h_2} A(f)\mathrm{d}f}{\int_{l_1}^{l_2} A(f)\mathrm{d}f}, \tag{1-3}$$

式中 $A(f)$ 是 P 波的振幅谱, h_1、h_2、l_1、l_2 分别为高频段和低频段的上、下限。

频谱方法的问题是,地震波的频谱特性不仅与震源有关,与地震波传播路径也有相当大的关系。即对一个核试验场适用的频谱判据,对另一个地区常常不适用。事实上,比较不同地区的地震波频谱特性是目前核爆鉴别研究中的重要研究内容之一。

6. 震级比 $m_b : M_S$

体波震级 m_b 与面波震级 M_S 之比是鉴别进行地下核爆事件的又一重要判据。这一方法的基础仍是依据与上述频谱方法相同的假设,即爆炸所激发的地震波较同样大小天然地震所激发的地震波包含更大比例的高频成分。然而由于它所涉及的波长跨度大,所以震级比方法在实际应用中远比频谱判据有效。研究结果表明:在所有的判据中,震级比判据可能是将天然地震与地下核爆分得最开的判据。这一方法的主要缺点是小地震产生的面波常常会淹没在大地震产生的面波之中,从而给 M_S 的测量带来困难。此外震级的测量结果也与源区的介质结构有关。

1996 年在联合国国际原子能机构(IAEA)主持下,开始全面禁止核试验国际条约(Comprehensive Test Ban Treaty,CTBT)签定,已有联合国 44 个成员国在条约上签字。国际原子能机构下设立了禁止核试验国际条约监督组织(CTBTO),并建立了自己的地震台网和核试验侦查相关软件的开发研究。

1.3 地球内部结构概述

由于 A. Mohorovičić, R. D. Oldham, B. Gutenberg, I. Lehmann, H. Jeffreys 和 K. E. Bullen 等人的杰出工作,关于地球内部的主要分层及大体速度结构图像在 20 世纪 30 年代已取得了基本完整的研究结果。地球内部存在地壳、地幔、液态外核与固态内核三个一级分层(图 1.12),概述如下:

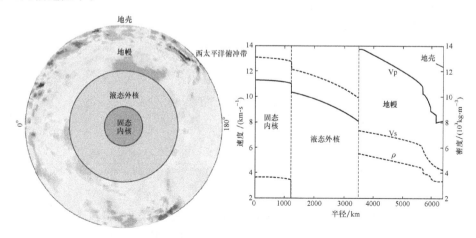

图 1.12 地球内部速度结构示意(左)及地球一维速度结构参考模型(PREM,右)

13

1.3.1 地壳

地壳这个词给人一个内软外坚的印象,这是因为在现代地球物理学诞生前,人们普遍认为地球内部是熔融的液体,表面凝固着一层硬壳。这个概念显然是错误的,现代观测表明地球内部大多数深度的介质一般比钢还硬。然而"地壳"一词已沿用许多年,不宜再改,它仅仅是指地球的最上层,并无硬壳的含义。

地壳厚度的测量最先来源于1909年克罗地亚地震学家莫霍洛维契奇(A. Mohorovicic)的研究。他在近地震观测中,发现了Pn和Sn震相(详见第3章)。他假定在地下几十千米的深处,存在着一个地震波速度的间断面,界面下介质的速度突然增加。Pn波和Sn波就是以临界角入射又以临界角出射这个面的地震波。这个间断面就是我们现在所称的莫霍(Moho)面或M-面。这个面以上的介质称为地壳,以下的称为地幔。

按照第3章介绍的射线理论,由近震记录的走时曲线,可以推算出地壳厚度,地壳介质的平均速度及地幔顶部的速度。这个方法称为地震折射法,在浅层地壳结构的探测(包括地震勘探)中是一个有效的方法。下面我们给出一个应用实例。

用中国台湾集集地震资料探测莫霍面的存在并测量地壳厚度、速度及莫霍面顶部速度(表1.4)。

表 1.4 1999 年 9 月 21 日中国台湾集集 7.6 级地震初至 P 波在各台到时记录资料

台　名	震中距/km	P 波初至到时/s	台　名	震中距/km	P 波初至到时/s
SSLB	3	19.74	LYUB	185	50.75
TPUB	57	28.65	KMNB	247	54.56
HWAB	60	31.81	SSE	730	125.06
TWGB	95	37.80	BAG	733	129.23
TATO	129	40.85	QIZ	1139	183.65
ANPB	149	42.83	INCN	1450	230.72
TWKB	183	50.56	BJT	1670	252.98

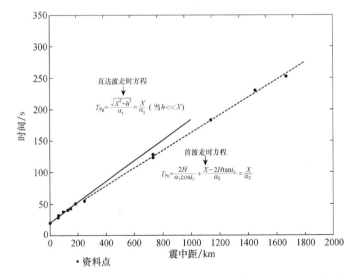

· 资料点

图 1.13　1999 年 9 月 21 日中国台湾集集地震 P 波走时记录资料
(实线为对 200 km 以内近震台记录的直达 P 波走时资料点的拟合;
虚线为对大于 240 km 的近震台记录的首波 Pn 走时资料点的拟合)

其原理为:

(1)当地震台非常靠近震中时(通常在 150 km 以内),地震台接收到的第一个震相是直达 P 波震相(记为 Pg)。由 Pg 波走时方程,走时曲线上近震中的资料点拟合的第一个直线段(图中实线)的斜率的倒数为地壳 P 波速度 α_1。

(2)当地震台超过一定的震中距时(通常在 240 km 以上),第一个到达地震台的震相将是沿上地幔顶部滑行的首波震相(记为 Pn)。由 Pn 波走时方程,走时曲线上超过一定震中距的近震台的资料点拟合的第二个直线段(图中虚线)的斜率的倒数为地幔顶部 P 波速度 α_2。

(3)从图上测得临界震中距 Δ_{c2},应用(1-4)式推导地壳的厚度 H:

$$\Delta_{c2} = 2H \sqrt{\frac{\alpha_2 + \alpha_1}{\alpha_2 - \alpha_1}}. \tag{1-4}$$

地壳的厚度在全球各处是不同的。大陆地区,地壳平均厚度为 35 km,但横向很不均匀,如我国青藏高原下面的地壳厚度达 60~80 km,而华北地区有些地方还不到 30 km。海洋地壳的厚度只有 5~8 km。

在大陆的稳定地区,地壳厚度约为 35~45 km,一般分为两层。上层的 P 波速度由 5.8~6.4 km/s 随深度增加到下层的 6.5~7.6 km/s。但增加的情况存在很大的地区差异。有些地区,上下层中间存在一个速度间断面,叫康拉德(Conrad)面,或 C-界面。但在另一些地区,速度随深度的增加几乎是连续的,观测不到来自 C-界面的震相。由地壳下部到地幔,波速增加一般是很快的,P 波速度由 7 km/s 在几千米的深度内很快增加到 8.0~8.2 km/s。M-界面的细结构现在仍然是地球物理学和地球化学研究的热点问题。

1.3.2 地幔结构

从地壳下部到地幔顶部,地震波速跳跃很大,说明地幔顶部的物质和地壳不同。由于地幔内部又存在 410 km 和 660 km(全球平均)两个地球二级速度间断面,因此地幔又可以进一步分为上地幔(410 km 以上),过渡层(410~660 km 之间)及下地幔三个层区。从力学上考虑重力均衡现象,上地幔必须存在物质可以沿水平方向流动的地层,并称其为软流层。软流层以上至地面,包括地壳在内的物质称为岩石层,岩石层内的物质不能沿水平方向流动。力学上的软流层与地震学发现在上地幔内部存在的低速层,其含义和位置不一定符合,合理的物理解释是:软流层是地质时间尺度的物质力学性质的描述,在地震波测量的时间响应尺度内仍然可以表现为弹性响应。而地震波的速度是由介质的物质组成和温度共同决定的。地球化学及地球内部物理学研究表明,过渡层的上、下界面可能是由于地球内部相关深度的温度、压力条件下发生矿物相变形成的。关于 410 km 和 660 km 速度间断面的探测与研究,近年来已成为地震学与地球动力学研究的一个专题。全球地震活动图像显示,在 700 km 以下,地球内部没有发现地震活动。因此下地幔被认为是板块俯冲深度的终结层。下地幔的速度梯度较小,速度的变化也较为均匀。

关于地幔深度的测定及液态外核的发现是 20 世纪初地震学研究取得的最重要成果之一。地核存在的直接证据最早来自 1906 年英国科学家 R. D. Oldham 的地震学观测。回顾 Oldham 的发现,可让我们更深入体会到地震学家是如何利用观测的震相走时曲线,来推断地球内部结构的。

Oldham 从几个已知地震震源标绘出 P 波和 S 波的走时,并将其称为第一相和第二相。图 1.14 就是他原著中绘制的走时曲线。Oldham 注意到走时曲线上存在两个重要间断:第一个位于约 130°震中距附近,我们现在定为 P 波的"第一相"到达,与曲线较早部分的趋势相比,130°以后的到时平均延迟了约半分钟。第二个间断出现在现今定为 S 波的"第二相"中,它只能被跟踪到 120°,比这个距离更远的 S 波到时要迟 10 分钟或更长。他的论据利用图 1.14(左)所设计的简单地球模型得以清楚地解释。他说:"一直到 120°距离的波都没有穿过地核,在 150°距离上波速明显减小,表明在这个距离出露的波深深地穿过了地核。因为 120°的弦能达到的最大深度为地球半径的一半,因此推断地核的半径应该不超过地球半径的 0.4 倍。"

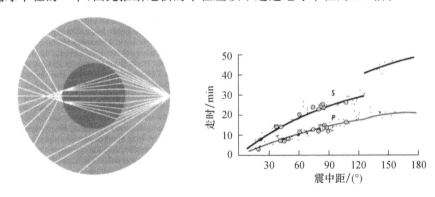

图 1.14　简单的穿过两层地球模型的路径(左)和 Oldham 绘制的 P 波和 S 波走时曲线(右)

我们现在知道,Oldham 对震相的正确识别存在一定困难,并且其计算也非常粗糙。如 Oldham 画的射线路径是直线,然而由于地幔的地震波速度随深度一般是增加的,射线实际是向中心内凸的弧线。什么是 Oldham 的关键验证？如果地球存在如 Oldham 预言的核,那么在核界面上会产生 P 波及 S 波的反射波。Gutenberg 利用幔核界面的反射波震相走时资料得出了较 Oldham 更精确的核界面深度估计,1914 年他首次给出了地核深度为 2900 km 的估计,他的估计结果经受了时间的考验,现代观测对地核深度的估计值 2891 km 与这一数值仅有几千米的误差。

1.3.3　地核结构

在核幔界面处,P 波速度从 13.72 km/s 下降为 8.06 km/s;S 波速度从 7.26 km/s 下降为 0。速度的突然变化说明地核的物质组成和状态与地幔不同。核幔界面不仅是物质间断面,且可能还是温度间断面。根据冲击波实验结果推测:外核物质主要由铁、镍组成。而内核的主要物质成分是铁。

在外核之内有一个月亮大小的内核是应用地震波探索地球构造的另一个重大发现。丹麦女地震学家 I. Lehmann 研究俄国地震台记录的新西兰地震的地震图时,发现不能用地球内部单一核解释地震波。这种波的一个例子在图 1.15 中以箭头表示。她认为,如果该波是从小的地球内核反射出来的,其到时就能得到解释。Lehmann 提出了几个步骤以论证她的结论:她首先设想了一个单一地核和地幔组成的简单两层模型;接着进一步设想 P 波以恒速 10 km/s 通过地幔,以 8 km/s 穿过地核,这些速度是两区速度的合理平均值;然后她引入了一个小的中心核,也具有恒定 P 波速度。她的简化假定允许将地震射线看作直线,像 Oldham 一样,使她可用初等三角计算这个模型的理论走时。她假设早到核波是从该假设的内核反射的,然后好连续进行计算,发现可以找到合理的内核半径,使得核波的观测到时与模型预期走时一致,这个内核半径约 1500 km。反射的波在震中距小于 142° 的地震观测台出现,预测的走时与实际观测走时接近。Lehmann 1936 年发表了她的研究结果,并为以后的观测进一步证实。

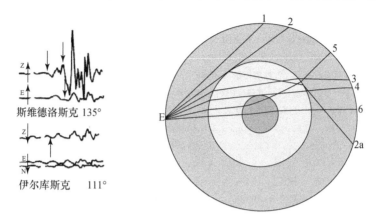

图 1.15　Lehmann 论文中引用的两幅俄国地震台的记录
新西兰地震的地震图(左)和简单穿过三层地球模型的地震波路径图(右)

思　考　题

1. www.iris.edu 是获取全球数字地震台网地震波记录及相关波形记录处理软件的重要网站。请上此网,看看有什么你感兴趣的内容并尝试从网站上下载 1999 年 9 月 20 日(世界时)发生在中国台湾的集集 7.6 级地震在拉萨(Lhasa)台的记录。

2. Gutenberg-Richter 在 1941 年美国地质学年会上发表的"全球地震活动性"指出:全球的地震活动遵从 $\lg N = a - bM$ 的统计关系。式中 M 为地震震级,N 为一定时期内震级 $\geqslant M$ 的地震频度。后来,地震学家发现对任何一地区的地震活动,只要有足够的样本,该统计关系也成立。请用表 1.1 的数据验证该关系,估计相应 b 值。并推导当 N 为震级 $= M$ 的地震频度时,上述关系式能否成立,相应 a、b 值将如何变化。

3. 找一张全球地质构造图,与图 1.9 对照,试论述全球地震活动主要分布在哪几个构造带上? 中国的地震活动处于哪个构造带?

4. 表 1.2 列出的 5 次巨大地震分别发生在哪些构造带上? 这些发生巨大地震的构造带有何重要的共同特征? 指出表 1.3 列出的地震灾害伤亡人数最多的 5 次地震分别发生的构造带,并列出导致伤亡人数大的主要因素。

5. 列出图 1.8 资料点并没完全落在依据模型计算的走时曲线上的主要原因。

参考文献

[1]［美］安艺敬一,P. G. 理查兹. 定量地震学,第一卷,第二卷. 北京:地震出版社,1987.

[2] Bolt B. A. 地震九讲. 马杏垣,译. 北京:地震出版社,2000.

[3] Bormann P. 2002. IASPEI New Manual of Seismological Observatory Practice,GeoForschungsZentrum Potsdam. DOI:
10.2312/GFZ.NMSOP-2_ch1(GFZ 培训教材)

[4] Lay T,Wallace T C. 1995. Modern Global Seismology. Academic Press Limited:London.

[5]［美］Peter M. Shearer. 地震学引论.陈章立,译. 北京:地震出版社,2008.

［6］ Stein S，Wysession M. 2003. An Introduction to Seismology, Earthquakes, and Earthquake Structure. Blackwell Publishing Ltd. ：Berlin.

［7］ 陈运泰,吴忠良,王培德,等. 数字地震学. 北京:地震出版社,2004.

［8］ 傅承义,陈运泰,祁贵仲. 地球物理学基础. 北京:科学出版社,1985.

［9］ 傅承义.中国大百科全书——固体地球物理学、测绘学、空间科学卷. 北京:中国大百科全书出版社,1985.

［10］ 傅淑芳,刘宝诚. 地震学教程. 北京:地震出版社,1991.

［11］ 胡聿贤. 地震工程学(第二版). 北京:地震出版社,2006.

［12］ 吴忠良,陈运泰. 核爆炸地震学概要.牟其铎.北京:地震出版社,1994.

［13］ 曾融生. 固体地球物理学导论. 北京:科学出版社,1984.

［14］ Zhang W，Shen Y，Chen X F. 2008. Numerical simulation of strong ground motion for the $M_S 8.0$ Wenchuan earthquake of 12 May 2008. Science in China (D),51(12)：1673—1682.

［15］ Jiang M，Zhou S，John Chen Y，Ai Y. 2011. A new multidimensional stress release statistical model based on coseismic stress transfer. Geophys J Int,187：1479—1494.

［16］ Li C，van der Hilst R D，Engdahl E R，Burdick S. 2008. A new global model for 3-D variations of P-wave velocity in the Earth's mantle. Geochem Geophys Geosyst,9：Q05018.

第 2 章　弹性力学基础与地震波

地震或爆炸除在震源附近很小的区域内可能产生永久性形变外,这种震源所激发的波传播到其他广泛区域后被地震仪记录,成了地震学研究震源或地球介质结构的最基础的资料——地震图。这种波的震动涉及小弹性形变,是弹性力学的研究对象。

地球介质因作用力的不同,表现出不同的力学性质。在受到很小的瞬间力的作用下,如地震、爆破等,震源区外围介质表现出弹性响应,这也是我们能记录到地震波、观测到大地震造成的地球自由振荡的原因。另外,在长时间(百万年尺度)外力或内力作用下,地球介质的响应又表现出流变性,如全球性地幔对流造成的大规模地球表面或内部形变在地质时间尺度上的变化。

对在几秒至数百秒的短时间尺度内小形变($<10^{-5}$)变化的作用,地球介质的力学响应可以用弹性响应来描述。地震波在弹性介质中的传播过程是满足波动方程的。本章将简单介绍地震波理论所涉及的弹性力学基础知识,讨论地震波波动方程的建立和求解,最后介绍 P 波、S 波在地震图记录上展现的主要差别及其物理原因。

2.1　应变与位移的关系

如图 2.1 所示:设点 $A(x)$ 移到 A' 位移为 $U(x)$,点 $B(x+\Delta x)$ 移到 B' 位移为 $U(x+\Delta x)$,

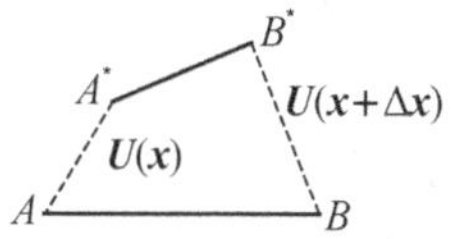

图 2.1　连续介质中相邻 A、B 两点分别位移至 A^*、B^* 两点新的位置

则连续介质中相邻的 A、B 两点的位移差为

$$\Delta U(x) = U(x + \Delta x) - U(x). \tag{2-1}$$

小形变条件下:

$$\Delta U_i = \frac{\partial U_i}{\partial x_1}\Delta x_1 + \frac{\partial U_i}{\partial x_2}\Delta x_2 + \frac{\partial U_i}{\partial x_3}\Delta x_3 + o^2. \tag{2-2}$$

$$\begin{pmatrix} \Delta U_1 \\ \Delta U_2 \\ \Delta U_3 \end{pmatrix} = \begin{pmatrix} \dfrac{\partial U_1}{\partial x_1} & \dfrac{\partial U_1}{\partial x_2} & \dfrac{\partial U_1}{\partial x_3} \\ \dfrac{\partial U_2}{\partial x_1} & \dfrac{\partial U_2}{\partial x_2} & \dfrac{\partial U_2}{\partial x_3} \\ \dfrac{\partial U_3}{\partial x_1} & \dfrac{\partial U_3}{\partial x_2} & \dfrac{\partial U_3}{\partial x_3} \end{pmatrix} \begin{pmatrix} \Delta x_1 \\ \Delta x_2 \\ \Delta x_3 \end{pmatrix}$$

$$
= \begin{pmatrix} \dfrac{\partial U_1}{\partial x_1} & \dfrac{1}{2}\left(\dfrac{\partial U_1}{\partial x_2}+\dfrac{\partial U_2}{\partial x_1}\right) & \dfrac{1}{2}\left(\dfrac{\partial U_1}{\partial x_3}+\dfrac{\partial U_3}{\partial x_1}\right) \\[3mm] \dfrac{1}{2}\left(\dfrac{\partial U_2}{\partial x_1}+\dfrac{\partial U_1}{\partial x_2}\right) & \dfrac{\partial U_2}{\partial x_2} & \dfrac{1}{2}\left(\dfrac{\partial U_2}{\partial x_3}+\dfrac{\partial U_3}{\partial x_2}\right) \\[3mm] \dfrac{1}{2}\left(\dfrac{\partial U_3}{\partial x_1}+\dfrac{\partial U_1}{\partial x_3}\right) & \dfrac{1}{2}\left(\dfrac{\partial U_3}{\partial x_2}+\dfrac{\partial U_2}{\partial x_3}\right) & \dfrac{\partial U_3}{\partial x_3} \end{pmatrix} \begin{pmatrix} \Delta x_1 \\ \Delta x_2 \\ \Delta x_3 \end{pmatrix}
$$

$$
+ \begin{pmatrix} 0 & \dfrac{1}{2}\left(\dfrac{\partial U_1}{\partial x_2}-\dfrac{\partial U_2}{\partial x_1}\right) & \dfrac{1}{2}\left(\dfrac{\partial U_1}{\partial x_3}-\dfrac{\partial U_3}{\partial x_1}\right) \\[3mm] -\dfrac{1}{2}\left(\dfrac{\partial U_1}{\partial x_2}-\dfrac{\partial U_2}{\partial x_1}\right) & 0 & \dfrac{1}{2}\left(\dfrac{\partial U_2}{\partial x_3}-\dfrac{\partial U_3}{\partial x_2}\right) \\[3mm] -\dfrac{1}{2}\left(\dfrac{\partial U_1}{\partial x_3}-\dfrac{\partial U_3}{\partial x_1}\right) & -\dfrac{1}{2}\left(\dfrac{\partial U_2}{\partial x_3}-\dfrac{\partial U_3}{\partial x_2}\right) & 0 \end{pmatrix} \begin{pmatrix} \Delta x_1 \\ \Delta x_2 \\ \Delta x_3 \end{pmatrix}
$$

$$
= \boldsymbol{e}\cdot\Delta\boldsymbol{x}+\boldsymbol{\omega}\cdot\Delta\boldsymbol{x}, \tag{2-3}
$$

$$
\boldsymbol{e}=\begin{pmatrix} e_{11} & e_{12} & e_{13} \\ e_{21} & e_{22} & e_{23} \\ e_{31} & e_{32} & e_{33} \end{pmatrix}; \quad e_{ij}=\frac{1}{2}\left(\frac{\partial U_i}{\partial x_j}+\frac{\partial U_j}{\partial x_i}\right)=e_{ji}, \tag{2-4}
$$

$$
\boldsymbol{\omega}=\begin{pmatrix} \omega_{11} & \omega_{12} & \omega_{13} \\ \omega_{21} & \omega_{22} & \omega_{23} \\ \omega_{31} & \omega_{32} & \omega_{33} \end{pmatrix}; \quad \omega_{ij}=\frac{1}{2}\left(\frac{\partial U_i}{\partial x_j}-\frac{\partial U_j}{\partial x_i}\right)=-\omega_{ji}, \tag{2-5}
$$

式中 $\boldsymbol{e}$ 为形变张量,$\boldsymbol{\omega}$ 为旋转张量。(2-3)式中旋转张量的分量表达式也可改写为

$$
\boldsymbol{\omega}=\frac{1}{2}\begin{pmatrix} 0 & -w_3 & w_2 \\ w_3 & 0 & -w_1 \\ -w_2 & w_1 & 0 \end{pmatrix},
$$

式中用了位移场的旋度矢量 $\boldsymbol{\omega}=(\omega_1,\omega_2,\omega_3)^{\mathrm{T}}=\nabla\times\boldsymbol{U}$ 的分量来表达旋转张量的分量。

可见,连续介质中位移场的空间变化含介质元的形变和转动两部分。如图 2.2 所示,考虑形变发生前介质中某一点 A 及与其相邻的两点 B、C,且 $\overline{AC}\perp\overline{AB}$。当介质受到外力作用发生形变后,$A$、$B$、$C$ 三点的空间位置分别移到 A'、B'、C'。设 A、B 两点的直线距离为 Δs_1,A、C 两点的直线距离为 Δs_2。A'、B' 两点的直线距离为 $\Delta s_1'$,A'、C' 两点的直线距离为 $\Delta s_2'$,$\overline{A'C'}$ 与 $\overline{A'B'}$ 的夹角为 θ,可见介质内部的形变需要用受力后线段长度的相对变化和线段相对周围介质发生的转动角共同描述。

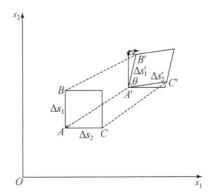

图 2.2　连续介质中一个小立方体运动后的形变描述

前者测量的是线段长度的相对变化,称为正应变,定义如下:

$$e_{\text{normal}} = \lim_{\Delta s_1 \to 0} \left(\frac{\Delta s_1' - \Delta s_1}{\Delta s_1} \right);\qquad (2\text{-}6)$$

后者测量的是正交角度的变形,称为剪应变,定义如下:

$$e_{\text{shear}} = \frac{1}{2} \lim_{\substack{\Delta s_1 \to 0 \\ \Delta s_2 \to 0}} \left(\frac{\pi}{2} - \theta \right).\qquad (2\text{-}7)$$

由(2-6)和(2-7)式可看到,关于介质中某一点 A 的正应变与剪应变的定义还与 $\overline{AB}$ 线的取向有关。在三维空间坐标系中 $\overline{AB}$ 有三个相互正交的取向,因此在三维空间中,介质中任意一点的正应变有 3 个取值,分别记为:e_{11}, e_{22}, e_{33}。介质中任意一点的剪应变有 6 个取值,分别记为:$e_{12}, e_{13}, e_{21}, e_{23}, e_{31}, e_{32}$。

三维空间中,连续介质中任意一点处的应变要用 9 个应变分量组成的应变张量方能完全描述。(2-4)式是弹性力学理论给出的应变张量的表达式,式中表达的张量中各元素的取值可能会因直角坐标系定义的坐标轴取向不同而不同,但张量的迹是不变的,亦即

$$\theta = e_{11} + e_{22} + e_{33} = 常量.\qquad (2\text{-}8)$$

附 2.1

Kronecker 函数 δ_{ij} 定义与哑元求和约定

Kronecker 函数 δ_{ij} 定义:

$$\delta_{ij} = \begin{cases} 1, & i=j, \\ 0, & i \neq j \end{cases} \quad (i,j=1,2,3).$$

哑元求和约定(Einstein summation notation):

在表达式中,某项因子中分量标记若重复出现,表示该项包含着对该因子在三个分量的求和运算。如:

$$\theta = e_{11} + e_{22} + e_{33} = e_{kk},$$
$$x_j y_j = x_1 y_1 + x_2 y_2 + x_3 y_3,$$
$$U_{i,i} = \frac{\partial U_1}{\partial x_1} + \frac{\partial U_2}{\partial x_2} + \frac{\partial U_3}{\partial x_3},$$
$$a_i = \delta_{ij} a_j.$$

2.2　应 力 张 量

连续介质体在受到局部力作用时,这些力的作用会传递至整个介质内部。弹性力学中,将作用力分为两类:体力和面力。体力是指介质内某点单位体积内受到的力,力的大小与体积或质量成正比,常见的体力有引力、离心力等。面力(又称接触力)是介质中某一局域平面上一侧物质作用于另一侧物质的力,力的大小与面积成正比,压强或应力是最常见的面力。如图 2.3 所示,想象过介质中某点 O 的平面将其截断成 A、B 两部分,则 B 部分对 A 部分的作用可用 A 部分截面上的应力矢量表示。考虑 A 截面上以 O 点为中心的小面元 ΔS,其外法线单位矢量是 $\boldsymbol{n}$。作用在该小面元上的面力为 $\Delta \boldsymbol{F}$,则定义 A 截面上 O 点的应力矢量为

$$\boldsymbol{T}(\boldsymbol{n}) = \lim_{\Delta S \to 0} \frac{\Delta \boldsymbol{F}}{\Delta S} = T_1 \hat{\boldsymbol{x}}_1 + T_2 \hat{\boldsymbol{x}}_2 + T_3 \hat{\boldsymbol{x}}_3,\qquad (2\text{-}9)$$

其中 $\hat{\boldsymbol{x}}_1,\hat{\boldsymbol{x}}_2,\hat{\boldsymbol{x}}_3$ 分别是 x_1,x_2,x_3 坐标轴的单位向量。

(2-9)式定义的应力矢量是依赖于 ΔS 的外法线方向的,即过 O 点作不同方向的截面,(2-9)式表达的应力矢量将不同。如选取 $\hat{\boldsymbol{x}}_1$ 为 ΔS 的外法线单位矢量 $\boldsymbol{n}$,即 ΔS 为垂直于 x_1 轴的截面,则有

$$\boldsymbol{T}(\hat{\boldsymbol{x}}_1) = \lim_{\Delta S \to 0} \frac{\Delta \boldsymbol{F}}{\Delta S} = \lim_{\Delta S \to 0}\left(\frac{\Delta F_1}{\Delta S}\hat{\boldsymbol{x}}_1 + \frac{\Delta F_2}{\Delta S}\hat{\boldsymbol{x}}_2 + \frac{\Delta F_3}{\Delta S}\hat{\boldsymbol{x}}_3\right) = \sigma_{11}\hat{\boldsymbol{x}}_1 + \sigma_{12}\hat{\boldsymbol{x}}_2 + \sigma_{13}\hat{\boldsymbol{x}}_3. \qquad (2\text{-}10)$$

同样可得

$$\boldsymbol{T}(\hat{\boldsymbol{x}}_2) = \sigma_{21}\hat{\boldsymbol{x}}_1 + \sigma_{22}\hat{\boldsymbol{x}}_2 + \sigma_{23}\hat{\boldsymbol{x}}_3, \qquad (2\text{-}11)$$

$$\boldsymbol{T}(\hat{\boldsymbol{x}}_3) = \sigma_{31}\hat{\boldsymbol{x}}_1 + \sigma_{32}\hat{\boldsymbol{x}}_2 + \sigma_{33}\hat{\boldsymbol{x}}_3. \qquad (2\text{-}12)$$

(2-10)~(2-12)式中的 σ_{ij},第一个脚标表示的是截面元 ΔS 的法线矢量方向,第二个脚标表示作用在该面元上力的分量方向。

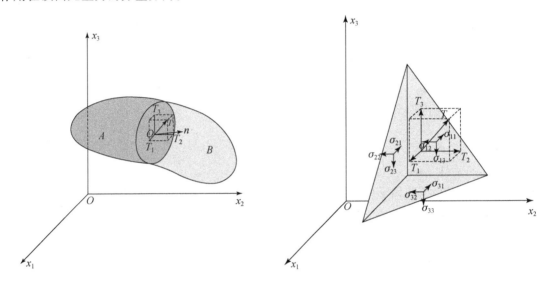

图 2.3　连续介质中面元受力描述示意图　　　图 2.4　忽略体力条件下,四面体受力分析

(2-10)~(2-12)式定义的 9 个应力元素能否完全表达介质中的面力呢? 如图 2.4 所示,从介质内截取 1 个微小的四面体,四面体的三个面分别与三个坐标平面平行,第四个面是外法线单位矢量 $\boldsymbol{n} = (\cos\theta_1, \cos\theta_2, \cos\theta_3)$ 的任意平面,该平面上的应力矢量为

$$\boldsymbol{T}(\boldsymbol{n}) = T_1\hat{\boldsymbol{x}}_1 + T_2\hat{\boldsymbol{x}}_2 + T_3\hat{\boldsymbol{x}}_3. \qquad (2\text{-}13)$$

四面体处于平衡状态下,有

$$\sum F_{x_1} = 0 = T_1\Delta S - \sigma_{11}\Delta S\cos\theta_1 - \sigma_{21}\Delta S\cos\theta_2 - \sigma_{31}\Delta S\cos\theta_3, \qquad (2\text{-}14)$$

$$\sum F_{x_2} = 0 = T_2\Delta S - \sigma_{12}\Delta S\cos\theta_1 - \sigma_{22}\Delta S\cos\theta_2 - \sigma_{32}\Delta S\cos\theta_3, \qquad (2\text{-}15)$$

$$\sum F_{x_3} = 0 = T_3\Delta S - \sigma_{13}\Delta S\cos\theta_1 - \sigma_{23}\Delta S\cos\theta_2 - \sigma_{33}\Delta S\cos\theta_3, \qquad (2\text{-}16)$$

则有一般表达式:

$$T_i = \sigma_{ji}n_j. \qquad (2\text{-}17)$$

可见与介质内部的应变一样,介质内部的应力也是由(2-10)~(2-12)式定义的 9 个元素

组成的张量

$$\boldsymbol{\sigma} = \begin{pmatrix} \sigma_{11} & \sigma_{12} & \sigma_{13} \\ \sigma_{21} & \sigma_{22} & \sigma_{23} \\ \sigma_{31} & \sigma_{32} & \sigma_{33} \end{pmatrix} \qquad (2\text{-}18)$$

完全表达。同样,应力张量的迹是不因坐标系选取而改变的不变量。要注意的是,无论是应变张量还是应力张量,它们都可能是空间和时间的函数。

应力张量是否有对称性呢?如图 2.5 所示,从介质中截取 1 个微小的各表面与坐标平面分别平行的立方体。

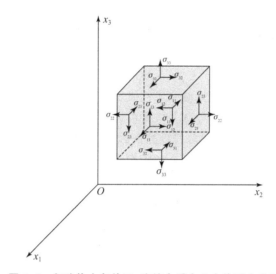

图 2.5　忽略体力条件下,连续介质中立方体受力分析

立方体处于平衡状态时,作用于它的合力和合力矩都将为零。考虑 x_1 方向合力为零的条件,有

$$\sum F_{x_1} = 0 = \left[\left(\sigma_{11} + \frac{\partial \sigma_{11}}{\partial x_1} \Delta x_1 - \sigma_{11} \right) \Delta x_2 \Delta x_3 + \left(\sigma_{21} + \frac{\partial \sigma_{21}}{\partial x_2} \Delta x_2 - \sigma_{21} \right) \Delta x_1 \Delta x_3 \right.$$
$$\left. + \left(\sigma_{31} + \frac{\partial \sigma_{31}}{\partial x_3} \Delta x_3 - \sigma_{31} \right) \Delta x_1 \Delta x_2 \right] \qquad (2\text{-}19)$$

考虑绕 x_3 轴转动的合力矩为零的条件,有

$$\sum M_{x_3} = 0 = \left[\left(\sigma_{12} + \frac{\partial \sigma_{12}}{\partial x_1} \Delta x_1 + \sigma_{12} \right) \Delta x_2 \Delta x_3 \frac{\Delta x_1}{2} - \left(\sigma_{21} + \frac{\partial \sigma_{21}}{\partial x_2} \Delta x_2 + \sigma_{21} \right) \Delta x_1 \Delta x_3 \frac{\Delta x_2}{2} \right].$$
$$(2\text{-}20)$$

(2-19)式导致

$$\left(\frac{\partial \sigma_{11}}{\partial x_1} + \frac{\partial \sigma_{21}}{\partial x_2} + \frac{\partial \sigma_{31}}{\partial x_3} \right) = 0, \qquad (2\text{-}19)'$$

(2-20)式导致

$$2\sigma_{12} + \frac{\partial \sigma_{12}}{\partial x_1} \Delta x_1 = 2\sigma_{21} + \frac{\partial \sigma_{21}}{\partial x_2} \Delta x_2. \qquad (2\text{-}20)'$$

在应力连续变化的条件下,当介质元体积趋于无限小时,(2-20)′式导致

$$\sigma_{12} = \sigma_{21}.$$

同样,考虑其他坐标轴方向的力和力矩平衡条件后,可得平衡条件的一般表达式:

$$\frac{\partial \sigma_{ij}}{\partial x_i} = 0,\qquad\qquad (2\text{-}19)''$$

$$\sigma_{ij} = \sigma_{ji}.\qquad\qquad (2\text{-}20)''$$

2.3 本构方程与广义胡克定律

不同物体在应力作用下所发生的应变响应,因物质性质的不同而不同。对一给定的应力,作用在强刚性物体上产生的应变响应较作用在弱刚性物体上的形变响应小得多。这种物体的应力与应变响应关系的数学表达式称为物体的**本构关系**或**本构方程**。对线性弹性体,其应力与应变间的本构关系可以用广义 Hooke 定律表示为

$$\sigma_{ij} = c_{ijkl}e_{kl}.\qquad\qquad (2\text{-}21)$$

虽然从万年以上的长时间尺度上看,地球介质性质表现出一定的流变性,但在地震波传播问题这类涉及短时间尺度变化的分析中,地球介质是可以用线弹性体很好地近似的。地球介质中应力张量与应变张量的关系遵循(2-21)式描述的线性本构方程,式中的系数 c_{ijkl} 为介质的弹性模量,它有 $3\times3\times3\times3=81$ 个,构成一个四阶的弹性系数张量。将应变张量与应力张量的对称性表达式(2-4)及(2-20)″式代入(2-21)式,易得到

$$c_{ijkl} = c_{jikl} = c_{ijlk} = c_{jilk},\qquad\qquad (2\text{-}22)$$

则 81 个弹性系数中,只有 36 个是独立的。本章后面将讲到,由于弹性体内部存在作为势能的应变能,其密度定义为

$$W = \frac{1}{2}\sigma_{ij}e_{ij} = \frac{1}{2}c_{ijkl}e_{kl}e_{ij} = \frac{1}{2}c_{klij}e_{ij}e_{kl},\qquad\qquad (2\text{-}23)$$

$$\frac{\partial^2 W}{\partial e_{kl}\partial e_{ij}} = \frac{\partial^2 W}{\partial e_{ij}\partial e_{kl}} = \frac{1}{2}c_{ijkl} = \frac{1}{2}c_{klij},\qquad\qquad (2\text{-}24)$$

于是有

$$c_{ijkl} = c_{klij},\qquad\qquad (2\text{-}24)'$$

则对一般各向异性介质,独立的弹性系数将进一步减少至 $[36-(36-6)/2]$ 个 $=21$ 个。

在大的空间尺度上,地球介质的力学性质可以近似为各向同性的。弹性力学理论指出,各向同性介质的弹性系数张量可以进一步简化为由 2 个独立的弹性模量 λ 和 μ 表达如下:

$$c_{ijkl} = \lambda\delta_{ij}\delta_{kl} + \mu(\delta_{ik}\delta_{jl} + \delta_{il}\delta_{jk}),\qquad\qquad (2\text{-}25)$$

式中 λ 和 μ 在弹性力学中称为拉梅(Lamé)弹性常数。

各向同性弹性介质的本构方程为

$$\sigma_{ij} = \lambda\theta\delta_{ij} + 2\mu e_{ij},\qquad\qquad (2\text{-}26)$$

式中 θ 的意义与(2-8)式同,表达的是体应变。

对大量破坏性地震断层破裂现场调查研究表明,构造应力作用下,地壳所能承受的最大剪应变不超过 10^{-4},大多数地震是在断层应变达到 $10^{-5}\sim10^{-4}$ 时发生的破裂。小形变时,地球介质力学性质接近线弹性体,因此应用线弹性理论研究震源、地震波的传播是合适的。为使问题简化,本书以后各章节,如无特殊声明,所涉及的问题是小形变问题,地球介质是线弹性、各向同性的。

附 2.2

　　在阅读地球科学的有关文献时,经常见到的应力单位是 bar(巴)而不是科学文献中推荐使用的国际单位制 Pa(帕斯卡)。1 bar＝10^5 Pa＝0.1 MPa,海平面承受的大气压约为 1 bar,地壳 3～4 km 深处的围压约为 1 kbar。由于地壳所能承受的最大剪应变在 10^{-5}～ 10^{-4} 间,地壳介质的剪切模量约为 $5×10^4$ MPa,地震发生后产生的剪切应力为 0.5～ 5 MPa,即 5～50 bar,这与由地壳最大剪应变估计的剪应力在量级上是一致的。

2.4　波 动 方 程

　　弹性介质中,任一处质点产生一个扰动,即该处质点发生一个小位移,由于介质的弹性性质,该处的运动会影响相邻点,扰动就会向周围传播。波动方程就是对弹性介质中扰动激发和传播规律的数学表达。

2.4.1　均匀弹性杆的一维波动方程

　　如图 2.6 所示,现分析截面积为 S 的均匀弹性杆上、长度为 $\mathrm{d}x$ 的小质元受力运动情况,暂忽略体力的作用。

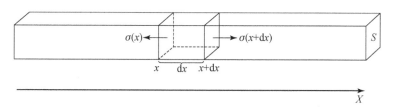

图 2.6　忽略体力,一维均匀杆中质元受力运动描述

　　设 x 处质元 t 时刻的位移为 $u(x,t)$,运动速度则为

$$\frac{\mathrm{d}u(x,t)}{\mathrm{d}t}=\frac{\partial u(x,t)}{\partial t}+\frac{\partial u(x,t)}{\partial x}\frac{\mathrm{d}x}{\mathrm{d}t}\approx\frac{\partial u(x,t)}{\partial t}, \tag{2-27}$$

式中 $\dfrac{\partial u(x,t)}{\partial x}\dfrac{\mathrm{d}x}{\mathrm{d}t}$ 被忽略的原因是 $\dfrac{\partial u(x,t)}{\partial x}$ 是个小量(小形变),且当形变很小时,位置变化的速度 $\dfrac{\mathrm{d}x}{\mathrm{d}t}$ 也不会大。因此基于同样的近似,x 处质元 t 时刻的加速度为

$$\frac{\mathrm{d}^2u(x,t)}{\mathrm{d}t^2}\approx\frac{\partial^2u(x,t)}{\partial t^2}. \tag{2-28}$$

　　设均匀杆的密度为 ρ,则长度为 $\mathrm{d}x$ 的小质元的运动方程为

$$(\rho S\mathrm{d}x)\frac{\partial^2u(x,t)}{\partial t^2}=S(\sigma(x+\mathrm{d}x,t)-\sigma(x,t)), \tag{2-29}$$

即

$$\rho\frac{\partial^2u(x,t)}{\partial t^2}=\frac{\partial\sigma(x,t)}{\partial x}. \tag{2-30}$$

将 Hooke 定律 $\sigma(x,t) = E\dfrac{\partial u(x,t)}{\partial x}$ 代入(2-30)式,则得到一维均匀弹性杆的波动方程

$$\frac{\partial^2 u(x,t)}{\partial t^2} = c^2 \frac{\partial^2 u(x,t)}{\partial x^2}, \tag{2-31}$$

式中 $c \equiv \sqrt{E/\rho}$,是由弹性杆的杨氏模量 E 和密度 ρ 共同决定的物性参数。(2-31)式就是我们熟知的振动在杆中传播的一维波动方程。该波动方程的一般解形式为

$$u(x,t) = f_1\left(t - \frac{x}{c}\right) + f_2\left(t + \frac{x}{c}\right), \tag{2-32}$$

式中 f 可以是任意的连续函数。(2-32)形式的解称为达朗伯(D'Alembert)解,即波动方程的行波解。为了理解波动方程解 $u(x,t) = f\left(t - \dfrac{x}{c}\right)$ 的含义,如图 2.7 所示。

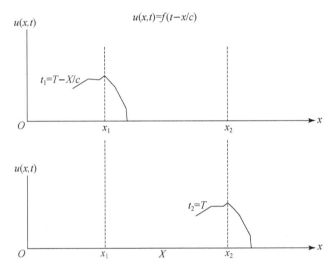

图 2.7 介质中波传播过程描述

我们考察相距 X 的两点 x_1 和 x_2 分别在 $t_1 = T - \dfrac{X}{c}$ 和 $t_2 = T$ 时刻的扰动。

$$u(x_1,t_1) = f\left(T - \frac{X}{c} - \frac{x_1}{c}\right) = f\left(T - \frac{X}{c} - \frac{x_2 - X}{c}\right)$$

$$= f\left(T - \frac{x_2}{c}\right) = u(x_2,t_2). \tag{2-33}$$

可见,在 t_2 时刻 x_2 处的扰动与 t_1 时刻 x_1 处的扰动是完全相等的,即扰动以速度 c 向正 x 方向传播了一段距离 X,由 x_1 传播到了 x_2。同样我们可以证明,波动方程的另一个一般解 $u(x,t) = f\left(t + \dfrac{x}{c}\right)$ 表达的也是扰动的传播,只是传播的方向为负 x 方向。这样我们可以清楚地看到,(2-31)波动方程中 c 的含义是波传播的速度。

2.4.2 三维均匀介质中的波动方程

如前,我们再一次分析如图 2.8 所示三维介质中的小质元受面力作用情况。

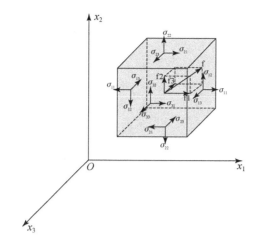

图 2.8 连续介质中立方体受力分析

$$\sum F_{x_1} = \left[\left(\sigma_{11} + \frac{\partial \sigma_{11}}{\partial x_1}\Delta x_1 - \sigma_{11}\right)\Delta x_2 \Delta x_3 + \left(\sigma_{21} + \frac{\partial \sigma_{21}}{\partial x_2}\Delta x_2 - \sigma_{21}\right)\Delta x_1 \Delta x_3 \right.$$
$$\left. + \left(\sigma_{31} + \frac{\partial \sigma_{31}}{\partial x_3}\Delta x_3 - \sigma_{31}\right)\Delta x_1 \Delta x_2 \right], \tag{2-34}$$

$$\sum F_{x_2} = \left[\left(\sigma_{12} + \frac{\partial \sigma_{12}}{\partial x_1}\Delta x_1 - \sigma_{12}\right)\Delta x_2 \Delta x_3 + \left(\sigma_{22} + \frac{\partial \sigma_{22}}{\partial x_2}\Delta x_2 - \sigma_{22}\right)\Delta x_1 \Delta x_3 \right.$$
$$\left. + \left(\sigma_{32} + \frac{\partial \sigma_{32}}{\partial x_3}\Delta x_3 - \sigma_{32}\right)\Delta x_1 \Delta x_2 \right], \tag{2-35}$$

$$\sum F_{x_3} = \left[\left(\sigma_{13} + \frac{\partial \sigma_{13}}{\partial x_1}\Delta x_1 - \sigma_{13}\right)\Delta x_2 \Delta x_3 + \left(\sigma_{23} + \frac{\partial \sigma_{23}}{\partial x_2}\Delta x_2 - \sigma_{23}\right)\Delta x_1 \Delta x_3 \right.$$
$$\left. + \left(\sigma_{33} + \frac{\partial \sigma_{33}}{\partial x_3}\Delta x_3 - \sigma_{33}\right)\Delta x_1 \Delta x_2 \right]. \tag{2-36}$$

考虑体力 $\boldsymbol{f}\Delta x_1 \Delta x_2 \Delta x_3$ 的作用（$\boldsymbol{f}$ 是单位体积质元的体力），质元的运动方程有

$$\rho \Delta x_1 \Delta x_2 \Delta x_3 \frac{\partial^2 u_1}{\partial t^2} = \left(\frac{\partial \sigma_{11}}{\partial x_1} + \frac{\partial \sigma_{21}}{\partial x_2} + \frac{\partial \sigma_{31}}{\partial x_3} + f_1\right)\Delta x_1 \Delta x_2 \Delta x_3, \tag{2-37}$$

$$\rho \Delta x_1 \Delta x_2 \Delta x_3 \frac{\partial^2 u_2}{\partial t^2} = \left(\frac{\partial \sigma_{12}}{\partial x_1} + \frac{\partial \sigma_{22}}{\partial x_2} + \frac{\partial \sigma_{32}}{\partial x_3} + f_2\right)\Delta x_1 \Delta x_2 \Delta x_3, \tag{2-38}$$

$$\rho \Delta x_1 \Delta x_2 \Delta x_3 \frac{\partial^2 u_3}{\partial t^2} = \left(\frac{\partial \sigma_{13}}{\partial x_1} + \frac{\partial \sigma_{23}}{\partial x_2} + \frac{\partial \sigma_{33}}{\partial x_3} + f_3\right)\Delta x_1 \Delta x_2 \Delta x_3, \tag{2-39}$$

即有

$$\rho \frac{\partial^2 u_i}{\partial t^2} = \frac{\partial \sigma_{ji}}{\partial x_j} + f_i, \tag{2-40}$$

矢量形式为

$$\rho \frac{\partial^2 \boldsymbol{u}}{\partial t^2} = \nabla \cdot \boldsymbol{\sigma} + \boldsymbol{f}. \tag{2-41}$$

将（2-26）式表达的 Hooke 定律代入（2-37）～（2-39）式，可分别得到

$$\rho \frac{\partial^2 u_1}{\partial t^2} = (\lambda + \mu) \frac{\partial \theta}{\partial x_1} + \mu \sum_{j=1}^{3} \frac{\partial^2 u_1}{\partial x_j^2} + f_1, \tag{2-42}$$

$$\rho \frac{\partial^2 u_2}{\partial t^2} = (\lambda + \mu) \frac{\partial \theta}{\partial x_2} + \mu \sum_{j=1}^{3} \frac{\partial^2 u_2}{\partial x_j^2} + f_2, \tag{2-43}$$

$$\rho \frac{\partial^2 u_3}{\partial t^2} = (\lambda + \mu) \frac{\partial \theta}{\partial x_3} + \mu \sum_{j=1}^{3} \frac{\partial^2 u_3}{\partial x_j^2} + f_3. \tag{2-44}$$

又由

$$\theta = \frac{\partial u_1}{\partial x_1} + \frac{\partial u_2}{\partial x_2} + \frac{\partial u_3}{\partial x_3} = \nabla \cdot \boldsymbol{u}, \tag{2-45}$$

则可进一步写出(2-42)～(2-44)式的矢量形式为

$$\rho \frac{\partial^2 \boldsymbol{u}}{\partial t^2} = (\lambda + \mu) \nabla (\nabla \cdot \boldsymbol{u}) + \mu \nabla^2 \boldsymbol{u} + \boldsymbol{f}. \tag{2-46}$$

利用矢量公式 $\nabla \times \nabla \times \boldsymbol{u} = \nabla (\nabla \cdot \boldsymbol{u}) - \nabla^2 \boldsymbol{u}$ 可将上式改写为

$$\rho \frac{\partial^2 \boldsymbol{u}}{\partial t^2} = (\lambda + 2\mu) \nabla (\nabla \cdot \boldsymbol{u}) - \mu \nabla \times \nabla \times \boldsymbol{u} + \boldsymbol{f}. \tag{2-47}$$

由赫姆霍茨(Helmholtz)定理,任意一个矢量场 $\boldsymbol{u}$ 都可以表达为一个无旋度的矢量场和一个无散度的矢量场之和。令

$$\boldsymbol{u} = \boldsymbol{u}_1 + \boldsymbol{u}_2 \quad 且有 \quad \nabla \times \boldsymbol{u}_1 = 0, \quad \nabla \cdot \boldsymbol{u}_2 = 0. \tag{2-48}$$

暂不考虑体力的影响,当 $\boldsymbol{u} = \boldsymbol{u}_1$ 时,由于 $\nabla \times \nabla \times \boldsymbol{u}_1 = \nabla (\nabla \cdot \boldsymbol{u}_1) - \nabla^2 \boldsymbol{u}_1 = 0$,可知 $\nabla (\nabla \cdot \boldsymbol{u}_1) = \nabla^2 \boldsymbol{u}_1$,由(2-47)式可导得

$$\rho \frac{\partial^2 \boldsymbol{u}_1}{\partial t^2} = (\lambda + 2\mu) \nabla^2 \boldsymbol{u}_1, \tag{2-49}$$

当 $\boldsymbol{u} = \boldsymbol{u}_2$ 时,因 $\nabla \cdot \boldsymbol{u}_2 = 0$,由(2-46)式可导得

$$\rho \frac{\partial^2 \boldsymbol{u}_2}{\partial t^2} = \mu \nabla^2 \boldsymbol{u}_2, \tag{2-50}$$

即有

$$\frac{\partial^2 \boldsymbol{u}_1}{\partial t^2} = \alpha^2 \nabla^2 \boldsymbol{u}_1, \tag{2-49}'$$

$$\frac{\partial^2 \boldsymbol{u}_2}{\partial t^2} = \beta^2 \nabla^2 \boldsymbol{u}_2, \tag{2-50}'$$

$$\alpha = \sqrt{(\lambda + 2\mu)/\rho}; \quad \beta = \sqrt{\mu/\rho}.$$

其中(2-49)、(2-50)式告诉我们,三维弹性介质中可以存在两种以不同速度传播的波,一种是以较快的速度 α 传播的无旋波 $\boldsymbol{u}_1$,在地球内部传播的这种波通常称为 P 波(primary wave),因为它首先到达记录台站;另一种是以较慢的速度 β 传播的无散波 $\boldsymbol{u}_2$,经地球内部传播的这种波通常称为 S 波(secondary wave),因为这种波在地震记录图上通常是第二个到达的显著地震震相。

附 2.3 矢量算子

设有两个矢量 $\boldsymbol{a}, \boldsymbol{b}$ 如下,它们方向间的夹角为 θ:

$$\boldsymbol{a} = a_1 \hat{\boldsymbol{x}}_1 + a_2 \hat{\boldsymbol{x}}_2 + a_3 \hat{\boldsymbol{x}}_3,$$

$$\boldsymbol{b} = b_1 \hat{\boldsymbol{x}}_1 + b_2 \hat{\boldsymbol{x}}_2 + b_3 \hat{\boldsymbol{x}}_3.$$

(1) 两个矢量的点积是标量

$$\boldsymbol{a} \cdot \boldsymbol{b} = a_i b_i = |a| |b| \cos\theta;$$

(2) 两个矢量的叉积是矢量,且该矢量与前两个矢量垂直

$$a \times b = \begin{vmatrix} \hat{x}_1 & \hat{x}_2 & \hat{x}_3 \\ a_1 & a_2 & a_3 \\ b_1 & b_2 & b_3 \end{vmatrix} = \varepsilon_{ijk} a_j b_k \hat{x}_i,$$

式中交替次序算符：$\varepsilon_{ijk} = \begin{cases} 0, & \text{当有两个（含）以上的下标相等时,} \\ 1, & \text{当下标顺序作偶次换位时,} \\ -1, & \text{当下标顺序作奇次换位时.} \end{cases}$

即有

$$\varepsilon_{123} = \varepsilon_{312} = \varepsilon_{231} = -\varepsilon_{213} = -\varepsilon_{132} = -\varepsilon_{321},$$
$$|a \times b| = |a| |b| \sin\theta.$$

（3）梯度算子是矢量算子

$$\nabla = \frac{\partial}{\partial x_1} \hat{x}_1 + \frac{\partial}{\partial x_2} \hat{x}_2 + \frac{\partial}{\partial x_3} \hat{x}_3.$$

（4）拉普拉斯算子 $\triangle$ 是标量算子

$$\triangle = \nabla \cdot \nabla = \nabla^2 = \frac{\partial^2}{\partial x_1^2} + \frac{\partial^2}{\partial x_2^2} + \frac{\partial^2}{\partial x_3^2},$$
$$\nabla^2 a = \nabla(\nabla \cdot a) - \nabla \times \nabla \times a.$$

附 2.4　赫姆霍茨定理

任意一个矢量场 u 都可以表达为一个标量场的梯度和一个矢量场的旋度之和,即
$$u = u_1 + u_2 = \nabla\phi + \nabla \times \Psi.$$

【证明】

泊松方程 $\nabla^2 w = u$ 的解可以表达为

$$w(x) = -\iiint \frac{u(\xi)}{4\pi |x - \xi|} dV(\xi),$$

即对任意一个矢量场 u,总能找到与 u 相对应的势函数 w,由于
$$\nabla^2 w = \nabla(\nabla \cdot w) - \nabla \times (\nabla \times w),$$
则可取 　　　　　　　　$\phi = \nabla \cdot w, \quad \Psi = -\nabla \times w,$
便有 　　　　　　　　$u = \nabla\phi + \nabla \times \Psi.$
该式称为位移场的赫姆霍兹势表达式。

由弹性理论：

$$\lambda = \frac{E\nu}{(1+\nu)(1-2\nu)}, \tag{2-51}$$

$$\mu = \frac{E}{2(1+\nu)}, \tag{2-52}$$

式中 E 是杨氏模量,ν 是泊松比。对于 $\nu = 0.25$ 的固体,有 $\lambda = \mu$,这种固体称为泊松固体。对泊松固体有 $\alpha = \sqrt{3}\beta$,即纵波传播速度大约是横波传播速度的 1.73 倍。不少地球固体介质的泊松比接近 0.25,有时可近似看成是泊松固体。

P 波、S 波是地震记录图上最为显著的两个体波震相。由于 P 波与 S 波传播速度不同,它们可以由同一震源同时激发,但以不同的速度独立传播。P 波传播速度大约为 S 波的 1.73

倍,在地震图上 P 波比 S 波先到达,比较容易识别。P 波与 S 波的主要差异归纳如下:

（1）P 波的传播速度较 S 波速度快,地震图上总是先记录到 P 波。

（2）这两种波的偏振(质点运动)方向相互正交。P 波的偏振方向与波的传播方向一致;S 波的偏振方向与波的传播方向垂直(图 2.9)。

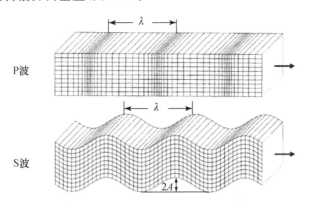

λ 是波长,A 是振幅

图 2.9　介质中 P 波或 S 波传播时介质中的波动示意图

（3）三分量地震仪记录在通常情况下,P 波的垂直分量相对较强,S 波的水平分量相对较强。S 波的低频成分较 P 波丰富(图 2.10)。

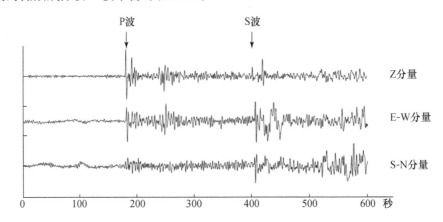

图 2.10　北京大学架设在青海省的流动地震台记录的一次发生在新疆的地震(震中距 1900 km)

（4）天然地震的震源破裂通常以剪切破裂和剪切错动为主,震源向外辐射的 S 波的能量较 P 波的强。

（5）P 波通过时,质元无转动运动,但有体积变化,P 波是一种无旋波。S 波通过时,质元有转动,但无体积变化,S 波是一种无散的等容波。证明如下:

用散度算子 $\nabla\cdot$ 同时作用于波动方程(2-46)式的两边(设在无体力作用区),则有

$$\rho\frac{\partial^2\theta}{\partial t^2} = (\lambda+2\mu)\nabla^2\theta, \tag{2-53}$$

式中 $\theta=\nabla\cdot\boldsymbol{u}$ 为(2-8)式定义的体应变。可见体应变以 P 波的速度传播。

用旋度算子 $\nabla\times$ 同时作用于(2-47)式两边,则有

$$\rho \frac{\partial^2 w}{\partial t^2} = \mu \nabla^2 w, \tag{2-54}$$

式中 $w = \nabla \times u$ 为位移场的旋度矢量。可见旋度以 S 波的速度传播。

2.5　P 波、S 波势函数表达的波动方程

将位移场 u 的赫姆霍茨势表达式

$$u = \nabla \phi + \nabla \times \Psi \tag{2-55}$$

代入波动方程(2-47),忽略体力项,并略去不随空间变化的无意义的常数,可以得到

$$\frac{\partial^2 \phi}{\partial t^2} = \alpha^2 \nabla^2 \phi, \tag{2-49}''$$

$$\frac{\partial^2 \Psi}{\partial t^2} = \beta^2 \nabla^2 \Psi. \tag{2-50}''$$

比较(2-48)与(2-55)式我们可以清楚看到

$$u_1 = \nabla \phi, \tag{2-56}$$

$$u_2 = \nabla \times \Psi. \tag{2-57}$$

ϕ 和 Ψ 分别与 P 波和 S 波的位移场 u_1, u_2 一样满足相同的波动方程,并以相同的波速传播,我们将它们分别称为 P 波和 S 波的势函数(potential function)。应用公式(2-56)与(2-57)是很容易由波的势函数求出相应的位移场的。在今后的学习中,我们会逐渐感受到,引入波的势函数是理论地震学中的一个重要的数学技巧,给我们将要学习的地震波理论的其他公式推导带来很大的方便。这里需要提醒大家的是:P 波的势函数 ϕ 是标量势函数,而 S 波的势函数 Ψ 是矢量势函数。

2.6　波动方程的解

2.6.1　不均匀弹性杆的一维波动方程的解

与 2.4.1 节中介绍的均匀弹性杆的一维波动方程的推导类似,我们可以写出一般情形下的一维波动方程

$$\rho(x) \frac{\partial^2 u}{\partial t^2} = \frac{\partial \sigma_{11}}{\partial x}. \tag{2-58}$$

将 $\sigma_{11} = E(x)\frac{\partial u}{\partial x}$ 代入上式,有

$$\rho(x) \frac{\partial^2 u}{\partial t^2} = E(x) \frac{\partial^2 u}{\partial x^2} + \frac{\partial E(x)}{\partial x} \cdot \frac{\partial u}{\partial x}. \tag{2-59}$$

若 $\frac{\partial E(x)}{\partial x}$ 足够小(不可忽略时,可能产生散射,下章将作简单介绍),问题可以简化为

$$\frac{\partial^2 u}{\partial t^2} = c^2(x) \frac{\partial^2 u}{\partial x^2}, \tag{2-60}$$

式中 $c(x) = \sqrt{E(x)/\rho(x)}$,为波在杆中的传播速度。

用分离变量法求解波动方程(2-60)。令

$$u(x,t) = X(x)T(t), \tag{2-61}$$

将(2-61)式代入(2-60)式有

$$\frac{1}{T(t)} \cdot \frac{\mathrm{d}^2 T(t)}{\mathrm{d}t^2} = \frac{c^2(x)}{X(x)} \cdot \frac{\mathrm{d}^2 X(x)}{\mathrm{d}x^2} = -\omega^2, \tag{2-62}$$

即有

$$\frac{\mathrm{d}^2 T(t)}{\mathrm{d}t^2} + \omega^2 T(t) = 0, \tag{2-63}$$

$$\frac{\mathrm{d}^2 X(x)}{\mathrm{d}x^2} + \frac{\omega^2}{c^2(x)} X(x) = 0. \tag{2-64}$$

方程(2-63)的一般解为

$$T(t) = A_1 \mathrm{e}^{\mathrm{i}\omega t} + A_2 \mathrm{e}^{-\mathrm{i}\omega t}. \tag{2-65}$$

特例 1 均匀杆,即 $c(x)=c$,则有

$$X(x) = B_1 \mathrm{e}^{\mathrm{i}\omega x/c} + B_2 \mathrm{e}^{-\mathrm{i}\omega x/c}, \tag{2-66}$$

则均匀杆中波动方程(2-60)的一般解为

$$u(x,t) = C_1 \mathrm{e}^{\mathrm{i}\omega(t-\frac{x}{c})} + C_2 \mathrm{e}^{\mathrm{i}\omega(t+\frac{x}{c})} + C_3 \mathrm{e}^{-\mathrm{i}\omega(t-\frac{x}{c})} + C_4 \mathrm{e}^{-\mathrm{i}\omega(t+\frac{x}{c})}. \tag{2-67}$$

式中 C_1、C_2、C_3、C_4 为任意常数。可以看出(2-67)与(2-32)表达的解一样,也是 D'Alembert 形式解。

需要指出的是:(2-67)式是由包含虚数项的复数组成的,任一复数项的模表示波的振幅,复数的辐角表示波的相位。

有时也可用实数部分表示波动

$$u(x,t) = \mathrm{Re}(C\mathrm{e}^{\mathrm{i}\omega(t\pm\frac{x}{c})}) = C\cos\omega\left(t \pm \frac{x}{c}\right). \tag{2-68}$$

注意:上式表示的单色波的初始相位为零,一般情况下还要在 cos 函数的变量中包含波的初始相位 φ。由于(2-68)式中的 ω 可以任取常数,因此波动方程的解并不是如(2-68)所表达的单色简谐波,而可以是由无数频率成分的简谐波合成的任意波形的函数。一般而言,地震仪记录的地震波的频带范围可为 $0.0001\sim200\,\mathrm{Hz}$。地震波的波速在地壳中约为$5\,\mathrm{km/s}$,因此我们记录的地震波信号的波长范围在 $0.025\sim50\,000\,\mathrm{km}$ 之间。

附 2.5 地震学名词

(1) 角频率、频率与周期

(2-67)至(2-68)式中的 ω 称为角频率(angular frequency),它与频率(通常记为 f)、周期(通常记为 T)之间的相互关系为

$$\omega = 2\pi f = \frac{2\pi}{T}.$$

(2) 波长与波数(wave number)

波长是一个周期的波在空间的伸展长度,通常记为 λ;波数 $k = \frac{2\pi}{\lambda}$,即波长倒数的 2π 倍,或是在 2π 长度内周期性波动的数目。但要注意,三维空间的波数通常表达为一个矢量 $\boldsymbol{k}$,其方向就是波传播的方向。波长 λ、波数 k 与波速 c、周期 T、频率 f 间存在下列关系:

$$\lambda = cT = \frac{c}{f} = \frac{2\pi c}{\omega},$$

$$|\boldsymbol{k}| = \frac{2\pi}{\lambda} = \frac{\omega}{c}.$$

（3）震相

在地震图上显示的震动特征不同或传播路径不同的地震波组。各震相到时、波形、振幅及质点运动方式都各有它们自己的特征。由于这些波组都有一定的持续时间，所以不同震相的波形可能存在互相重叠，以致在一般情况下，只能识别震相的起始。

（4）平面波（plane wave）

在一定时刻 t，在任何垂直于波传播方向（波数矢量）的平面上，振动各量（如位移、速度、加速度、应力、应变等）相同，且同相面以速度 c 沿波传播方向在空间移动的波。具有上述两特征的波动方程的解必定为

$$f(\omega t \pm \boldsymbol{x} \cdot \hat{\boldsymbol{k}}) \quad \text{或} \quad f(t \pm \boldsymbol{s} \cdot \boldsymbol{x}).$$

这里 $\boldsymbol{s}$ 是慢度矢量。

特例 2 非均匀杆，但非均匀程度不特别高

设方程（2-64）的一般解为

$$X(x) = Ce^{-i\alpha(x)}, \tag{2-69}$$

将其代入（2-64）式有

$$-i\frac{d^2\alpha(x)}{dx^2} - \left(\frac{d\alpha(x)}{dx}\right)^2 + \frac{\omega^2}{c^2(x)} = 0. \tag{2-70}$$

若

$$\left|\frac{d^2\alpha(x)}{dx^2}\right| \ll \frac{\omega^2}{c^2(x)}, \tag{2-71}$$

则有

$$\frac{d\alpha(x)}{dx} = \pm\frac{\omega}{c(x)}, \tag{2-72}$$

即

$$\alpha(x) = \pm\omega\int_{-\infty}^{x}\frac{d\zeta}{c(\zeta)}, \tag{2-73}$$

则

$$X(x) = Ce^{\pm i\omega\int_{-\infty}^{x}\frac{d\zeta}{c(\zeta)}}. \tag{2-74}$$

将（2-73）式代回解条件方程（2-71），有

$$\left|\frac{d^2\alpha(x)}{dx^2}\right| = \left|\frac{\omega}{c^2(x)} \cdot \frac{dc(x)}{dx}\right| \ll \frac{\omega^2}{c^2(x)}, \tag{2-75}$$

即需要

$$\left|\frac{dc(x)}{dx}\right| \ll \omega. \tag{2-76}$$

（2-76）式告诉我们，当地震波传播速度的空间变化量大大小于我们感兴趣的频率时，（2-74）式是满足的。换言之，不均匀一维介质中高频地震波的波动方程解可以表达为

$$u(x,t) = Ae^{\pm i\omega\left(t \pm \int_{-\infty}^{x}\frac{d\zeta}{c(\zeta)}\right)}, \tag{2-77}$$

这仍是 D'Alembert 形式解。

2.6.2 三维均匀空间中波动方程的平面波解

由（2-49）″和（2-50）″式（见 31 页）知，空间中的波动方程为

$$\frac{\partial^2 \phi}{\partial t^2} = \alpha^2 \, \nabla^2 \phi = \alpha^2 \left(\frac{\partial^2 \phi}{\partial x_1^2} + \frac{\partial^2 \phi}{\partial x_2^2} + \frac{\partial^2 \phi}{\partial x_3^2} \right), \tag{2-78}$$

$$\frac{\partial^2 \boldsymbol{\Psi}}{\partial t^2} = \beta^2 \, \nabla^2 \boldsymbol{\Psi} = \beta^2 \left(\frac{\partial^2 \boldsymbol{\Psi}}{\partial x_1^2} + \frac{\partial^2 \boldsymbol{\Psi}}{\partial x_2^2} + \frac{\partial^2 \boldsymbol{\Psi}}{\partial x_3^2} \right). \tag{2-79}$$

用分离变数法求解. 令

$$\phi(x_1, x_2, x_3, t) = X(x_1) Y(x_2) Z(x_3) T(t), \tag{2-80}$$

代入(2-78)式,可得

$$\frac{1}{T(t)} \cdot \frac{\mathrm{d}^2 T(t)}{\mathrm{d}t^2} = \alpha^2 \left(\frac{1}{X(x_1)} \cdot \frac{\mathrm{d}^2 X(x_1)}{\mathrm{d}x_1^2} + \frac{1}{Y(x)} \cdot \frac{\mathrm{d}^2 Y(x_2)}{\mathrm{d}x_2^2} + \frac{1}{Z(x_3)} \cdot \frac{\mathrm{d}^2 Z(x_3)}{\mathrm{d}x_3^2} \right) \overset{\diamondsuit}{=\!=\!=} -\omega^2, \tag{2-81}$$

即有

$$\begin{cases} T''(t) + \omega^2 T(t) = 0, \\ X''(x_1) + k_{a_1}^2 X(x_1) = 0, \\ Y''(x_2) + k_{a_2}^2 Y(x_2) = 0, \\ Z''(x_3) + k_{a_3}^2 Z(x_3) = 0, \end{cases} \tag{2-82}$$

式中

$$k_{a_1}^2 + k_{a_2}^2 + k_{a_3}^2 = \frac{\omega^2}{\alpha^2}. \tag{2-83}$$

由此易得到方程(2-80)的解可以简单表达为

$$\phi(\boldsymbol{x}, t) = A \mathrm{e}^{\pm \mathrm{i}(\omega t \pm k_{a_1} x_1 \pm k_{a_2} x_2 \pm k_{a_3} x_3)} = A \mathrm{e}^{\pm \mathrm{i}(\omega t - k_a \cdot x)}, \tag{2-84}$$

式中, $\boldsymbol{k}_a = (k_{a_1}, k_{a_2}, k_{a_3})$ 称为 P 波的波数矢量。(2-84)式与一维情形的解(2-68)式是对应的,(2-84)式描述的是三维空间的单色平面波的解,不过,波的角频率 ω 是可取不同数值的。

用同样的方法,我们易得到 S 波势函数波动方程(2-79)的解:

$$\boldsymbol{\Psi}(x, t) = \boldsymbol{B} \mathrm{e}^{\pm \mathrm{i}(\omega t - k_\beta \cdot x)}, \tag{2-85}$$

式中, $|\boldsymbol{k}_\beta| = |(k_{\beta_1}, k_{\beta_2}, k_{\beta_3})| = \omega/\beta$ 称为 S 波波数。与 P 波不同的是,S 波势函数 $\boldsymbol{\Psi}(\boldsymbol{x}, t)$ 是矢量函数,(2-85)式中的常量因子 $\boldsymbol{B}$ 是常矢量。无论是 P 波还是 S 波,其波数矢量的方向代表的是平面波的传播方向,因此如(2-84)或(2-85)波动方程的表达中,波数矢量前只需取单一的'—'号。

如图 2.11 所示,我们考虑一组在 $x_1 x_3$ 平面内传播的平面 P 波,其相位函数为

$$\varphi = \omega t - \boldsymbol{k}_a \cdot \boldsymbol{x} = \omega t - k_{a_1} x_1 - k_{a_3} x_3. \tag{2-86}$$

由(2-86)式, $t=0$ 时,相位为 0 的等相位面(又称波阵面,wavefront)方程为

$$x_1 = -\frac{k_{a_3}}{k_{a_1}} x_3. \tag{2-87}$$

(2-87)式定义了在 $x_1 x_3$ 平面上的一条直线,该直线所代表的是一个垂直于 $x_1 x_3$ 平面的等相面,该等相面在 $t=0$ 时刻,相位为 0,等相面上各振动量相等。

由(2-86)式,我们还可得到波阵面方程的更一般表达式:

$$x_1 = -\frac{k_{a3}}{k_{a1}} x_3 - \frac{\varphi}{k_{a1}} + \frac{\omega t}{k_{a1}}. \tag{2-88}$$

图 2.11 显示了(2-88)式表示的固定 t 时刻我们看到的一系列不同相位的波阵面,以及等相位的波阵面在不同时刻的空间位置。(2-88)式还清楚地表明,波数矢量 $\boldsymbol{k}_a = (k_{a1}, 0, k_{a3})$ 与波阵面是正交的。

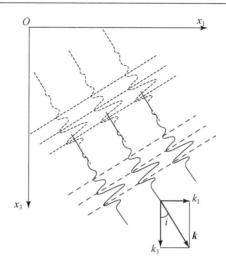

图 2.11 平面波传播过程中的波阵面移动

如果我们定义波矢量方向与 x_3 轴方向的夹角为入射角,并记为 i,则有

$$k_{a_1} = |k_a| \sin i = \frac{\omega}{\alpha} \sin i = \omega p, \tag{2-89}$$

$$k_{a_3} = |k_a| \cos i = \frac{\omega}{\alpha} \cos i = \omega \eta_a, \tag{2-90}$$

式中 $p = \dfrac{\sin i}{\alpha}$ 称为波的水平慢度(horizontal slowness),$\eta_a = \dfrac{\cos i}{\alpha}$ 称为垂直慢度(vertical slowness)。

对在 $x_1 x_3$ 平面内传播的平面 S 波,同样也有

$$k_{\beta 1} = |\boldsymbol{k}_\beta| \sin i = \frac{\omega}{\beta} \sin i = \omega p, \tag{2-91}$$

$$k_{\beta 3} = |\boldsymbol{k}_\beta| \cos i = \frac{\omega}{\beta} \cos i = \omega \eta_\beta. \tag{2-92}$$

又因

$$\boldsymbol{u}_{\mathrm{P}} = \nabla \phi = \left(\frac{\partial}{\partial x_1} \hat{\boldsymbol{x}}_1 + \frac{\partial}{\partial x_2} \hat{\boldsymbol{x}}_2 + \frac{\partial}{\partial x_3} \hat{\boldsymbol{x}}_3 \right) A \mathrm{e}^{\pm \mathrm{i}(\omega t - \boldsymbol{k}_a \cdot \boldsymbol{x})}$$

$$\boldsymbol{u}_{\mathrm{S}} = \nabla \times \boldsymbol{\Psi} = \left(\frac{\partial \Psi_3}{\partial x_2} - \frac{\partial \Psi_2}{\partial x_3} \right) \hat{\boldsymbol{x}}_1 + \left(\frac{\partial \Psi_1}{\partial x_3} - \frac{\partial \Psi_3}{\partial x_1} \right) \hat{\boldsymbol{x}}_2 + \left(\frac{\partial \Psi_2}{\partial x_1} - \frac{\partial \Psi_1}{\partial x_2} \right) \hat{\boldsymbol{x}}_3,$$

$$\boldsymbol{\Psi}_i = B_i \mathrm{e}^{\pm \mathrm{i}(\omega t - \boldsymbol{k}_\beta \cdot \boldsymbol{x})}. \tag{2-93}$$

对在 $x_1 x_3$ 平面内传播的平面 P 波,则有

$$\boldsymbol{u}_{\mathrm{P}} = (\pm \mathrm{i} k_{a_1} \hat{\boldsymbol{x}}_1 + 0 \hat{\boldsymbol{x}}_2 \pm \mathrm{i} k_{a_3} \hat{\boldsymbol{x}}_3) A \mathrm{e}^{\pm \mathrm{i}(\omega t - \boldsymbol{k}_a \cdot \boldsymbol{x})}, \tag{2-94}$$

则有

$$\frac{u_{\mathrm{P}_3}}{u_{\mathrm{P}_1}} = \pm \frac{k_{a_3}}{k_{a_1}}. \tag{2-95}$$

(2-95)式说明,P 波的质元运动(振动)方向与波矢量方向(传播方向)是平行的。

对在 $x_1 x_3$ 平面内传播的平面 S 波,则有

$$\boldsymbol{u}_{\mathrm{S}} = -\frac{\partial \Psi_2}{\partial x_3} \hat{\boldsymbol{x}}_1 + \left(\frac{\partial \Psi_1}{\partial x_3} - \frac{\partial \Psi_3}{\partial x_1} \right) \hat{\boldsymbol{x}}_2 + \frac{\partial \Psi_2}{\partial x_1} \hat{\boldsymbol{x}}_3,$$

$$\boldsymbol{\Psi}_i = B_i \mathrm{e}^{\pm \mathrm{i}(\omega t \pm \boldsymbol{k}_\beta \cdot \boldsymbol{x})}. \tag{2-96}$$

由(2-96)式可以看到,在 $x_1 x_3$ 平面内传播的平面 S 波的振动,并不像 P 波一样,只局限在传播平面内,在垂直于传播平面的 x_2 方向上也存在 S 波分量。

如果设定 $x_1 x_2$ 为地平面(不考虑地球曲率),x_3 为深度方向。地震学中将垂直于传播平面并平行于水平地面的 x_2 方向上的 S 波分量记为 SH 波,传播平面内的 S 波分量记为 SV 波。即:

$$\boldsymbol{u}_{SV} = -\frac{\partial \Psi_2}{\partial x_3} \hat{\boldsymbol{x}}_1 + \frac{\partial \Psi_2}{\partial x_1} \hat{\boldsymbol{x}}_3 = -\frac{\partial \psi}{\partial x_3} \hat{\boldsymbol{x}}_1 + \frac{\partial \psi}{\partial x_1} \hat{\boldsymbol{x}}_3, \tag{2-97}$$

$$\boldsymbol{u}_{SH} = \left(\frac{\partial \Psi_1}{\partial x_3} - \frac{\partial \Psi_3}{\partial x_1}\right)\hat{\boldsymbol{x}}_2 = V \hat{\boldsymbol{x}}_2. \tag{2-98}$$

(2-98)式中用 V 表示 SH 波位移的大小,SH 波位移的方向总是在与波的入射面垂直的 x_2 方向上。由于 Ψ_1、Ψ_3 均满足波动方程(2-79),容易证明,SH 波的位移函数 V 也满足波动方程:

$$\frac{\partial^2 V}{\partial t^2} = \beta^2 \nabla^2 V = \beta^2 \left(\frac{\partial^2 V}{\partial x_1^2} + \frac{\partial^2 V}{\partial x_3^2}\right). \tag{2-99}$$

则有

$$V(x_1, x_3, t) = H e^{\pm i(\omega t \pm k_{\beta_1} x_1 \pm k_{\beta_3} x_3)}. \tag{2-100}$$

同样 SV 波势函数的解有

$$\psi(x_1, x_3, t) = A' e^{\pm i(\omega t \pm k_{\beta_1} x_1 \pm k_{\beta_3} x_3)}, \tag{2-101}$$

则 SV 波的位移为

$$\boldsymbol{u}_{SV} = -\frac{\partial \psi}{\partial x_3} \hat{\boldsymbol{x}}_1 + \frac{\partial \psi}{\partial x_1} \hat{\boldsymbol{x}}_3 = \mp A' \hat{k}_{\beta_3} i e^{\pm i(\omega t \pm \boldsymbol{k}_\varphi \cdot \boldsymbol{x})} \hat{\boldsymbol{x}}_1 \pm A' k_{\beta_1} i e^{\pm i(\omega t \pm \boldsymbol{k}_\varphi \cdot \boldsymbol{x})} \hat{\boldsymbol{x}}_3, \tag{2-102}$$

$$\frac{u_{SV3}}{u_{SV1}} = \pm \frac{k_{\beta_1}}{k_{\beta_3}}. \tag{2-103}$$

(2-103)式表明,尽管 SV 的振动局限在波的传播平面内,但其振动方向与传播方向是垂直的。

波的总位移为

$$\boldsymbol{u} = \boldsymbol{u}_P + \boldsymbol{u}_{SV} + \boldsymbol{u}_{SH}$$
$$= \left(\frac{\partial \phi}{\partial x_1} - \frac{\partial \psi}{\partial x_3}\right)\hat{\boldsymbol{x}}_1 + V \hat{\boldsymbol{x}}_2 + \left(\frac{\partial \phi}{\partial x_3} + \frac{\partial \psi}{\partial x_1}\right)\hat{\boldsymbol{x}}_3. \tag{2-104}$$

我们从波动方程出发,导得弹性介质中可以同时存在两种振动方向互相正交的不同类型的波——P 波和 S 波,它们在介质中是以不同速度独立传播的,互不干涉。(2-104)式中我们又将 S 波分解成振动方向相互正交的两个分量:SV 波和 SH 波。下一章我们讨论波传播到不同介质的分界面时,在波发生反射或折射时会发生波的类型的转换。(2-104)式表明,SH 波的振动方向与 P 波和 SV 波的振动方向都是垂直的,SH 波将独立传播,不会与 P 波或 SV 波间发生波型相互转换或能量交换。而 P 波与 SV 波的振动方向由于都在传播平面内,当波传播至垂直于传播平面的介质速度间断面时,P 波与 SV 波间可能会发生相互转换和能量交换,即可能产生反射或透射的转换波。

三分量地震仪记录的地面振动通常分别记录的波动矢量是:垂直向振动(向上为正),北南向振动(向北为正)和东西向振动(向东为正)。通过对两个水平振动分量的坐标旋转,不难将波动矢量旋转为:垂直向振动,径向振动(由源到记录台的连线的水平投影,R 分量)和切向振动(与径向正交的水平分量,T 分量)。图 2.12 显示了一个地震记录的实例,切向分量上记录的 S 波显然是 SH 波。大家考虑一下,为什么旋转后的地震图上,切向分量上基本看不到 P 波?如果地球介质具有较强的各向异性,情况又将如何?

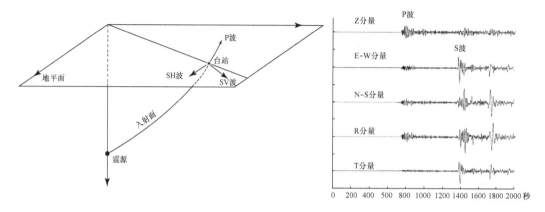

图 2.12　P 波、SV 波及 SH 波偏振方向(左)和三分量远震源记录及旋转后的地震图(右)

2.6.3　波动方程的球面波解

由(2-78)式,用 P 波势函数表示的波动方程

$$\frac{\partial^2 \phi}{\partial t^2} = \alpha^2 \ \nabla^2 \phi$$

可在球坐标(图 2.13)下表示为

$$\frac{\partial^2 \phi}{\partial t^2} = \alpha^2 \left[\frac{1}{r^2} \frac{\partial}{\partial r} \left(r^2 \frac{\partial \phi}{\partial r} \right) + \frac{1}{r^2} \frac{1}{\sin\theta} \frac{\partial}{\partial \theta} \left(\sin\theta \frac{\partial \phi}{\partial \theta} \right) + \frac{1}{r^2} \frac{1}{\sin^2\theta} \frac{\partial^2 \phi}{\partial \varphi^2} \right]. \quad (2\text{-}105)$$

均匀各向同性介质中,球对称爆炸点源激发的波的
波动方程可以简化为

$$\frac{\partial^2 \phi}{\partial t^2} = \alpha^2 \left[\frac{1}{r^2} \frac{\partial}{\partial r} \left(r^2 \frac{\partial \phi}{\partial r} \right) \right]. \quad (2\text{-}106)$$

为求此方程的解,可将其改写为

$$\frac{\partial^2 (r\phi)}{\partial t^2} = \alpha^2 \frac{\partial^2 (r\phi)}{\partial r^2}.$$

比照一维波动方程的解答,可知上式有解

$$r\phi = f(t \pm r/\alpha).$$

式中 f 是任意函数。于是,球对称波动问题的纵波位移
势的解可表示为

$$\phi(r,t) = \frac{f(t \pm r/\alpha)}{r}. \quad (2\text{-}107)$$

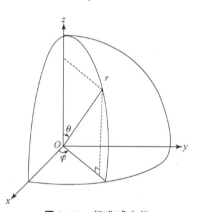

图 2.13　标准球坐标

附 2.6　各向异性介质中的地震波

　　横波分裂源于地球内部介质的各向异性。在各向同性介质中,横波在其振动平面内的任
一方向上偏振时,传播速度都相同。而在各向异性的弹性介质中,在某一方向上偏振的波会
比在另一方向上偏振的波传播得快。在传播了一段距离后,沿“快方向”(fast direction)偏振
的分量(qS_1)将与另一方向上的偏振分量(qS_2)分离(图 1),这就是横波产生分裂的原因。横
波分裂现象是分析介质各向异性的一个重要依据,它直接反映了介质的各向异性。

各向同性介质中传播

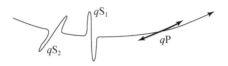

各向异性介质中传播

图 1　横波发生分裂的示意图(据 Savage,1999)

要注意的是,各向异性介质有 21 个独立的胡克系数(对横向各向同性介质,独立胡克系数可以退化成 5 个),本构方程及相应波动方程较各向同性介质复杂,P 波及 S 波的意义与性质亦有较大差异(如 P 波偏振方向不严格与波传播方向一致,S 波偏振方向与波传播方向也不严格正交),为了区别这种不同,通常将各向异性介质中传播的 P 波和 S 波分别记为qP 和 qS.

记录的远震 SKS 波含有 SH 波能量,这可以作为地球介质具有各向异性的直接观测证据。S 波分裂是分析地球介质各向异性最常用的地震学方法。其基本原理是:

考虑水平方向的运动。设有一角频率为 ω、偏振方向为 $\hat{\boldsymbol{p}}$ 的线偏振波

$$\boldsymbol{u}(\omega)=w(\omega)\exp(-\mathrm{i}\omega T_0)\hat{\boldsymbol{p}}. \tag{1}$$

假设一个算符

$$\boldsymbol{\Gamma}=\exp(\mathrm{i}\omega\delta t/2)\hat{\boldsymbol{f}}\hat{\boldsymbol{f}}+\exp(-\mathrm{i}\omega\delta t/2)\hat{\boldsymbol{s}}\hat{\boldsymbol{s}} \tag{2}$$

$\hat{\boldsymbol{f}}$ 与 $\hat{\boldsymbol{s}}$ 分别为快波方向及慢波方向的单位矢量,δt 为分裂时间。

算符 $\boldsymbol{\Gamma}$ 对位移场作用,可产生横波的分裂:

$$\boldsymbol{u}_s(\omega)=\boldsymbol{\Gamma}\cdot\boldsymbol{u}(\omega)=w(\omega)\exp(-\mathrm{i}\omega T_0)\boldsymbol{\Gamma}\cdot\hat{\boldsymbol{p}}. \tag{3}$$

对于分裂参量为 $(\varphi,\delta t)$ 的运动,规定相关矩阵 C:

$$c_{ij}(\varphi,\delta t)=\int_{-\infty}^{\infty}u_i(t)u_j(t-\delta t)\mathrm{d}t, \quad i,j=1,2. \tag{4}$$

对于各向同性介质,没有横波分裂的情况,C 只有一个非零特征值,相应的特征向量对应于$\hat{\boldsymbol{p}}$。当存在各向异性时,除非 $\varphi=n\pi/2$ 或者 $\delta t=0$,C 均有两个非零特征值。这也提示我们,如果射线沿快波方向或与之垂直方向入射,则无论是否存在各向异性,均不会发生横波分裂显现。

在实际工作中,最重要的一步是判断记录的地震波是否存在 S 波分裂,然后才用上面描述的方法,通过解(4)式描述的 C 张量模的极大值,求取快慢 S 波分裂延迟时间及相应快波方向。图 2 列出了以 SKS 波为基本资料、从地震记录中挑选存在横波分裂的事件的流程图。图 3 显示的是加分裂时间校正前后质点运动轨迹。

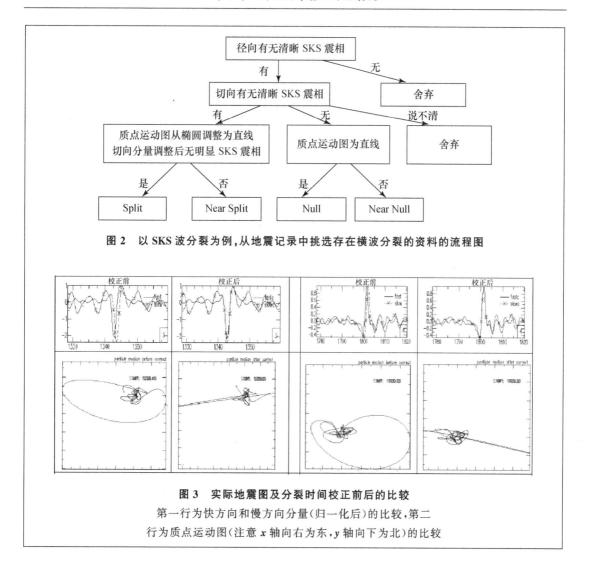

图 2　以 SKS 波分裂为例,从地震记录中挑选存在横波分裂的资料的流程图

图 3　实际地震图及分裂时间校正前后的比较

第一行为快方向和慢方向分量(归一化后)的比较,第二
行为质点运动图(注意 x 轴向右为东,y 轴向下为北)的比较

思　考　题

1. 用哑指标写出 $\vec{a}=\nabla^{2}\vec{U}+\nabla(\nabla\cdot\vec{V})+\nabla\times\nabla\times\vec{W}$ 的表达式,其中 $\vec{U},\vec{V}$ 和 $\vec{W}$ 均是 x_i 的函数。

2. 对线弹性介质,证明纵波速度 α 与横波速度 β 的比值 $\dfrac{\alpha}{\beta}$ 只与介质的 Poisson 比 ν 有关,试求出此关系,并证明在 ν 容许的范围内,$\dfrac{\alpha}{\beta}$ 值的增大反映了介质 Poisson 比的增大。

3. 根据 S 波势函数 $\boldsymbol{\Psi}$ 的通解,证明 S 波位移方向与传播方向正交,其中

$$\boldsymbol{\Psi}(\boldsymbol{x},t)=\left\{\psi_{1}\left(t-\frac{\boldsymbol{x}\cdot\boldsymbol{i}}{\beta}\right),\ \psi_{2}\left(t-\frac{\boldsymbol{x}\cdot\boldsymbol{i}}{\beta}\right),\ \psi_{3}\left(t-\frac{\boldsymbol{x}\cdot\boldsymbol{i}}{\beta}\right)\right\},$$

式中 β 是 S 波传播速度,$\boldsymbol{i}$ 是波传播方向单位矢量。

4. 试导出一维不均匀细杆波动方程在弱不均匀条件和高频近似下的单色波动的位移解。

5. 设在三维均匀介质中有 P 波和 S 波单色波传播,其位移势表达式分别为:$\varphi = 10\sin(34t - 3x_1 + 4x_3)$ 和 $\boldsymbol{\Psi} = (20, 30, 10)\cos(34t - 6x_1 + 8x_3)$(振幅单位为 $10^{-9} \mathrm{km}^2$,t 的单位是秒,x_i 的单位是 km)。

(1) 请写出该波的频率及介质 P 波和 S 波的速度,并标出该波的射线方向;

(2) 如果 x_1 方向为北 45°东方向,则台站地震仪接收的初至 S 波,其南北向地动位移及东西向地动位移振幅各是多少?

(3) SH 波地动位移多大? 位移方向是什么?

(4) SV 波水平地动位移多大? 水平位移方向是什么?

参考文献

[1] Aki K,Richards P G. Quantitative seismology, theory and methods. Vol. I and Vol. II, W. H. Freeman and Company, San Francisco,1980.

[2] Lay T,Wallace T. 1995. Modern global seismology. Academic Press,San Diego.

[3] Savage M K. 1999. Seismic anisotropy and mantle deformation:what have we learned from shear wave splitting? Rev Geophys,37:65—106.

[4] 吴崇试. 数学物理方法. 北京:北京大学出版社,2003.

[5] 徐芝纶. 弹性力学(第四版)(上册). 北京:高等教育出版社,2006.

第3章　体波与射线理论

当地震发生后,震源破裂造成的震动首先会以体波的方式穿过地球介质,并最先到达观测点,因此,体波是地震学中最早被认识和研究的地震波。体波经过地球介质时,会因为介质有一定结构而产生不同震相,这些震相给我们带来了很多传播介质结构的信息。在早期地震学的研究中,体波有着非常重要的作用,比如地球分层结构的确定,震源机制的反演都是以体波的观测为基础的。在当今的地震学的研究中,体波的研究也起到非常重要的作用。现在被广泛使用的很多方法也是以体波理论为基础的,比如震源机制解的确定、震源破裂过程的反演、体波地震层析成像研究、用接收函数分析法研究地球结构、地震横波分裂研究等。这一章我们主要介绍体波的传播特性,以及地震学中一些基于体波的分析方法。

地震波的射线与几何光学中的射线类似(光实际上是一种高频电磁波),是用来追踪波前传播路径的虚拟线,它是将均匀弹性介质中的弹性波的解延伸至非均匀弹性介质(如地震波速随空间位置变化的介质)中的有效工具,大大简化了非均匀介质中波的一般传播特性的分析研究,从而成为理论地震学的重要组成部分。

附 3.1　地震学名词

(1) 体波(body wave)

指沿穿过连续介质内部的路径传播的波,如上章介绍的 P 波和 S 波,均属体波。

(2) 波前(wave front)

在给定时刻,由振动相位完全相同的各点构成的包络面(等相面)。波在空间中的传播过程实际是波前的移动过程。

(3) 射线(seismic ray)

垂直于波前、指向波的传播方向的虚拟线。均匀介质中平面波的射线是一束平行线;球面波的射线是一束由震源中心向四周的辐射线。

3.1　程函方程(Eikonal equation)与射线路径

由第 2 章,三维均匀弹性空间平面波的一个解可以写为

$$\phi(\boldsymbol{x},t) = A\mathrm{e}^{-\mathrm{i}(\omega t - k \cdot x)} = A\mathrm{e}^{\mathrm{i}\omega\left(\frac{x \cdot \hat{\boldsymbol{l}}}{c} - t\right)}. \tag{3-1}$$

参照一维情形中(2-61)式,非均匀介质三维空间的波动方程可以写为

$$\frac{\partial^2 \phi}{\partial t^2} = c^2(\boldsymbol{x}) \, \nabla^2 \phi. \tag{3-2}$$

参照(3-1)式,设方程(3-2)的一个解为

$$\phi(\boldsymbol{x},t) = A(\boldsymbol{x})\mathrm{e}^{\mathrm{i}\omega(W(\boldsymbol{x})-t)}, \tag{3-3}$$

式中相位项中的 $W(\boldsymbol{x})$ 是波阵面函数,它决定在某一确定的 t 时刻,波的同相面的空间形状。

41

将尝试解(3-3)代入方程(3-2),有

$$\nabla^2 \left[A(\boldsymbol{x}) e^{i\omega(W(\boldsymbol{x})-t)} \right] = \frac{1}{c^2(\boldsymbol{x})} \frac{\partial^2}{\partial t^2} \left[A(\boldsymbol{x}) e^{i\omega(W(\boldsymbol{x})-t)} \right], \tag{3-4}$$

则有

$$\left(\frac{\partial W(\boldsymbol{x})}{\partial x_1} \right)^2 + \left(\frac{\partial W(\boldsymbol{x})}{\partial x_2} \right)^2 + \left(\frac{\partial W(\boldsymbol{x})}{\partial x_3} \right)^2 - \frac{1}{c^2(\boldsymbol{x})} = + \frac{\nabla^2 A(\boldsymbol{x})}{A(\boldsymbol{x})\omega^2}, \tag{3-5}$$

$$2 \left(\frac{\partial W(\boldsymbol{x})}{\partial x_1} \frac{\partial A(\boldsymbol{x})}{\partial x_1} + \frac{\partial W(\boldsymbol{x})}{\partial x_2} \frac{\partial A(\boldsymbol{x})}{\partial x_2} + \frac{\partial W(\boldsymbol{x})}{\partial x_3} \frac{\partial A(\boldsymbol{x})}{\partial x_3} \right) + A(\boldsymbol{x}) \nabla^2 W(\boldsymbol{x}) = 0. \tag{3-6}$$

当频率 ω 足够大时,(3-5)式成为

$$\left(\frac{\partial W(\boldsymbol{x})}{\partial x_1} \right)^2 + \left(\frac{\partial W(\boldsymbol{x})}{\partial x_2} \right)^2 + \left(\frac{\partial W(\boldsymbol{x})}{\partial x_3} \right)^2 \approx \frac{1}{c^2(\boldsymbol{x})}, \tag{3-7}$$

即

$$\nabla W(\boldsymbol{x}) \cdot \nabla W(\boldsymbol{x}) = \frac{1}{c^2(\boldsymbol{x})}. \tag{3-8}$$

(3-7)或(3-8)式称为程函方程,表征的是波阵面(同相面)的空间分布形态,是由地震波速度的空间分布决定的。均匀介质空间中 $c(\boldsymbol{x}) = c_0$,代入(3-8)式,若令

$$\nabla W(\boldsymbol{x}) = a_1 \hat{\boldsymbol{x}}_1 + a_2 \hat{\boldsymbol{x}}_2 + a_3 \hat{\boldsymbol{x}}_3, \tag{3-9}$$

只要 $a_1^2 + a_2^2 + a_3^2 = 1/c_0^2$,(3-9)式将满足方程(3-8)。方程(3-9)的解是

$$W(\boldsymbol{x}) = a_1 x_1 + a_2 x_2 + a_3 x_3 + a_4. \tag{3-10}$$

(3-10)式表明,均匀介质空间的波阵面为一平面。

比较(3-1)与(3-3)式,我们可以得到:

$$\omega W(\boldsymbol{x}) = \boldsymbol{k} \cdot \boldsymbol{x}. \tag{3-11}$$

波数矢量 $\boldsymbol{k}$ 与我们定义的垂直于波阵面的射线的方向是一致的。可见,方程(3-8)不仅是描述波阵面的方程,也可由此导出射线空间分布的方程。

如图 3.1 所示,考虑三维空间中波阵面 $W(\boldsymbol{x}) = C$ 的传播。设在 $t \sim t + \mathrm{d}t$ 的时间范围内,射线传播的弧长为 $\mathrm{d}s$。

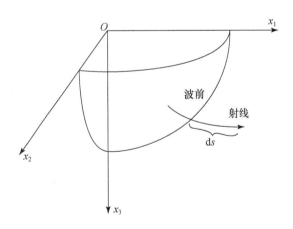

图 3.1　三维空间的波阵面与射线

此刻,该射线矢量的三个方向余弦值分别为

$$\left(\frac{\mathrm{d}x_1}{\mathrm{d}s},\frac{\mathrm{d}x_2}{\mathrm{d}s},\frac{\mathrm{d}x_3}{\mathrm{d}s}\right)=(\cos i,\cos j,\cos k). \tag{3-12}$$

由射线定义有
$$\frac{\mathrm{d}\boldsymbol{x}}{\mathrm{d}s}\propto\nabla W(\boldsymbol{x}),$$

即有
$$\frac{\mathrm{d}\boldsymbol{x}}{\mathrm{d}s}=a\nabla W(\boldsymbol{x}). \tag{3-13}$$

又因
$$\frac{\mathrm{d}\boldsymbol{x}}{\mathrm{d}s}\cdot\frac{\mathrm{d}\boldsymbol{x}}{\mathrm{d}s}=1, \tag{3-14}$$

即有
$$\frac{\mathrm{d}\boldsymbol{x}}{\mathrm{d}s}\cdot\frac{\mathrm{d}\boldsymbol{x}}{\mathrm{d}s}=a^2\ \nabla W(\boldsymbol{x})\cdot\nabla W(\boldsymbol{x})=\frac{a^2}{c^2(\boldsymbol{x})}=1, \tag{3-15}$$

所以有
$$a=c(\boldsymbol{x}). \tag{3-16}$$

将上式代入(3-13)式,有
$$\frac{1}{c(\boldsymbol{x})}\frac{\mathrm{d}x_i}{\mathrm{d}s}=\frac{\partial W(\boldsymbol{x})}{\partial x_i}, \tag{3-17}$$

$$\frac{\mathrm{d}}{\mathrm{d}s}\left[\frac{1}{c(\boldsymbol{x})}\frac{\mathrm{d}x_i}{\mathrm{d}s}\right]=\frac{\mathrm{d}}{\mathrm{d}s}\left(\frac{\partial W(\boldsymbol{x})}{\partial x_i}\right)=\frac{\partial}{\partial x_i}\left[\frac{\partial W(\boldsymbol{x})}{\partial x_j}\frac{\mathrm{d}x_j}{\mathrm{d}s}\right], \tag{3-18}$$

由(3-17)式,可得
$$\frac{\partial W(\boldsymbol{x})}{\partial x_j}\frac{\mathrm{d}x_j}{\mathrm{d}s}=\frac{1}{c(\boldsymbol{x})}\frac{\mathrm{d}x_j}{\mathrm{d}s}\frac{\mathrm{d}x_j}{\mathrm{d}s}=\frac{1}{c(\boldsymbol{x})}. \tag{3-19}$$

上式代入(3-18)式,可得
$$\frac{\mathrm{d}}{\mathrm{d}s}\left[\frac{1}{c(\boldsymbol{x})}\frac{\mathrm{d}x_i}{\mathrm{d}s}\right]=\frac{\mathrm{d}}{\mathrm{d}s}\left(\frac{\partial W(\boldsymbol{x})}{\partial x_i}\right)=\frac{\partial}{\partial x_i}\left(\frac{1}{c(\boldsymbol{x})}\right), \tag{3-20}$$

写成矢量形式有
$$\frac{\mathrm{d}}{\mathrm{d}s}\left[\frac{1}{c(\boldsymbol{x})}\frac{\mathrm{d}\boldsymbol{x}}{\mathrm{d}s}\right]=\nabla\left(\frac{1}{c(\boldsymbol{x})}\right). \tag{3-21}$$

(3-21)式称为射线方程(ray equation)。须指出的是,无论是(3-8)的程函方程还是(3-21)式的射线方程,它们仅在高频条件下近似成立。因此我们应该记住,地震学中的射线理论只是高频近似理论。今后的学习或研究中可能会遇到应用射线理论所推导的结论与实际观测不符的情况,一个很大的可能性是遇到的具体问题不满足高频近似条件。那么一个新的问题是,什么样的问题满足高频近似、可以应用射线理论呢? 这与应用的地震波的频率范围有关。一般认为,当应用的地震波的最大波长较需要考虑的介质空间不均匀尺度小 1 个数量级,可以用高频近似。

下面,我们通过几个简单实例的分析,讨论射线方程的物理含义及具体应用。

3.1.1　均匀介质空间$\left(\nabla\dfrac{1}{c(\boldsymbol{x})}=0\right)$的射线方程

由(3-21)式,有
$$\frac{\mathrm{d}^2\boldsymbol{x}}{\mathrm{d}s^2}=0, \tag{3-22}$$

其解为
$$\begin{cases}x_1=a_1s+b_1,\\x_2=a_2s+b_2,\\x_3=a_3s+b_3.\end{cases} \tag{3-23}$$

(3-23)表述的是三维空间直线的参数方程。可见,均匀介质空间中地震波是沿直线传播的。

3.1.2 地震波速度只随深度变化时的射线方程

此时即考虑当 $c(\boldsymbol{x})=c(x_3)$ 时的射线方程。由(3-21)有

$$\begin{cases} \dfrac{\mathrm{d}}{\mathrm{d}s}\left(\dfrac{1}{c(x_3)}\dfrac{\mathrm{d}x_1}{\mathrm{d}s}\right)=0, \\[2mm] \dfrac{\mathrm{d}}{\mathrm{d}s}\left(\dfrac{1}{c(x_3)}\dfrac{\mathrm{d}x_2}{\mathrm{d}s}\right)=0, \\[2mm] \dfrac{\mathrm{d}}{\mathrm{d}s}\left(\dfrac{1}{c(x_3)}\dfrac{\mathrm{d}x_3}{\mathrm{d}s}\right)=-\dfrac{c'(x_3)}{c^2(x_3)}. \end{cases} \tag{3-24}$$

由(3-24)式的前两式可得

$$\frac{1}{c(x_3)}\frac{\mathrm{d}x_1}{\mathrm{d}s}=a_1, \qquad \frac{1}{c(x_3)}\frac{\mathrm{d}x_2}{\mathrm{d}s}=a_2, \tag{3-25}$$

其中 a_1 和 a_2 为常量。由此式可导出

$$x_1=\frac{a_1}{a_2}x_2+a_3, \tag{3-26}$$

其中 a_3 是另一常量。(3-26)式表明,地震波速度只随深度变化的情形下,射线在水平面上的投影是一条直线。

为了认识射线轨迹在深度方向的变化,不失一般性,如图 3.2 所示,我们追踪 x_1x_3 平面上的射线轨迹。

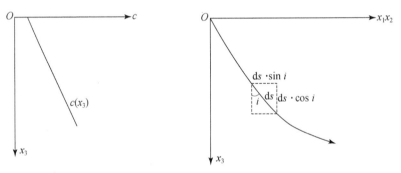

图 3.2 速度只随深度变化(左)情形下的射线轨迹(右)

由图 3.2 知:射线轨迹的切向量满足

$$\begin{cases} \dfrac{\mathrm{d}x_1}{\mathrm{d}s}=\sin i, \\[2mm] \dfrac{\mathrm{d}x_3}{\mathrm{d}s}=\cos i, \end{cases} \tag{3-27}$$

射线与垂直方向的夹角 i 称为射线的入射角。由(3-25)式,

$$\frac{1}{c(x_3)}\frac{\mathrm{d}x_1}{\mathrm{d}s}=\frac{\sin i}{c(x_3)}=p=\text{常量}. \tag{3-28}$$

式中的 p 称为射线参数。(3-28)式表明,对同一射线在行进过程中,方向可能发生变化,但射线参数是恒定值,这就是我们熟知的斯内尔(Snell)定律。一震源有无数条射线,各条射线的震源初始射出角和到达观测点的入射角不一样,其射线参数可以不同,但其变化范围在 $0\sim$ $1/c$ 之间,其中 c 为震源处地震波的速度。

现在我们再回到(3-24)式,在速度 c 只随深度 x_3 变化的情况下,其第三式为

$$\frac{d}{ds}\left(\frac{1}{c(x_3)}\frac{dx_3}{ds}\right) = \frac{d}{ds}\left(\frac{\cos i}{c(x_3)}\right) = \frac{-\sin i}{c(x_3)}\frac{di}{ds} - \frac{\cos^2 i}{c^2(x_3)}c'(x_3) = -\frac{c'(x_3)}{c^2(x_3)}, \quad (3\text{-}29)$$

由此得

$$\frac{di}{ds} = \frac{c'(x_3)\sin i}{c(x_3)} = pc'(x_3). \quad (3\text{-}30)$$

(3-30)式的左端是射线的曲率。(3-30)式表明射线的曲率与速度梯度是成正比的。当速度梯度 >0(速度随深度增加,与多数地球介质的特征相符),射线的曲率为正,射线下凸;当速度梯度 <0(速度随深度减小,与地球介质中的低速层特征相符),射线的曲率为负,射线上凸;当速度梯度 $=0$(速度随深度不变,射线进入与地球介质中的恒速层),射线的曲率为 0,射线为直线段(参见图 3.2)。

附 3.2 由费马原理推导射线方程

几何光学中的费马(Fermat)原理和惠更斯(Hugens)原理在高频地震学中也是成立的。下面我们给出一个简单应用实例,由费马原理推导射线方程。

费马原理:在各向同性的连续介质中,扰动沿着一条走时稳定的路径传播。

如右图所示,扰动由 A 点传播到 A',射线路径的参数方程为

$$\begin{cases} x_1 = x_1(u), \\ x_2 = x_2(u), \\ x_3 = x_3(u). \end{cases} \quad (1)$$

由费马原理有

$$t = \int_A^{A'} \frac{ds}{c(x_1,x_2,x_3)} = \text{稳定值}, \quad (2)$$

$$ds = \sqrt{dx_1^2 + dx_2^2 + dx_3^2} = \sqrt{x_1'^2 + x_2'^2 + x_3'^2}\, du. \quad (3)$$

令

$$W(x_1,x_2,x_3,x_1',x_2',x_3') = \frac{\sqrt{x_1'^2 + x_2'^2 + x_3'^2}}{c(x_1,x_2,x_3)}, \quad (4)$$

则有

$$\delta t = \delta\int_A^{A'} \frac{ds}{c(x_1,x_2,x_3)} = \delta\int_u^{u'} W(\boldsymbol{x},\boldsymbol{x}')\,du = 0, \quad (5)$$

即

$$\delta t = \int_u^{u'}\left(\frac{\partial W}{x_i}\delta x_i + \frac{\partial W}{\partial x_i'}\delta x_i'\right)du = 0, \quad (6)$$

$$\delta x_i' = \delta\left(\frac{dx_i}{du}\right) = \frac{d(\delta x_i)}{du}, \quad (7)$$

则

$$\int_u^{u'}\frac{\partial W}{\partial x_i'}\delta x_i'\,du = \int_u^{u'}\frac{\partial W}{\partial x_i'}d\delta x_i = \frac{\partial W}{\partial x_i'}\delta x_i\Big|_u^{u'} - \int_u^{u'}\delta x_i\, d\left(\frac{\partial W}{\partial x_i'}\right)$$

$$= 0 - \int_u^{u'}\delta x_i\frac{d\left(\frac{\partial W}{\partial x_i'}\right)}{du}du. \quad (8)$$

将(8)式代入(6)式,因 ∂x_i 可随意变化,所以有

$$\frac{\mathrm{d}}{\mathrm{d}u}\left(\frac{\partial W}{\partial x_i'}\right)-\frac{\partial W}{\partial x_i}=0. \tag{9}$$

又由(4)式有

$$\frac{\partial W}{\partial x_i'}=\frac{1}{c(\boldsymbol{x})}\frac{x_i'}{\sqrt{x_1'^2+x_2'^2+x_3'^2}}=\frac{1}{c(\boldsymbol{x})}\frac{\mathrm{d}x_i}{\sqrt{x_1'^2+x_2'^2+x_3'^2}\,\mathrm{d}u}=\frac{1}{c(\boldsymbol{x})}\frac{\mathrm{d}x_i}{\mathrm{d}s}, \tag{10}$$

$$\frac{\partial W}{\partial x_i}=\sqrt{x_1'^2+x_2'^2+x_3'^2}\,\frac{\partial}{\partial x_i}\left(\frac{1}{c(\boldsymbol{x})}\right)=\frac{\mathrm{d}s}{\mathrm{d}u}\frac{\partial}{\partial x_i}\left(\frac{1}{c(\boldsymbol{x})}\right). \tag{11}$$

(10)式、(11)式代入(9)式,得

$$\frac{\mathrm{d}}{\mathrm{d}u}\left(\frac{1}{c(\boldsymbol{x})}\frac{\mathrm{d}x_i}{\mathrm{d}s}\right)=\frac{\mathrm{d}s}{\mathrm{d}u}\frac{\partial}{\partial x_i}\left(\frac{1}{c(\boldsymbol{x})}\right), \tag{12}$$

即得射线方程如下:

$$\frac{\mathrm{d}}{\mathrm{d}s}\left(\frac{1}{c(\boldsymbol{x})}\frac{\mathrm{d}\boldsymbol{x}}{\mathrm{d}s}\right)-\nabla\frac{1}{c(\boldsymbol{x})}=0. \tag{13}$$

(13)式与(3-21)式同,得证。

3.2 忽略曲率的水平状地球模型中的射线走时

在近震范围内(震中距小于 1000 km),可以忽略地球的曲率。由于地球介质物性在水平方向的变化远小于其垂直向变化(地球表层以外的地球内部介质,前者通常是后者的 10%~20%),因此许多研究中,为简单起见,将地球介质简化成横向均匀各向同性的弹性介质。我们将地球介质近似成地震波速度只随深度变化的简单模型,使研究地震波在地球内部传播变得方便和简单,如地震波走时、地震波能量的几何扩散及理论地震图计算等,都可以有较好的数学表达,使得计算或定量分析变得相对简单。研究三维不均匀地球介质中地震波的传播问题,一般需采用数值计算方法或模拟计算方法,目前还没有如横向均匀介质那么完美的理论表达体系。

如图 3.3 所示,射线的入射角或射线参数与传播介质的速度结构共同决定射线的路径及传播距离、穿透深度和走时等。考虑深度 x_{30} 的震源所辐射的一条初始出射角为 i_0 的射线,并

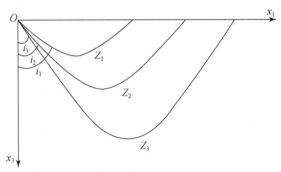

图 3.3 介质速度结构确定时,射线穿透的深度与传播的距离由射线参数确定

设该射线所能穿透的地球最深的深度为 Z。由斯内尔定律(3-28)式有

$$p = \frac{\sin i_0}{c(x_{30})} = \frac{\sin i}{c(x_3)} = \frac{1}{c(Z)}, \tag{3-31}$$

$$\sin i = \frac{\mathrm{d}x_1}{\mathrm{d}s} = c(x_3)p,$$

$$\cos i = \frac{\mathrm{d}x_3}{\mathrm{d}s} = \sqrt{1 - \sin^2 i} = \sqrt{1 - c^2 p^2}, \tag{3-32}$$

$$\mathrm{d}x_1 = (\sin i)\mathrm{d}s = \frac{\mathrm{d}x_3}{\cos i}\sin i = \frac{cp}{\sqrt{1 - c^2 p^2}}\mathrm{d}x_3. \tag{3-33}$$

对地表震源,则有

$$X(p) = 2\int_0^{Z(p)} \frac{cp}{\sqrt{1 - c^2 p^2}}\mathrm{d}x_3 = 2p\int_0^{Z(p)} \frac{\mathrm{d}x_3}{\sqrt{\gamma^2 - p^2}}, \tag{3-34}$$

$$T(p) = 2\int_0^{Z(p)} \frac{\mathrm{d}s}{c(x_3)} = 2\int_0^{Z(p)} \frac{\mathrm{d}x_3}{c(x_3)\cos i} = 2\int_0^{Z(p)} \frac{\gamma^2}{\sqrt{\gamma^2 - p^2}}\mathrm{d}x_3, \tag{3-35}$$

式中 $\gamma = 1/c$,称为慢度。(3-34)、(3-35)式表达的是地表震源的一定射线的传播距离和走时。对有一定深度的震源的射线方程,只需对其作稍许修正。

由(3-34)式和(3-35)式还可进一步推导:

$$T(p) = pX + 2\int_0^{Z(p)} \sqrt{\gamma^2 - p^2}\,\mathrm{d}x_3 = pX + 2\int_0^{Z(p)} \eta(x_3)\mathrm{d}x_3, \tag{3-36}$$

式中 $\eta = \cos i/c = \gamma\cos i$,称为垂直慢度。

如图 3.4 所示,假设一束平面波入射到地面距离为 $\mathrm{d}X$ 的相邻两个台,射线到达这两个台的到时差为 $\mathrm{d}T$,由图知

$$\mathrm{d}X = \frac{\mathrm{d}s}{\sin i} = \frac{c\mathrm{d}T}{\sin i}. \tag{3-37}$$

由于 $\sin i/c = p$,所以有

$$p = \frac{\mathrm{d}T}{\mathrm{d}X}. \tag{3-38}$$

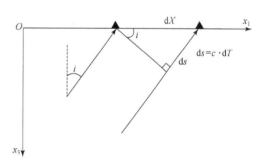

图 3.4　视慢度意义的物理解释

因此射线参数 p 也称为水平慢度或视慢度 (apparent slowness)。实际上,由(3-36)式也能从数学上推导出(3-38)式的结果。这可作为本章的一个练习,由读者自己推导。

在勘探地震学中有一个重要的反演方法——$\tau(p)$ 法。$\tau(p)$ 定义如下:

$$\tau(p) = T - pX = 2\int_0^{Z(p)} \sqrt{\gamma^2 - p^2}\,\mathrm{d}x_3. \tag{3-39}$$

$\tau(p)$ 是射线参数 p 的单值函数,与走时方程(3-36)式比较,其与射线参数 p 的关系更为简单。$\tau(p)$ 的引入可简化对走时曲线的分析。注意到 $\gamma(Z) = p$,则有

$$\frac{\mathrm{d}\tau}{\mathrm{d}p} = 2\sqrt{\gamma(Z)^2 - p^2}\frac{\mathrm{d}Z}{\mathrm{d}p} + 2\int_0^Z \frac{-p\mathrm{d}x_3}{\sqrt{\gamma^2 - p^2}} = -2\int_0^Z \frac{p\mathrm{d}x_3}{\sqrt{\gamma^2 - p^2}} = -X. \tag{3-40}$$

地球内部介质的速度结构总体上表现出速度随深度增加的趋势。但由于地球内部温度、压力及物质组成均随深度变化,使得地球内部某些深度处会存在速度随深度增加的梯度突然显著减小甚至变负的层带,我们称之为低速层,如地球岩石层底部的软流层和地球的外核都是

典型的低速层。同样,地球内部某些深度处会存在速度随深度增加的梯度异常增大的层,称之为高速层。图 3.5 分别列出了正常地球速度结构(速度随深度正常增加)、存在高速层的和存在低速层的地球速度结构,三种不同情形下射线路径、$T(X)$ 走时曲线、$X(p)$ 震中距曲线及 $\tau(p)$ 曲线图。我们可以看出,地球速度结构决定曲线形态,这也是用地震波走时资料反演地球内部速度结构的理论根据。

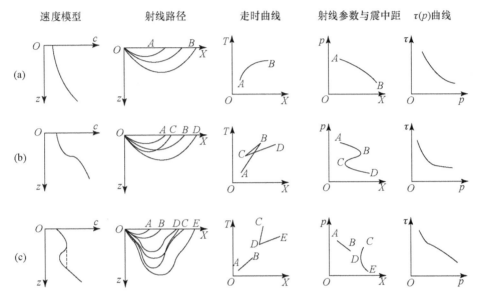

图 3.5　三种不同的典型速度结构模型及相应的射线路径、走时曲线、$X(p)$ 曲线和 $\tau(p)$ 曲线

(引自 Lay and Walace,1995,有修改)

　　下面具体分析上述三类典型地球速度结构中射线路径与走时曲线特征。

　　(1) 在地球内部大部分区域,属图 3.5(a)情形,速度随深度基本上是平稳增加的。可以看到射线轨迹是平稳上弯的,走时曲线是单调的增函数,射线参数是震中距的单调减函数,$\tau(p)$ 同样也是单调的减函数。

　　(2) 在地球内部还有一些深度处,如图 3.5(b)所示,存在速度出现跳跃式增长或速度变化梯度显著增大的层,然后又恢复到正常增大的情况,即存在高速层的情况。我们可以看到,穿越高速层的射线上弯的曲率将突然增大,从而导致射线出露地面的区域与仅穿越高速层上方介质的射线在地面出露区域产生部分重叠,形成地面运动的异常区(图中 BC 段)。走时曲线将可能出现三重结,其中 AB 段对应于射线仅穿越高速层上方正常介质;BC 段对应于射线穿越高速层内介质;CD 段对应于射线已穿越高速层下方介质。可以设想,若高速层足够薄以至退化成一个间断面,那么走时曲线上将不会出现 BC 段。震中距与射线参数的关系在重叠区是复杂的多值函数关系。所幸的是 $\tau(p)$ 仍然是单调的减函数,不过形态较前一种情况有所变化,这也是勘探地震学中倾向应用 $\tau(p)$ 法开展结构反演的原因之一。

　　(3) 在地球内部还有一些深度处,如图 3.5(c)所示,存在速度出现跳跃性减小或速度增加梯度显著减小甚至为负的层,然后又回复到正常增大的情况,即存在低速层的情况。我们可以看到,低速层内的射线段将变为下弯,从而导致射线出露地面的区域前移,在地面形成一个无射线出露的影区(图中 BD 段)。实际观测中发现了在震中距5°~15°间存在一个影区,记录的地震波异常弱,这个影区是上地幔中存在低速层的直接观测证据,对应的 P 波低速层深度约在 $60 \sim 150\,km$ 之间。走时曲线上出现间断和分岔点,从理论上说分岔点 D 所对应的震中距附近也是地面运动的异常区域。AB 段对应于射线仅穿越低速层上方正常介质;CD 段对应于射线穿越低速层内介质,DE 段对应于射线已穿越低速层下方介质。震中距与射线参数的关系在重叠区 CD 是复杂的多值函数关系。$\tau(p)$ 仍然是单调的减函数。

3.3 水平分层介质中的走时方程

地球介质物性随深度的变化在一定程度上又显现出较强的分层特征。如我们熟悉的地球内部存在地壳、地幔、地核三个大的一级分层,而地壳中会存在沉积层底界面、上地壳与下地壳的分界面等,地幔可分为上地幔与下地幔,地核中存在内核与外核的界面等。

3.3.1 单层地壳介质模型中地震波震相与走时曲线

如图 3.6 所示,设一速度为 α_2 的半无限弹性介质上覆盖一厚度为 H、速度为 α_1(并设 $\alpha_1 < \alpha_2$)的单层均匀地壳,地壳中震源 F 的深度为 h,接收点 S(地震台)在上层介质的表面。

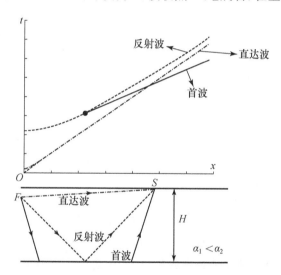

图 3.6 单层地壳模型中传播的波及相应走时曲线

对于近震中距的地震,由图可以看到,接收点记录的地震图,可能包含如下震相:

(1) 直达 P 波和直达 S 波震相,分别记为 Pg 和 Sg

容易导得直达波的走时方程为

$$T_P = \frac{\sqrt{X^2 + h^2}}{\alpha_1} \approx \frac{X}{\alpha_1} \quad (\text{当 } X \gg h \text{ 近似成立}),$$

$$T_S = \frac{\sqrt{X^2 + h^2}}{\beta_1} \approx \frac{X}{\beta_1} \quad (\text{当 } X \gg h \text{ 近似成立}).$$

若取地壳 P 波平均速度为 $6.2\,km/s$,S 波平均速度为 $3.5\,km/s$,由以上两个近似式可得

$$X = \frac{\alpha_1 \beta_1}{(\alpha_1 - \beta_1)} \cdot (T_S - T_P) \approx (8\,km/s) \cdot (T_S - T_P),$$

式中$(T_S - T_P)$为 S 波与 P 波的走时差,也可是 S 波与 P 波的到时差。上式说明,对于近震中距地震,若从地震图上读取得 P 波和 S 波的到时差,根据该地区的"虚波速度"$(\alpha_1\beta_1)/(\alpha_1 - \beta_1)$数值与到时差的乘积,可以迅速估计出记录台站与震中的距离。

(2) 地壳底面反射波震相,分别记为 PmP 和 SmS

反射波的走时方程为

$$T_{PmP} = \frac{\sqrt{X^2 + (2H - h)^2}}{\alpha_1} \approx \frac{X}{\alpha_1} \quad (当\ X \gg 2H - h),$$

$$T_{SmS} = \frac{\sqrt{X^2 + (2H - h)^2}}{\beta_1} \approx \frac{X}{\beta_1} \quad (当\ X \gg 2H - h).$$

我们容易看出,反射波走时曲线在震中距较大的地方将趋近于直达波的走时曲线。

(3) 首波震相,分别记为 Pn 和 Sn

当波由上层介质传播至与下层介质的分界面时,将发生波的反射和折射。部分能量会反射回上层介质中传播,部分能量将透射到下层介质中去,在下层介质中传播。在本章第 6 节的学习中,我们将推导出:当下层波速大于上层波速时,入射角越大,反射波能量的比例将越大,透射波能量的比例将越小,当入射角大到一定值时,波的能量将全部反射,无能量透射,该入射角我们定义为临界角,并记为 i_c。

当 P 波入射角等于临界角时,地震波能量将沿界面以 α_2 的速度传播,并在传播过程中能量不断以 i_c 的反射角回射到上层介质中传播,这种波称为首波(head wave),我国著名地球物理学家傅承义在首波机理的研究中有重要贡献。由斯内尔定律:

$$\frac{\sin i_1}{\alpha_1} = \frac{\sin i_2}{\alpha_2}, \tag{3-41}$$

我们可以推得 P 波入射的临界角 i_{cP}:

$$i_{cP} = \sin^{-1}(\alpha_1/\alpha_2), \tag{3-42}$$

同样我们可以得到 S 波入射的临界角 i_{cS}:

$$i_{cS} = \sin^{-1}(\beta_1/\beta_2). \tag{3-43}$$

对地壳与地幔的分界面(莫霍面),由于界面上下介质的泊松比变化不大,即 P 波与 S 波速度比大体相等。因此如无特别声明,我们将 i_{cP}、i_{cS} 统一记为 i_c。

现在我们进一步估计在单层地壳模型假定下,什么样的震中距可以观测到首波。设地壳厚度为 H 并考虑地表震源这种简单情形,不难得到首波出现的临界震中距

$$\Delta_{c1} = 2H\tan i_c = \frac{2H\alpha_1}{\sqrt{\alpha_2^2 - \alpha_1^2}}. \tag{3-44}$$

震中距小于 Δ_{c1} 的范围称为首波的盲区,在此范围内不会出现首波。

实际观测中,在临界震中距 Δ_{c1} 附近记录的地震图上一般是找不到首波震相的。主要原因是与直达波相比,虽然首波以更快的速度传播,但由于传播路径较直达波长,因而在一定的震中距范围内,Pg 波仍是地震图记录的第一个震相,而 Pn 波由于是沿莫霍界面传播的次生波源的波,通常较 Pg 波弱,容易被 Pg 波所覆盖,不易识别。在超过一定临界震中距时,Pn 将是地震图上记录的第一个震相,从而可以清楚地识别出 Pn 震相,我们将这个临界距离称为首波的第二临界震中距,记为 Δ_{c2}。

不难推出地表源的首波走时方程为

$$T_{Pn} = \frac{2H}{\alpha_1 \cos i_c} + \frac{X - 2H \tan i_c}{\alpha_2},$$
$$T_{Sn} = \frac{2H}{\beta_1 \cos i_c} + \frac{X - 2H \tan i_c}{\beta_2}. \tag{3-45}$$

由 Δ_{c2} 的定义和(3-45)不难得到：

$$\frac{\Delta_{c2}}{\alpha_1} = \frac{2H}{\alpha_1 \cos i_c} + \frac{\Delta_{c2} - 2H \tan i_c}{\alpha_2}, \tag{3-46}$$

即有

$$\Delta_{c2} = 2H \sqrt{\frac{\alpha_2 + \alpha_1}{\alpha_2 - \alpha_1}}. \tag{3-47}$$

考虑地球的平均状况。取地壳厚度 H 为 30 km,地壳 P 波速度 α_1 为 6.8 km/s,地幔顶部介质 P 波速度 α_2 为 8.0 km/s,代入上式我们可以估计出能清晰记录首波震相的临界震中距 Δ_{c2} 为 211 km。由于全球陆地不同构造区地壳厚度的差异很大(从盆地区的 20 km 至高原区的 80 km),因此首波观测的临界震中距因构造区不同也有相当大的变化。从图 3.6 显示的 P 波直达波、首波及反射波的走时曲线可以看到,震中距大于 Δ_{c2} 的地震台记录的第一个震相是首波震相,在这个震中距以上至 1000 km(对更远的记录台,由于衰减,Pn 波将变得很弱,我们读取的第一个震相通常是穿过地幔介质的透射 P 波震相或称远震 P 波,记为 P)的范围内,一般在地震图上都能读取到较为清晰的首波震相。需要指出的是,由于通常情况下直达波的能量较首波强,因此尽管超过临界地震距后直达波较首波后到,但不会被首波覆盖,仍可以清晰识别出来。

(4) 其他转换波震相(PmS,SmP)及多次反射波震相

从理论上说近震记录除了上述震相外,我们还可以记录到来自莫霍面的反射转换震相,如 PmS,SmP。也还可以记录到多次反射波,如 PmPPmP,SmSSmS,PmSSmS 等。但多次反射或转换震相一般要弱得多,并通常被尾波(coda)所覆盖,识别起来困难,不是近震记录的主要震相。

附 3.3　地震按震中距分类与震相标记规则

1. 地方震,近震与远震的划分原则

(1) 一般将震中距小于 1000 km 或 10° 的地震称为近震或区域地震(regional event),其中小于 200 km 的地震称为地方震(local event)。近震地震波限定在地壳内或沿莫霍面下的上地幔顶部传播。所记录的主要震相有:直达 P 波,记为 Pg;直达 S 波,记为 Sg;P 波在莫霍面上的反射 P 波,记为 PmP;S 波在莫霍面上的反射 S 波,记为 SmS;沿莫霍面下的上地幔顶部传播的折射波,称为首波,记为 Pn 和 Sn。有些地区的地壳内还有一个上地壳与下地壳的分界面,称为康拉德界面,对有此界面的双层地壳,还可能记录到来自康拉德面的折射波震相(记为：Pb、Sb)及反射波震相(因该震相记录少见,无统一标记),如图 1 所示。

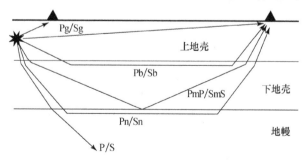

图 1　常见近震震相的射线轨迹示意图

51

（2）一般将震中距大于10°的地震称为远震,其中大于105°的地震称为极远震。远震地震波大部分在地幔中传播,极远震地震波将穿过地核。远震和极远震地震图上的震相非常多,现有地震仪记录到的清晰震相尚未超过90种。主要震相有P(包括PKP,PKIKP等)、S(包括SKS,SKIKS等)及如图2所示的许多反射波和转换波震相。此外还有沿地球表面传播的面波震相。

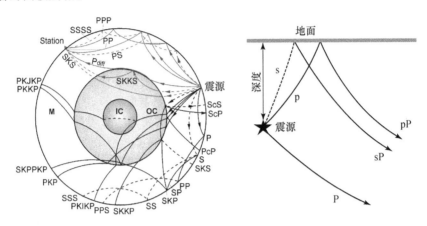

图2　远震和极远震主要震相的射线轨迹图

2. 震相标记规则

如图2所示,地震学家规定:由震源发出向上走的射线震相用小写字母p、s标记;向下走的射线震相用大写字母P、S标记。P波射线在外核中每穿过一次用1个K标记(外核中无S波),射线在内核中每穿过一次用1个I(对P波)或J(对S波)标记。莫霍面、地幔与外核界面及内外核界面发生反射的波分别用小写字母m、c和i标记。知道了上述规则,就不难理解各震相标记的意义了。如:

PmS指地壳震源发射P波向下入射到莫霍面,反射后转换成S的反射波,类似的有PmP、SmS、SmP。

PcP指P波从震源向下传播,入射到幔核界面发生反射后仍为P波的震相,类似的有:PcS、ScS、ScP。

SKP指S波从震源向下传播并进入外核,在外核中转换成P波后,再由外核以P波回到地幔,传播至地面的震相,类似还有:PKP、PKS、SKS。

PKIKP指P波从震源向下传播进入外核(标为K),再至内核仍为P波(标为I),又由内核以P波返回外核(再标为K),再经地幔以P波传至地面,是始终保持P波的震相,类似还有PKJKP(中间的J表示内核的S波)、SKIKP、SKJKP、PKIKS等。

PKKS指P波从震源向下传播进入外核,并在核幔内界面反射一次后第2次传播进入外核,再由外核以S波返回地幔,再传至地面的震相。类似的有PKKP、PKKKP、SKKS等,此外还有PKIIKP、PKJJKP等,在内核里分别是以反射P波和反射S波形式传播的。

PP指P波从震源向下在地幔中传播、但在地面发生1次P波到P波的反射后,再返回地面的震相,类似的有PS、SP、SSS、PPP、PPPP等。

pP 指 P 波从震源近垂直向上传播至地面发生反射后保持 P 波向下传播,在地幔中返回地面的震相。类似的有 sP、pS、sS、pPP 等。由于这类震相在震源较深时才较为清晰,且其第 1 个反射点在震中附近,走时对震源深度敏感,是确定震源深度的主要震相。因此常称为深度震相。

3. 从地震图上读取震相到时的一般原则

如前所述,地震图实际是一系列传播时间不同的各震相的子波列的叠加,因此地震图上波形相位、周期或振幅的突然变化点是判断新震相子波列到达的主要依据。一个新震相的到达可能具有下列部分或全部的特征:

(1) 一组振动的起始点或具有相位突变的地方;

(2) 振幅显著变大的地方。

3.3.2　多层地壳模型中的地震震相与走时曲线

实际地壳结构可能有多个分层,如图 3.7 所示。

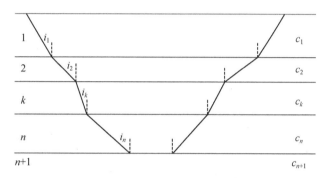

图 3.7　多层地壳模型中波传播的路径

对多个水平分层介质,应该有

$$\frac{\sin i_1}{c_1} = \frac{\sin i_2}{c_2} = \frac{\sin i_k}{c_k} = \frac{1}{c_{n+1}} = p. \tag{3-48}$$

对最大穿透至第 n 层底部的折射波,其在第 k 层中的走时为

$$\Delta t_k = \frac{2D_k}{c_k} = \frac{2D_k(\sin^2 i_k + \cos^2 i_k)}{c_k}$$

$$= \frac{2D_k \sin^2 i_k}{c_k} + \frac{2h_k \cos i_k}{c_k} = pX_k + 2h_k \eta_k, \tag{3-49}$$

式中 $2D_k$ 是射线在第 k 层的路径长度,h_k 是第 k 层的厚度,X_k 是穿过 k 层的两段射线的水平投影长度,$\eta_k = \cos i_k / c_k = \sqrt{1 - p^2 c_k^2}/c_k$。

最大穿透至第 n 层底部的折射波的总走时为

$$T = pX + 2\sum_{k=1}^{n} h_k \eta_k, \tag{3-50}$$

式中 X 是地表震源(震中)至接收点的水平距离,即震中距。(3-50)式是假设震源在地表的结果。当震源有一定深度时,计算总走时需对(3-50)式作一定修正,作为练习,留给读者完成。

比较(3-36)式与(3-50)式可以看到,分层模型的走时方程与速度随深度连续变化的地球模型走时方程非常一致。实际上速度随深度连续变化的地球模型是分层模型层厚趋于 0 的极限表达。

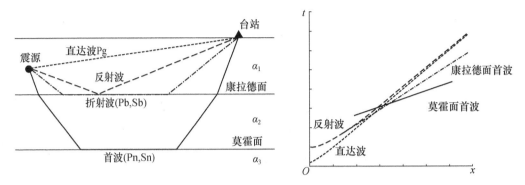

图 3.8　两层地壳模型中波的传播路径及走时曲线

如图 3.8 所示,我们再讨论一个经常在实际中应用的模型——两层地壳模型。我们考虑如下两种情形:

(1) $\alpha_1 < \alpha_2 < \alpha_3$

这种情形下,大于一定震中距的地震台除了能记录到通常的 P 波和 S 波直达波震相和反射波震相外(图 3.9),还可以记录到来自上下地壳分界面(称为康拉德面)的折射波(记为 Pb、Sb)和莫霍面的首波(记为 Pn,Sn)。由(3-50)式,不难写出来自这两个界面的折射波和首波走时方程,它们分别为

$$T_1 = pX + 2h_1\eta_1, \qquad 这里 \quad p = 1/\alpha_2; \qquad (3\text{-}51)$$

$$T_2 = pX + 2h_1\eta_1 + 2h_2\eta_2, \qquad 这里 \quad p = 1/\alpha_3. \qquad (3\text{-}52)$$

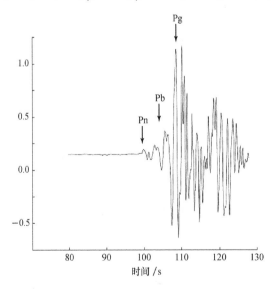

图 3.9　北京大学在青海架设的宽频带地震仪记录到震中距为 627 km 的地震的垂向振动

附 3.4 含倾斜界面的介质中波的传播

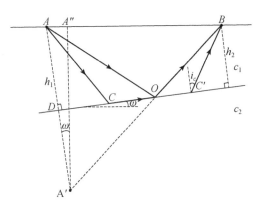

图 1 单个倾斜界面地层中波的传播

如果界面是倾斜的,接收点处于震源的上坡与下坡将有不同的走时方程。

如图 1 所示,设地下倾斜地层界面与水平面的夹角为 ω,h_1 为震源 A 与斜面的垂直距离,h_2 为接收点到斜面的垂直距离,对上坡问题注意有 $h_1 > h_2$。A' 为 A 点的镜像。如果接收点 B 在震源 A 的上坡,则可导出反射波 AOB 走时 t_{mu} 与折射波 $ACC'B$ 走时 t_{nu} 分别为

$$t_{mu} = \frac{\sqrt{X^2 + 4h_1 h_2}}{c_1} = \frac{\sqrt{X^2 + 4h_1^2 - 4Xh_1 \sin\omega}}{c_1}, \tag{1}$$

$$t_{nu} = \frac{(h_1 + h_2)\cos i_c}{c_1} + \frac{X\cos\omega}{c_2}$$

$$\approx \frac{2h_1 \cos i_c}{c_1} + \frac{X\sin(i_c - \omega)}{c_1} \quad (\text{当 } \omega \text{ 较小时}), \tag{2}$$

式中 X 是地面上震源与接收点间的距离 AB,称为震中距;$i_c = \sin^{-1}(c_1/c_2)$ 为临界折射角。

同样可导出接收点 B 在震源 A 的下坡时,保持 h_1 为震源至界面的距离,h_2 为接收点到斜面的垂直距离,并注意 $h_1 < h_2$,反射波与折射波走时分别为

$$t_{md} = \frac{\sqrt{X^2 + 4h_1^2 + 4Xh_1 \sin\omega}}{c_1}, \tag{1}'$$

$$t_{nd} = \frac{2h_1 \cos i_c}{c_1} + \frac{X\sin(i_c + \omega)}{c_1}. \tag{2}'$$

实际观测中 Pb、Sb 震相远不如 Pn、Sn 和 Pg、Sg 震相那么容易识别。主要原因有两个:

① 康拉德面与莫霍面不同,不是全球性地壳中的速度间断面,有些区域不存在上、下地壳的清晰分界面,因而观测不到 Pb、Sb 等与康拉德面相关的震相。

② 有些区域虽然存在清晰的上下地壳分界面,但由于下地壳层薄,以致来自康拉德面的折射波 Pb、Sb 不能首先到达(见图 3.8)而被其他震相的波所覆盖,这种情形我们称之为盲层,亦即我们容易将实际存在的两层地壳结构模型误认为是单层地壳模型。

(2) $\alpha_2 < \alpha_1 < \alpha_3$

这种情形在实际中很少见到。这种情形下第一层和第二层的界面上是不可能存在折射波

的,首波只存在于壳幔界面(莫霍面)上,首波的走时与(3-52)式同。需指出的是,这种情形下亦容易被误认为是单层模型。

3.4　球对称地球模型中的走时曲线与射线曲率

当研究中涉及地震波的远距离(震中距>1000 km)传播问题时,我们需要考虑地球曲率的影响。如果忽略地震速度的横向变化,地球介质结构模型可以简化成球对称分层模型,其内部的速度分界面不再是平面,而是同心球界面,如图 3.10 所示。

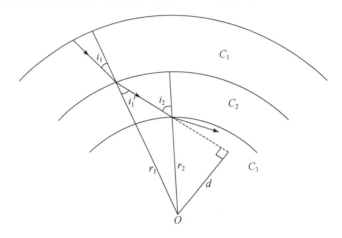

图 3.10　分层球对称地球模型中的射线路径

由斯内尔定律,不难导出

$$\frac{\sin i_1}{c_1} = \frac{\sin i_1'}{c_2} = \frac{r_2}{r_1}\frac{\sin i_2}{c_2},$$
(3-53)

得到的后一等式考虑了图中的几何关系 $r_1\sin i_1' = r_2\sin i_2 = d$,即有

$$\frac{r_1\sin i_1}{c_1} = \frac{r_2\sin i_2}{c_2}$$

或

$$\frac{r\sin i}{c(r)} = p.$$
(3-54)

(3-54)式为球对称介质中波传播轨迹遵从的斯内尔定律,这里的 p 表示的是球对称介质中的射线参数。

由图 3.11 所示的几何关系,不难得到:

$$\frac{R\sin i_0}{c_0} = \frac{\mathrm{d}T}{\mathrm{d}\Delta},$$
(3-55)

式中 c_0 是地表波速 $C(R)$,Δ 以弧度量度。即有

$$p = \frac{\mathrm{d}T}{\mathrm{d}\Delta}.$$
(3-56)

此式说明,由地震波走时曲线的斜率可得到地震射线的射线参数。射线参数与走时曲线的这个关系称为本多夫(Benndorf)定律。

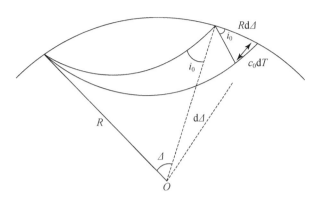

图 3.11　球状地球模型中的相邻射线

需注意球形介质中的射线参数(或称水平慢度)p 的量纲与水平层状介质中射线参数的差别,因为在远震分析中,通常是用弧度或度作震中距的单位,而不是近震中常用的千米。

考虑一种特殊情形——地球介质是均匀体,速度是恒定值 c_0,则地表源的走时方程:

$$T(\Delta) = \frac{2R\sin(\Delta/2)}{c_0}, \tag{3-57}$$

$$p = \frac{\mathrm{d}T}{\mathrm{d}\Delta} = \frac{R\cos(\Delta/2)}{c_0}, \tag{3-58}$$

式中 R 为地球半径。我们可以看到,只要考虑地球的曲率,即使在均匀介质这种简单情形下(图 3.12),走时曲线也不会是直线,射线参数是震中距的减函数。

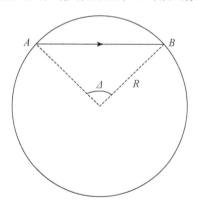

图 3.12　均匀地球模型中的射线传播

对速度随深度连续变化的情形(图 3.13),有

$$T(\Delta) = \int_l \frac{\mathrm{d}s}{c(r)}, \tag{3-59}$$

其中 l 是射线传播的路径,且

$$(\mathrm{d}s)^2 = (\mathrm{d}r)^2 + r^2(\mathrm{d}\Delta)^2. \tag{3-60}$$

因为

$$p = \frac{r\sin i}{c(r)} = \frac{r}{c(r)}\frac{r\mathrm{d}\Delta}{\mathrm{d}s}, \tag{3-61}$$

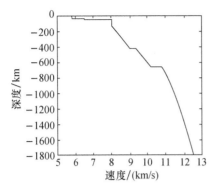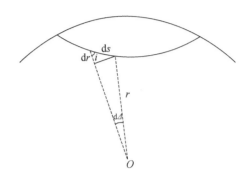

图 3.13 速度随深度变化的横向均匀地球模型(IASPEI91)中的射线传播

则有
$$d\Delta = \pm \frac{p}{r}\frac{dr}{\sqrt{\xi^2-p^2}}, \tag{3-62}$$

式中
$$\xi = \frac{r}{c(r)},$$

$$\Delta(p) = 2p\int_{r(p)}^{R}\frac{dr}{r\sqrt{\xi^2-p^2}}, \tag{3-63}$$

$$ds = \frac{dr}{\cos i} = \frac{dr}{\sqrt{1-\frac{p^2c^2(r)}{r^2}}} = \frac{rdr}{\sqrt{r^2-p^2c^2(r)}} = \frac{rdr}{c(r)\cdot\sqrt{\xi^2-p^2}}, \tag{3-64}$$

$$T(p) = 2\int_{r(p)}^{R}\frac{r}{c^2(r)}\frac{dr}{\sqrt{\xi^2-p^2}} = p\Delta + 2\int_{r(p)}^{R}\frac{\sqrt{\xi^2-p^2}dr}{r}. \tag{3-65}$$

定义
$$\tau(p) = T(p) - p\Delta = 2\int_{r(p)}^{R}\frac{\sqrt{\xi^2-p^2}dr}{r}. \tag{3-66}$$

这是球对称介质中 $\tau(p)$ 的表达式。

射线的曲率可以直接由曲率的定义出发来求。如图 3.14 所示,设 FJ 是一条由震源 F 到地球表面上一点 J 的地震射线,L 是其最低点。

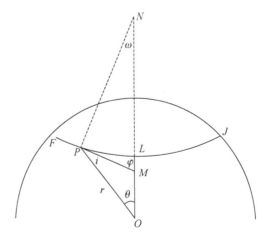

图 3.14 射线曲率

PM 和 PN 分别为射线在坐标为 (r,θ) 的 P 点的切线和法线，M 和 N 分别是它们与 OL 及其延长线的交点。以 ω 表示 $\angle PNL$，φ 表示 $\angle PML$，i 表示 $\angle MPO$，θ 表示 $\angle POL$。以 l 表示 PL 弧长，ρ 表示射线在 P 点的曲率半径，则有

$$\frac{1}{\rho} = \frac{d\omega}{dl}. \tag{3-67}$$

由图可知，$\omega = \frac{\pi}{2} - \varphi$ ，$\varphi = i + \theta$，则有

$$\frac{1}{\rho} = -\frac{di}{dl} - \frac{d\theta}{dl}. \tag{3-68}$$

因为 $\sin i = \dfrac{r d\theta}{dl}$，$\cos i = \dfrac{dr}{dl}$，则有

$$\frac{1}{\rho} = -\cos i \frac{di}{dr} - \frac{\sin i}{r}. \tag{3-69}$$

由斯内尔定律
$$\frac{r \sin i}{c(r)} = p,$$

上式两边对 r 微商，有

$$\frac{\sin i}{c(r)} + \frac{r \cos i}{c(r)} \frac{di}{dr} - \frac{r \sin i}{c^2(r)} \frac{dc(r)}{dr} = 0, \tag{3-70}$$

联立(3-70)式与(3-69)式，可得

$$\frac{1}{\rho} = -\frac{\sin i}{c(r)} \frac{dc(r)}{dr}. \tag{3-71}$$

由(3-71)式可以简单讨论地球内部射线轨迹几何特征如下：

(1) 当射线进入地球内部的恒速层，即 $c(r) = c_0$，则 $\rho \to \infty$。表明进入恒速层的射线段为直线。

(2) 若 $c(r)$ 随深度增加而增加，则 $c'(r) < 0$，$\rho > 0$，射线凸向球心并有最低点。

(3) 若 $c(r)$ 随深度增加而减小，则 $c'(r) > 0$，$\rho < 0$，射线在低速层中凹向球心，不可能存在最低点。这种情形还可以进一步分为如下三种情况：

① $0 < \dfrac{dc(r)}{dr} < \dfrac{c(r)}{r}$，则 $-\dfrac{1}{\rho} = \dfrac{\sin i}{c(r)} \dfrac{dc(r)}{dr} < \dfrac{\sin i}{r} < \dfrac{1}{r}$，表明射线的曲率半径大于相应深度处的地球的同心球半径，射线可以从地面出露。

② $\dfrac{dc(r)}{dr} = \dfrac{c(r)}{r}$，则 $c(r) = Cr$（C 是常数），$p = \dfrac{r \sin i}{c(r)} = \dfrac{\sin i}{C}$，所以射线在行进过程中的入射角与其射线参数一样保持不变。由(3-62)式有

$$-\frac{dr}{d\Delta} = \frac{r}{p} \sqrt{\frac{1}{C^2} - p^2},$$

可得
$$r = Re^{-b\Delta}, \tag{3-72}$$

式中，R 为地球半径，$b = p^{-1}\sqrt{C^{-2} - p^2}$ 是个常数。这个结果说明，在这种情况下，地震射线成螺旋线卷入地下深处。

③ 当 $\dfrac{dc(r)}{dr} > \dfrac{c(r)}{r}$，射线的曲率半径较前一种情况更小，这表明地震射线比上述情况更快地卷入地下。

实际上，地球内部的地震波速度总体上是随深度增加而增加的。但地球内部还存在一些速度异常层及间断面，它们对射线的几何形状及走时曲线都有影响。

如图 3.15 上图所示,地球内部存在低速层,该层内速度随深度增加而减小,即有 $\dfrac{\mathrm{d}c(r)}{\mathrm{d}r}>0$,地面上有一个区域接收不到射线,这个区域称为影区,相应的走时曲线上出现一段空白。

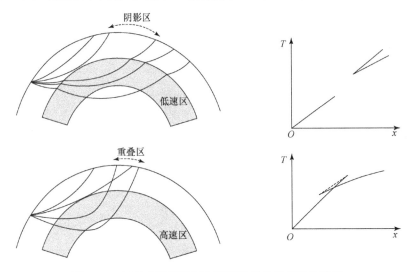

图 3.15　地球内部低速层和高速层对地震射线的影响

再看图 3.15 下图,地球内部存在高速度层,该层内速度随深度增加的梯度迅速变大,使得该层内射线弯曲得特别厉害,经过该层的射线射到了较近的震中距处,这会使走时曲线上出现"打结"的现象。

3.5　地震波的振幅、能量与几何扩散

3.5.1　忽略地球曲率的地震波的振幅、能量与几何扩散

图 3.16 是震源附近地震台接收的地震波能量的示意图。当震中距不大时,可以不考虑地球曲率,因此我们将地表面简化为水平面。令震源释放的地震波总能量为 K,假设地震波能量在虚拟的下半震源球面上是均匀分布的,令虚拟的震源球半径为 r,则震源球面上地震波能量密度为 $\dfrac{K}{2\pi r^2}$。

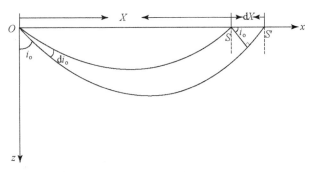

图 3.16　近震地震波能量辐射几何扩散图

考虑震源球面上半径是 $r\sin i_0$（圆弧长为 $2\pi r\sin i_0$）、宽度为 $r|\mathrm{d}i_0|$ 的圆带状区域辐射出去的能量，传到台站处将分布在 $2\pi X \cdot |\mathrm{d}X|\cos i_0$ 的圆带区域内，则震中距为 X 的地震台处记录的地震波能量密度为

$$E(X) = \frac{2\pi r\sin i_0 \cdot r|\mathrm{d}i_0| \cdot \dfrac{K}{2\pi r^2}}{2\pi X \cdot |\mathrm{d}X|\cos i_0} = \frac{K \cdot \tan i_0}{2\pi X} \cdot \left|\frac{\mathrm{d}i_0}{\mathrm{d}X}\right|. \tag{3-73}$$

因为
$$p = \frac{\sin i_0}{c_0} = \frac{\mathrm{d}T}{\mathrm{d}X},$$

由上式对震中距 X 求微商，可得

$$\frac{\mathrm{d}i_0}{\mathrm{d}X} = \frac{c_0}{\cos i_0}\frac{\mathrm{d}^2 T}{\mathrm{d}X^2}, \tag{3-74}$$

所以
$$E(X) = c_0\left(\frac{K}{2\pi}\right) \cdot \left(\frac{\mathrm{tg}\,i_0}{X\cos i_0}\right) \cdot \left|\frac{\mathrm{d}p}{\mathrm{d}X}\right|. \tag{3-75}$$

此式表示了地震波能量随震中距作几何衰减的特征。一个值得注意的问题是，如果地球深部某深度存在速度异常变化层，其对应的震中距处将出现 $\left|\dfrac{\mathrm{d}p}{\mathrm{d}X}\right| \to \infty$ [参见图 3.5(b),(c)]，因而能量密度将特别大。与之相关的观测事实是该震中距附近会出现地震动异常强烈。当然实际能量密度不会趋于无穷大，这说明导出 (3-75) 式的理论基础——射线理论存在局限性，射线理论只是个近似理论。

需进一步指出的是：如果震源不是表面源，而存在一定深度，震源处的能量辐射不会只分布在半个震源球面上，且震源处射线的离源角与接收点处射线的入射角不相等，(3-75) 式需作一定修正，但总体结论不存在变化。

3.5.2　考虑地球曲率时地震波的振幅、能量与几何扩散

图 3.17 是地震台接收远震地震波能量的示意图。当震中距较大时（如大于 1000 km），需要考虑地球的曲率。

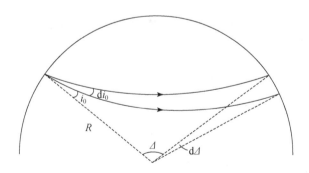

图 3.17　考虑地球曲率的地震波能量辐射几何扩散图

令地表震源释放的地震波总能量为 K，虚拟的震源球半径为 r，则震源球上地震波能量密度为 $\dfrac{K}{2\pi r^2}$。

震中距为 Δ 的地震台记录的地震波能量密度为

$$E(\Delta) = \frac{2\pi r\sin i_0 \cdot r \,|\,\mathrm{d}i_0\,| \cdot \dfrac{K}{2\pi r^2}}{2\pi R\sin\Delta \cdot R\,|\,\mathrm{d}\Delta\,|\cos i_0} = \frac{K \cdot \mathrm{tg}i_0}{2\pi R^2} \cdot \frac{1}{\sin\Delta}\left|\frac{\mathrm{d}i_0}{\mathrm{d}\Delta}\right|. \tag{3-76}$$

因为

$$p = \frac{R\sin i_0}{c_0} = \frac{\mathrm{d}T}{\mathrm{d}\Delta}, \tag{3-77}$$

则有

$$\frac{\mathrm{d}i_0}{\mathrm{d}\Delta} = \frac{c_0}{R\cos i_0}\frac{\mathrm{d}^2 T}{\mathrm{d}\Delta^2}, \tag{3-78}$$

所以

$$E(\Delta) = c_0\left(\frac{K}{2\pi R^3}\right) \cdot \left(\frac{\mathrm{tg}i_0}{\cos i_0}\right) \cdot \frac{1}{\sin\Delta} \cdot \left|\frac{\mathrm{d}p}{\mathrm{d}\Delta}\right|. \tag{3-79}$$

为了说明(3-79)的意义,我们假设地球介质是均匀的(图 3.18),其地震波速度为 c_0,则有

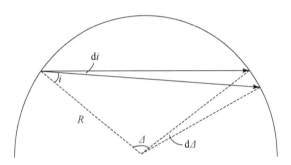

图 3.18 均匀地球模型地震波能量辐射几何扩散图

$$T(\Delta) = \frac{2R\sin(\Delta/2)}{c_0}, \tag{3-80}$$

$$i_0 = \frac{\pi - \Delta}{2}, \tag{3-81}$$

$$E(\Delta) = \frac{K}{8\pi R^2} \cdot \frac{1}{\sin^2(\Delta/2)} = \left(\frac{K}{2\pi}\right) \cdot \frac{1}{D^2}, \tag{3-82}$$

式中 D 是地震波射线的长度。(3-82)式表明,地震波的能量是以距离平方的倒数作几何衰减的,其几何扩散因子是 $(1/D^2)$。由于地震波的能量密度 E 与振幅 A 的关系为:$E \propto A^2$,可见地震波振幅的几何扩散因子为 $1/D$。

3.5.3 地震波能量与振幅的关系

弹性介质中弹性势能体密度为

$$W_E = \frac{1}{2}\sigma_{ij}e_{ij}. \tag{3-83}$$

不失一般性,为简单起见,我们只考虑介质中沿 x_1 方向传播的 SH 平面波

$$u_2 = A\mathrm{e}^{\mathrm{i}(\omega t - kx_1)}, \tag{3-84}$$

则介质中非零的应变和应力张量元素仅有

$$e_{12} = e_{21} = \frac{1}{2}\frac{\partial u_2}{\partial x_1} = -\frac{1}{2}\mathrm{i}kA\mathrm{e}^{\mathrm{i}(\omega t - kx_1)}, \tag{3-85}$$

$$\sigma_{12} = \sigma_{21} = 2\mu \cdot e_{12} = -\mathrm{i}k\mu A\mathrm{e}^{\mathrm{i}(\omega t - kx_1)}, \tag{3-86}$$

则
$$W_E = \frac{1}{2}\mu k^2 A^2 \mathrm{e}^{\mathrm{i}2\left(\omega t - k x_1 + \frac{\pi}{2}\right)}.\tag{3-87}$$

弹性介质中地震波的动能体密度为
$$W_K = \frac{1}{2}\rho \dot{u}_2^2 = \frac{1}{2}\mu k^2 A^2 \mathrm{e}^{\mathrm{i}2\left(\omega t - k x_1 + \frac{\pi}{2}\right)} = W_E.\tag{3-88}$$

弹性介质中地震波能量体密度为
$$W = W_E + W_K = \mu k^2 A^2 \mathrm{e}^{\mathrm{i}2\left(\omega t - k x_1 + \frac{\pi}{2}\right)} \propto A^2.\tag{3-89}$$

(3-89)式表明地震波能量正比于地震波振幅的平方和地震波波数的平方(即：等振幅条件下,高频波能量强)。

3.6　地震波能量在边界上的分配

当波传播到自由面(地表面)或介质内部的速度间断面时,由于地震波速的突然变化,波在界面上将发生反射或折射,且反射或折射波的性质还可能与入射波不同,即还可能发生波的转换。现在讨论地震波入射到界面后,产生的反射波和折射波的能量分配问题。

界面上反射波和折射波的能量分配除了要满足能量守恒和动量守恒条件外,还必须符合力学边界条件。力学边界条件是指：对固-固界面(即界面上下都是固体介质,这种边界又称为焊接边界),界面两侧波的位移各分量和应力各分量均要连续;对固-液界面(即界面一边是固体介质,另一边是液体介质),界面上法向位移和法向应力连续,切向应力为零;对自由界面,界面上应力各分量为零。

3.6.1　SH 波入射到固-固界面

如图 3.19 所示,我们先讨论地壳中的 SH 波入射到莫霍面(固-固面)的情形。由动量守恒,SH 波入射到莫霍面只可能产生反射的 SH 波和折射的 SH 波,无转换波。

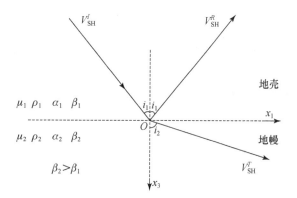

图 3.19　SH 波入射到固-固界面只产生反射的 SH 波和折射的 SH 波

不失一般性,设入射平面 SH 波的位移表示为
$$V^I = A\mathrm{e}^{-\mathrm{i}\omega\left(t - \frac{\sin i_1}{\beta_1}x_1 - \frac{\cos i_1}{\beta_1}x_3\right)},\tag{3-90}$$
其中 i_1 是 SH 波的入射角,则反射及折射波的位移可表示为

$$V^R = A_1 e^{-i\omega\left(t - \frac{\sin i_1}{\beta_1}x_1 + \frac{\cos i_1}{\beta_1}x_3\right)}, \tag{3-91}$$

$$V^T = A_2 e^{-i\omega\left(t - \frac{\sin i_2}{\beta_2}x_1 - \frac{\cos i_2}{\beta_2}x_3\right)}, \tag{3-92}$$

由边界条件有

$$(V^I + V^R)\big|_{x_3=0} = V^T\big|_{x_3=0}, \tag{3-93}$$

$$\mu_1\left[\frac{\partial(V^I + V^R)}{\partial x_3}\right]\bigg|_{x_3=0} = \mu_2 \frac{\partial V^T}{\partial x_3}\bigg|_{x_3=0}. \tag{3-94}$$

由以上二式可得

$$A + A_1 = A_2, \tag{3-95}$$

$$\mu_1 A \eta_{\beta_1} - \mu_1 A_1 \eta_{\beta_1} = \mu_2 A_2 \eta_{\beta_2}, \tag{3-96}$$

式中 $\eta_{\beta_1} = \sqrt{\frac{1}{\beta_1^2} - p^2}$，$\eta_{\beta_2} = \sqrt{\frac{1}{\beta_2^2} - p^2}$，$p$ 是射线参数。

令 $R = A_1/A, T = A_2/A$；R、T 分别称为位移反射系数和透射系数，则有

$$R = \frac{\mu_1 \eta_{\beta_1} - \mu_2 \eta_{\beta_2}}{\mu_1 \eta_{\beta_1} + \mu_2 \eta_{\beta_2}}, \tag{3-97}$$

$$T = \frac{2\mu_1 \eta_{\beta_1}}{\mu_1 \eta_{\beta_1} + \mu_2 \eta_{\beta_2}}. \tag{3-98}$$

图 3.20 是依据(3-97)和(3-98)式计算的反射系数和透射系数随入射角 i_1 的变化曲线。

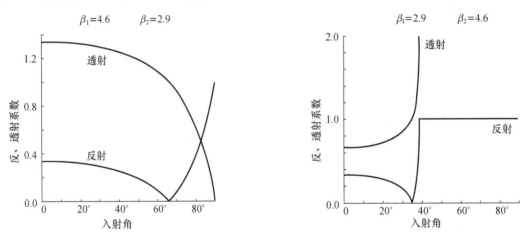

图 3.20 SH 波入射到固-固界面时，反射系数(绝对值)及折射系数(绝对值)随入射角的变化曲线

考虑如下三种特殊情况：

(1) 当 $i_1 = 0$，即波垂直入射时，则有 $i_2 = 0$，于是有

$$R = \frac{\rho_1\beta_1 - \rho_2\beta_2}{\rho_1\beta_1 + \rho_2\beta_2}, \tag{3-99}$$

$$T = \frac{2\rho_1\beta_1}{\rho_1\beta_1 + \rho_2\beta_2}. \tag{3-100}$$

上二式表明，反射波和折射波的相对强度，由界面两侧的介质密度与剪切波速度乘积 $\rho\beta$ 的相对大小决定，这个乘积称为波传播介质的剪切波阻抗。如果两边介质波阻抗相等，能量全部透射，无反射波。需注意的是，如果下层波阻抗为 0，下层将无波动存在，这时界面力学条件将只

有一个界面剪应力为零的条件,可导致

$$\mu_1 A \eta_{\beta_1} - \mu_1 A_1 \eta_{\beta_1} = 0,$$

由此可得反射系数 $R=1$,SH 波能量全部反射。

（2）当 $i_1 = i_c = \sin^{-1}(\beta_1/\beta_2)$,则 $i_2 = \pi/2$,代入（3-97）和（3-98）式可得 $T=2$,$R=1$（见图 3.20 右图）。

（3）当 $i_1 > i_c$,由斯内尔定律得 $\sin i_2 = (\beta_2/\beta_1)\sin i_1 > 1$,则有

$$\cos i_2 = \sqrt{1 - \sin^2 i_2} = i \sqrt{\sin^2 i_2 - 1}, \tag{3-101}$$

以及

$$V^T = A_2 e^{-i\omega\left(t - \frac{\sin i_2}{\beta_2}x_1 - \frac{\cos i_2}{\beta_2}x_3\right)} = A\,|\,T\,|\,e^{-\omega\frac{\sqrt{\sin^2 i_2 - 1}}{\beta_2}x_3}\,e^{-i\omega(t - px_1)}. \tag{3-102}$$

（3-102）式表明,透射波将沿界面传播,其振幅随深度指数衰减。

3.6.2　P 波入射到固-固界面

如图 3.21 所示,我们先讨论地壳中的 P 波入射到莫霍面的情形。P 波入射到莫霍面可能产生反射 P 波和反射 SV 波、折射 P 波和折射 SV 波。不失一般性,设入射 P 波的位移势表达式为

$$\Phi^I = A e^{-i\omega(t - px_1 - \eta_{\alpha_1}x_3)}, \tag{3-103}$$

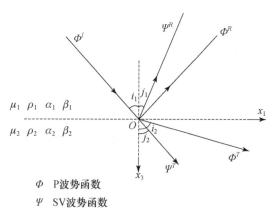

Φ　P 波势函数

Ψ　SV 波势函数

图 3.21　P 波入射到固-固界面可能产生的反射 P 波、反射 SV 波、折射 P 波和折射 SV 波

则反射 P 波、反射 SV 波、折射 P 波和折射 SV 波的位移势表达式分别为

$$\Phi^R = A_1 e^{-i\omega(t - px_1 + \eta_{\alpha_1}x_3)}, \tag{3-104}$$

$$\Psi^R = B_1 e^{-i\omega(t - px_1 + \eta_{\beta_1}x_3)}, \tag{3-105}$$

$$\Phi^T = A_2 e^{-i\omega(t - px_1 - \eta_{\alpha_2}x_3)}, \tag{3-106}$$

$$\Psi^T = B_2 e^{-i\omega(t - px_1 - \eta_{\beta_2}x_3)}, \tag{3-107}$$

则上层介质的位移表达式为

$$\boldsymbol{u}_I = \left\{ \frac{\partial(\Phi^I + \Phi^R)}{\partial x_1} - \frac{\partial \Psi^R}{\partial x_3}, 0, \frac{\partial(\Phi^I + \Phi^R)}{\partial x_3} + \frac{\partial \Psi^R}{\partial x_1} \right\}; \tag{3-108}$$

下层介质的位移表达式为

$$\boldsymbol{u}_{II} = \left\{ \frac{\partial \Phi^T}{\partial x_1} - \frac{\partial \Psi^T}{\partial x_3}, 0, \frac{\partial \Phi^T}{\partial x_3} + \frac{\partial \Psi^T}{\partial x_1} \right\}; \tag{3-109}$$

边界面上位移连续条件 $\boldsymbol{u}_I|_{x_3=0} = \boldsymbol{u}_{II}|_{x_3=0}$ 可表示为

$$u_{1I}\big|_{x_3=0} = u_{1II}\big|_{x_3=0},$$ (3-110a)

$$u_{3I}\big|_{x_3=0} = u_{3II}\big|_{x_3=0};$$ (3-110b)

法向应力连续条件 $\sigma_{33}^{I}\big|_{x_3=0}=\sigma_{33}^{II}\big|_{x_3=0}$ 表示为

$$\left(\lambda_1 \nabla \cdot \boldsymbol{u}_I + 2\mu_1 \frac{\partial u_{I3}}{\partial x_3}\right)\bigg|_{x_3=0} = \left(\lambda_2 \nabla \cdot \boldsymbol{u}_{II} + 2\mu_2 \frac{\partial u_{II3}}{\partial x_3}\right)\bigg|_{x_3=0};$$ (3-111)

切向应力连续条件 $\sigma_{31}^{I}\big|_{x_3=0}=\sigma_{31}^{II}\big|_{x_3=0}$ 表示为

$$\mu_1 \left(\frac{\partial u_{I3}}{\partial x_1} + \frac{\partial u_{I1}}{\partial x_3}\right)\bigg|_{x_3=0} = \mu_2 \left(\frac{\partial u_{II3}}{\partial x_1} + \frac{\partial u_{II1}}{\partial x_3}\right)\bigg|_{x_3=0}.$$ (3-112)

上述边界条件导致各种波位移势的振幅之间满足以下关系:

$$p(A+A_1) + \eta_{\beta_1} B_1 = pA_2 - \eta_{\beta_2} B_2,$$ (3-113)

$$\eta_{a_1}(A-A_1) + pB_1 = \eta_{a_2} A_2 + pB_2,$$ (3-114)

$$\lambda_1 p^2 (A+A_1) + \lambda_1 p\eta_{\beta_1} B_1 + (\lambda_1 + 2\mu_1)\left[\eta_{a_1}^2 (A+A_1) - p\eta_{\beta_1} B_1\right]$$
$$= \lambda_2 p^2 A_2 - \lambda_2 p\eta_{\beta_2} B_2 + (\lambda_2 + 2\mu_2)\left[\eta_{a_2}^2 A_2 + p\eta_{\beta_2} B_2\right],$$ (3-115)

$$\mu_1 \left[2p\eta_{a_1}(A-A_1) + (p^2 - \eta_{\beta_1}^2)B_1\right]$$
$$= \mu_2 \left[2p\eta_{a_2} A_2 + (p^2 - \eta_{\beta_2}^2)B_2\right].$$ (3-116)

联立(3-113)～(3-116)式,可解得 P-P 位移势的反射波系数 $R'_{PP}=A_1/A$;P-SV 位移势反射转换系数 $R'_{PS}=B_1/A$;P-P 位移势透射系数 $T'_{PP}=A_2/A$ 和 P-SV 位移势透射转换系数 $T'_{PS}=B_2/A$。用同样方法还可导出 SV 波入射时的位移势的反射系数和透射系数。

根据位移与位移势之间的关系,可导出位移的反/透射系数与位移势相应系数之间的关系式(推导方法可参见附3.5)。由此可导出平面波入射到固—固界面产生的各种反射和透射波位移的反射和透射系数,兹一并归纳于表 3.1 及图 3.22。

表 3.1 固-固界面上位移反射与透射系数表达式

界面性质	系　　数	公　　式
固体-自由面	R_{PP}	$\{-[(1/\beta^2)-2p^2]^2 + 4p^2 \eta_a \eta_\beta\}/A$
	R_{PSV}	$\{4(\alpha/\beta)p\eta_a[(1/\beta^2)-2p^2]\}/A$
	R_{SVP}	$\{4(\beta/\alpha)p\eta_\beta[(1/\beta^2)-2p^2]\}/A$
	R_{SVSV}	$\{-[(1/\beta^2)-2p^2]^2 + 4p^2 \eta_a \eta_\beta\}/A$
	R_{SHSH}	1
固体-固体	R_{PP}	$[(b\eta_{a_1}-c\eta_{a_2})F - (a+d\eta_{a1}\eta_{\beta_2})Hp^2]/D$
	R_{PSV}	$-[2\eta_{a_1}(ab+cd\eta_{a_2}\eta_{\beta_2})p(\alpha_1/\beta_1)]/D$
	T_{PP}	$[2\rho_1 \eta_{a_1} F(\alpha_1/\alpha_2)]/D$
	T_{PSV}	$[2\rho_1 \eta_{a_1} Hp(\alpha_1/\beta_2)]/D$
	R_{SVSV}	$-[(b\eta_{\beta_1}-c\eta_{\beta_2})E - (a+d\eta_{a_2}\eta_{\beta_1})Gp^2]/D$
	R_{SVP}	$-[2\eta_{\beta_1}(ab+cd\eta_{a_2}\eta_{\beta_2})p(\beta_1/\alpha_1)]/D$
	T_{SVSV}	$[2\rho_1 \eta_{\beta_1} E(\beta_1/\beta_2)]/D$
	T_{SVP}	$-[2\rho_1 \eta_{\beta_1} Gp(\beta_1/\alpha_2)]/D$
	R_{SHSH}	$\dfrac{\mu_1 \eta_{\beta_1} - \mu_2 \eta_{\beta_2}}{\mu_1 \eta_{\beta_1} + \mu_2 \eta_{\beta_2}}$
	T_{SHSH}	$\dfrac{2\mu_1 \eta_{\beta_1}}{\mu_1 \eta_{\beta_1} + \mu_2 \eta_{\beta_2}}$

续表

界面性质	系　　　数	公　　　式
固体-固体	$a=\rho_2(1-2\beta_2^2 p^2)-\rho_1(1-2\beta_1^2 p^2)$ $b=\rho_2(1-2\beta_2^2 p^2)+2\rho_1\beta_1^2 p^2$ $c=\rho_1(1-2\beta_1^2 p^2)+2\rho_2\beta_2^2 p^2$ $d=2(\rho_2\beta_2^2-\rho_1\beta_1^2)$	$E=b\eta_{a_1}+c\eta_{a_2}$ $F=b\eta_{\beta 1}+c\eta_{\beta_2}$ $G=a-d\eta_{a_1}\eta_{\beta_2}$ $H=a-d\eta_{a_2}\eta_{\beta_1}$ $D=EF+GHp^2$ $A=[(1/\beta^2)-2p^2]^2+4p^2\eta_a\eta_\beta$ $\eta_c=\sqrt{\dfrac{1}{c^2}-p^2}$, $c=\alpha_1,\alpha_2,\beta_1,\beta_2$

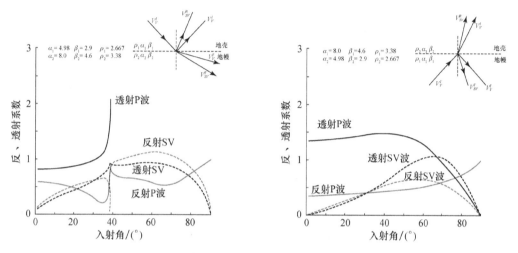

图 3.22　P 波从介质 1 入射到固-固界面相应位移反射系数(绝对值)和透射系数(绝对值)与入射角的关系

附 3.5　固-液界面上 P 波入射

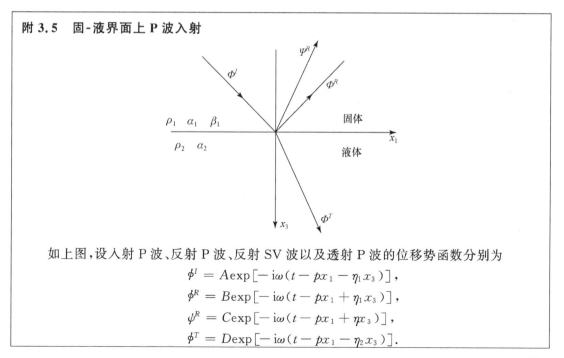

如上图,设入射 P 波、反射 P 波、反射 SV 波以及透射 P 波的位移势函数分别为

$$\phi^I = A\exp[-i\omega(t-px_1-\eta_1 x_3)],$$
$$\phi^R = B\exp[-i\omega(t-px_1+\eta_1 x_3)],$$
$$\psi^R = C\exp[-i\omega(t-px_1+\eta x_3)],$$
$$\phi^T = D\exp[-i\omega(t-px_1-\eta_2 x_3)].$$

其中 p 为射线参数，$\eta_1 = \sqrt{\dfrac{1}{\alpha_1^2} - p^2}$，$\eta_2 = \sqrt{\dfrac{1}{\alpha_2^2} - p^2}$，$\eta = \sqrt{\dfrac{1}{\beta_1^2} - p^2}$。

各位移分量为

$$u^{(1)} = \frac{\partial(\phi^I + \phi^R)}{\partial x_1} - \frac{\partial \psi^R}{\partial x_3} = -\mathrm{i}\omega\left[pA\mathrm{e}^{\mathrm{i}\omega(t-px_1-\eta_1 x_3)} + pB\mathrm{e}^{\mathrm{i}\omega(t-px_1+\eta_1 x_3)} + \eta C\mathrm{e}^{\mathrm{i}\omega(t-px_1+\eta x_3)}\right],$$

$$w^{(1)} = \frac{\partial(\phi^I + \phi^R)}{\partial x_3} + \frac{\partial \psi^R}{\partial x_1} = -\mathrm{i}\omega\left[\eta_1 A\mathrm{e}^{\mathrm{i}\omega(t-px_1-\eta_1 x_3)} - \eta_1 B\mathrm{e}^{\mathrm{i}\omega(t-px_1+\eta_1 x_3)} + pC\mathrm{e}^{\mathrm{i}\omega(t-px_1+\eta x_3)}\right],$$

$$u^{(2)} = \frac{\partial \phi^T}{\partial x_1} = -\mathrm{i}\omega pD\mathrm{e}^{\mathrm{i}\omega(t-px_1-\eta_2 x_3)},$$
$$w^{(2)} = \frac{\partial \phi^T}{\partial x_3} = -\mathrm{i}\omega \eta_2 D\mathrm{e}^{\mathrm{i}\omega(t-px_1-\eta_2 x_3)}.$$

应力分量可表示为

$$\sigma_{ij} = \lambda\theta\delta_{ij} + 2\mu\varepsilon_{ij},$$

边界条件为

（1）界面上正应力连续：$\sigma_{33}^{(1)}\big|_{x_3=0} = \sigma_{33}^{(2)}\big|_{x_3=0}$；

（2）界面上剪应力为零：$\sigma_{31}^{(1)}\big|_{x_3=0} = 0$；

（3）界面上 x_3 方向位移连续：$w^{(1)}\big|_{x_3=0} = w^{(2)}\big|_{x_3=0}$.

由上述三个边界条件可得方程组：

$$\lambda_1(-p^2 A - p^2 B - \eta pC) + (\lambda_1 + 2\mu_1)(-\eta_1^2 A - \eta_1^2 B + \eta pC) = -\lambda_2(p^2 + \eta_2^2)D,$$
$$2\eta_1 pB - 2\eta_1 pA + (\eta^2 - p^2)C = 0,$$
$$-\eta_1 A + \eta_1 B - pC = -\eta_2 D,$$

令 $R_P = \dfrac{B}{A}$，$R_S = \dfrac{C}{A}$，$T_P = \dfrac{D}{A}$ 分别为各位移势函数的反射、透射系数，则以上方程组可化为

$$\begin{bmatrix} -1 & \dfrac{2\mu_1\eta p}{\lambda_1(p^2+\eta_1^2)+2\mu_1\eta_1^2} & \dfrac{\lambda_2(p^2+\eta_2^2)}{\lambda_1(p^2+\eta_1^2)+2\mu_1\eta_1^2} \\ 1 & \dfrac{\eta^2-p^2}{2\eta_1 p} & 0 \\ 1 & -\dfrac{p}{\eta_1} & \dfrac{\eta_2}{\eta_1} \end{bmatrix}\begin{bmatrix} R_P \\ R_S \\ T_P \end{bmatrix} = \begin{bmatrix} 1 \\ 1 \\ 1 \end{bmatrix}.$$

解此方程组得

$$R_P = \frac{-GI + EI - FH + FG}{GI + EI - FH + FG},$$

$$R_S = \frac{2I}{GI + EI - FH + FG},$$

$$T_P = \frac{2G - 2H}{GI + EI - FH + FG},$$

其中 $\qquad E = \dfrac{2\mu_1\eta p}{\lambda_1(p^2+\eta_1^2)+2\mu_1\eta_1^2}$，$\quad F = \dfrac{\lambda_2(p^2+\eta_2^2)}{\lambda_1(p^2+\eta_1^2)+2\mu_1\eta_1^2}$，

$$G = \frac{\eta^2 - p^2}{2\eta_1 p}, \quad H = -\frac{p}{\eta_1}, \quad I = \frac{\eta_2}{\eta_1}.$$

入射 P 波、反射 P 波、反射 SV 波和折射 P 波的位移矢量可由各位移势函数求得如下:

$$\vec{u}_P^I = \nabla \phi^I = \hat{\boldsymbol{x}}_1 \frac{\partial \phi^I}{\partial x_1} + \hat{\boldsymbol{x}}_3 \frac{\partial \phi^I}{\partial x_3} = -\mathrm{i}\omega(p\,\hat{\boldsymbol{x}}_1 + \eta_1\hat{\boldsymbol{x}}_3)\phi^I;$$

$$\vec{u}_P^R = \nabla \phi^R = \hat{\boldsymbol{x}}_1 \frac{\partial \phi^R}{\partial x_1} + \hat{\boldsymbol{x}}_3 \frac{\partial \phi^R}{\partial x_3} = -\mathrm{i}\omega(p\,\hat{\boldsymbol{x}}_1 - \eta_1\hat{\boldsymbol{x}}_3)\phi^R;$$

$$\vec{u}_{SV}^R = \nabla \times \vec{\psi} = -\hat{\boldsymbol{x}}_1 \frac{\partial \psi^R}{\partial x_3} + \hat{\boldsymbol{x}}_3 \frac{\partial \psi^R}{\partial x_1} = -\mathrm{i}\omega(\eta\,\hat{\boldsymbol{x}}_1 + p\,\hat{\boldsymbol{x}}_3)\psi^R;$$

$$\vec{u}_P^T = \nabla \phi^T = \hat{\boldsymbol{x}}_1 \frac{\partial \phi^T}{\partial x_1} + \hat{\boldsymbol{x}}_3 \frac{\partial \phi^T}{\partial x_3} = -\mathrm{i}\omega(p\,\hat{\boldsymbol{x}}_1 + \eta_2\hat{\boldsymbol{x}}_3)\phi^T,$$

其中 $\hat{\boldsymbol{x}}_1$ 与 $\hat{\boldsymbol{x}}_3$ 分别是 x_1 和 x_3 方向的单位矢量。这里 P 波位移取沿传播方向为正,在上层固体中反射 SV 波位移取沿传播方向看去向右为正。根据矢量合成,可将位移的大小表示为

$$u_P^I = \omega\sqrt{p^2 + \eta_1^2}\,\varphi^I = \frac{\omega}{\alpha_1}\varphi^I;$$

$$u_P^R = \omega\sqrt{p^2 + \eta_1^2}\,\varphi^R = \frac{\omega}{\alpha_1}\varphi^R;$$

$$u_{SV}^R = \omega\sqrt{p^2 + \eta^2}\,\psi^R = \frac{\omega}{\beta_1}\psi^R;$$

$$u_P^T = \omega\sqrt{p^2 + \eta_2^2}\,\varphi^T = \frac{\omega}{\alpha_2}\varphi^T.$$

所以,位移的反射、折射系数分别为

$$r_P = R_P, \quad r_S = \frac{\alpha_1}{\beta_1}R_S, \quad t_P = \frac{\alpha_1}{\alpha_2}T_P.$$

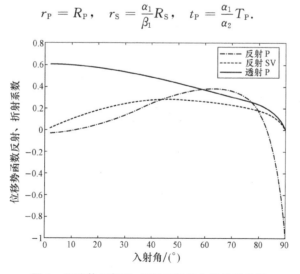

图 1   位移势函数反、折射系数与入射角的关系

(计算中固体层及液体层介质参数选取分别为:$\alpha_1 = 13.69\,\mathrm{km/s}$, $\beta_1 = 7.26\,\mathrm{km/s}$,

$\rho_1 = 5.57 \times 10^3\,\mathrm{kg/m^3}$; $\alpha_2 = 8.06\,\mathrm{km/s}$, $\rho_2 = 8.9 \times 10^3\,\mathrm{kg/m^3}$)

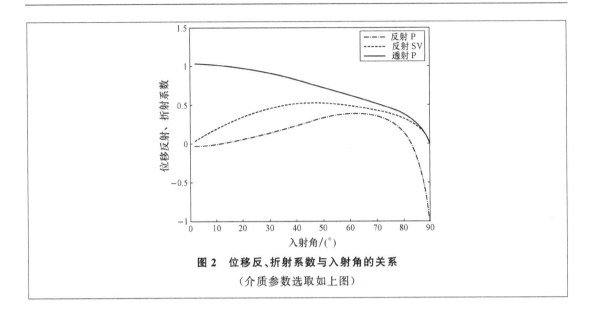

图 2　位移反、折射系数与入射角的关系

（介质参数选取如上图）

3.7　地震波的衰减

前几节关于地震波传播的讨论都没有涉及实际地球介质并不是理想的完全弹性体的事实。地震波振幅的变化，除了会由传播过程中波阵面的几何扩散以及在介质分界面上反射或透射引起外，还会因为介质的非弹性对波动能量的吸收和介质的非均匀性对波动的散射而引起。地震波在非完全弹性介质中传播时，部分波动能量将被介质吸收，通常将吸收引起的地震波衰减在宏观上归纳为由介质的"内摩擦"过程所引起。

3.7.1　介质品质因子

因介质的非弹性和非均匀性引起的波动能量的衰减性质，可用介质的品质因子 Q 来描述。Q 值定义由下式给出：

$$\frac{1}{Q(\omega)} = \frac{-\Delta E}{2\pi E}, \qquad (3-117)$$

式中 E 为一定体积内储存的峰值应变能，$-\Delta E$ 为波传播一个波长后该体积内弹性应变能的损失。地震波通常含有不同的频率成分，对不同（角）频率 ω 的地震波，介质的品质因子 $Q(\omega)$ 会不同，因而式(3-117)中的 Q 是（角）频率 ω 的函数。介质 Q 值愈小，或 Q^{-1} 愈大，说明地震波能量的衰减愈强。

对具有线性应力-应变关系的介质，波的振幅 $E \propto A^2$，这里 A 可以代表质点最大振动速度，或波的最大应力分量。例如，可假定 $E = cA^2$，c 是比例因子，于是有 $\Delta E = 2cA\Delta A$，并有 $(\Delta E)/E = (2\Delta A)/A$，因而定义(3-117)式等效于

$$\frac{1}{Q(\omega)} = -\frac{1}{\pi}\frac{\Delta A}{A}. \qquad (3-118)$$

3.7.2　振幅衰减因子

设频率为 ω（以下都指角频率）的单色波从 x_1 点传 $x_2 = x_1 + \lambda$ 点，λ 为波长（图 3.23），振

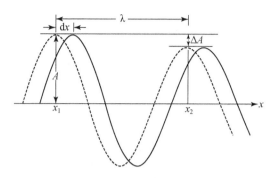

图 3.23　因介质的吸收和散射引起的单频率地震波振幅在一个周期内的衰减

幅变化了

$$\Delta A = \int_{x_1}^{x_1+\lambda} \left(\frac{\mathrm{d}A}{\mathrm{d}x} \right) \mathrm{d}x.$$

对波的弱衰减,可假定在一个波长范围内,$\dfrac{\mathrm{d}A}{\mathrm{d}x}$ 近似不变化。由上式有

$$\frac{\mathrm{d}A}{\mathrm{d}x} \approx \frac{\Delta A}{\lambda}.$$

由 (3-118) 式有 $\Delta A = -\dfrac{\pi A}{Q}$,代入上式,可得

$$\frac{\mathrm{d}A}{\mathrm{d}x} = -\frac{\pi A}{\lambda Q}.$$

积分上式,可得到

$$A(x) = A_0 \mathrm{e}^{-\frac{\pi}{\lambda Q(\omega)}x} = A_0 \mathrm{e}^{-\frac{\omega}{2cQ(\omega)}x} = A_0 \mathrm{e}^{-\gamma x}. \tag{3-119}$$

式中 c 是波的传播速度,$\gamma = \dfrac{\pi}{\lambda Q(\omega)} = \dfrac{\omega}{2cQ(\omega)}$ 可称为波的振幅衰减系数,量纲是长度的倒数。(3-119) 式说明,在弱衰减介质中,由介质性质引起波能量的耗散,可用波的振幅增加一个随距离的振幅衰减因子 $\mathrm{e}^{-\gamma x}$ 来描述,其中振幅衰减系数 $\gamma \propto Q^{-1}$。

对于单一频率的衰减波动,从观测上可用依次两个波峰振幅的对数缩减值 δ 来表达介质的 $Q(\omega)$ 值。δ 的定义是

$$\delta = \ln \frac{A(x)}{A(x+\lambda)}.$$

将 (3-119) 式代入上式,可得 $\delta = -\gamma x + \gamma(x+\lambda) = \gamma \lambda = \pi/Q$,即

$$Q = \pi/\delta. \tag{3-120}$$

在远震的地震波传播研究中,有人改用折合走时 t^* 的大小来描述地震波的非弹性衰减效应,t^* 的定义是

$$t^* = \frac{t(\text{地震波走时})}{Q(\text{品质因子})}, \tag{3-121}$$

于是描述振幅衰减变化的 (3-119) 式将取如下形式

$$A(x) = A_0 \mathrm{e}^{-\frac{\omega}{2} \cdot \frac{1}{Q} \cdot \frac{x}{c}} = A_0 \mathrm{e}^{-\pi \cdot f \cdot \frac{t}{Q}} = A_0 \mathrm{e}^{-\pi \cdot f \cdot t^*}. \tag{3-122}$$

如果沿波的传播路径介质的 Q 值不同,t^* 的表达将改为

$$t^* = \int_{\text{路径}} \frac{\mathrm{d}t}{Q} = \sum_{i=1}^{N} \frac{t_i}{Q_i}, \tag{3-123}$$

式中 N 是将传播路径分成的子段数，且子段上各点 Q 值相同，Q_i、t_i 分别是子段 i 上介质的 Q 值和地震波在子段 i 上的走时。

观测发现，对周期大于 1 秒的地震波，其折合走时在 $30° <$ 震中距 $< 90°$ 范围内，t^* 几乎为恒定值，其中 P 波的 t^* 约为 1 秒，S 波的 t^* 约为 4 秒。

3.7.3 地球内部的 Q 值

在 1981 年的 IASPEI (International Association of Seismology and Physics of Earth's Interior)的全体会议上，通过了由 Dziewonski and Anderson (1981)提交的有关地球内部结构的"初步参考地球模型"研究结果，简称 PREM 模型(preliminary refrence Earth model)，该模型中给出了周期为 1 秒的 P 波和 S 波的 Q 值，分别记为 Q_α 和 Q_β，它们是总结了大量已有观测结果后，给出的球对称平均地球结构下的各地层的平均 Q 值。这些 Q 值随深度的变化引用在表 3.2 中。PREM 模型还列出了周期为 200 秒波动的 Q 值，其结果与周期 1 秒的结果相差不大，即对周期大于 1 秒的中、长周期地震波，Q 是频率的弱函数。

由表 3.2 可见以下基本特征：地幔盖层以下的低速层是地震波的强衰减层，表现为该层 Q 值相当低；整个下地幔，S 波 Q 值看不出变化，P 波 Q 值变化也很小；现有观测结果表明，地球内核 S 波的 Q 值相当低，即内核对 S 波有较强的吸收；在同时能传播 P 波和 S 波的地层，S 波 Q 值总比 P 波 Q 值小得多，即 S 波总比 P 波衰减快。

表 3.2　PREM 地球模型中地球内部介质的 Q 值随深度的变化

地层	深度/km	Q_β	Q_α	地层	深度/km	Q_β	Q_α
水	0.0	0	57 323		1371.0	312	766
	3.0	0	57 323		1471.0	312	770
上地壳	3.0	600	1456		1571.0	312	775
	15.0	600	1456		1671.0	312	779
下地壳	15.0	600	1350		1771.0	312	784
	24.4	600	1350		1871.0	312	788
地幔盖层	24.4	600	1446		1971.0	312	792
	40.0	600	1446		2071.0	312	795
	60.0	600	1447	下地幔—D''	2171.0	312	799
	80.0	600	1447		2271.0	312	803
低速层	80.0	80	195		2371.0	312	807
	115.0	80	195		2471.0	312	811
	150.0	80	195		2571.0	312	815
	185.0	80	195		2671.0	312	819
	220.0	80	195		2741.0	312	822
过渡区	220.0	143	362		2741.0	312	822
	265.0	143	365		2771.0	312	823
	310.0	143	367		2871.0	312	826
	355.0	143	370		2891.0	312	826
	400.0	143	372	外核	2891.0 ∣ 5149.5		57822

续表

地　层	深度/km	Q_β	Q_α	地　层	深度/km	Q_β	Q_α
上地幔底部	400.0	143	366		5149.5	85	445
	450.0	143	365		5171.0	85	445
	500.0	143	364		5271.0	85	443
	550.0	143	363		5371.0	85	440
	600.0	143	362		5471.0	85	439
	635.0	143	362		5571.0	85	437
	670.0	143	362	内核	5671.0	85	436
下地幔	670.0	312	759		5771.0	85	434
	721.0	312	744		5871.0	85	433
	771.0	312	730		5971.0	85	432
	771.0	312	730		6071.0	85	432
	871.0	312	737		6171.0	85	431
	971.0	312	743		6271.0	85	431
	1071.0	312	750		6371.0	85	431
	1171.0	312	755				
	1271.0	312	761				

引自：Dziewonski A M and Anderson D L. Preliminary reference Earth model. Phys. Earth Planet. Interior, 1981,25 (4)：297—336.

关于在地球内部 S 波衰减比 P 波衰减更强,有人观测到了直接的证据。图 3.24 给出了这种直接证据的一例:同一台站记录的绝大部分路径在地幔内的震相 ScS 与 ScP,其路径近似相同,但 ScS 的振幅显著小于 ScP 的振幅,说明在从核-幔界面反射点至台站的路径上,反射 S 波比反射 P 波发生了强得多的衰减,说明地幔 S 波 Q 值明显低于 P 波 Q 值。

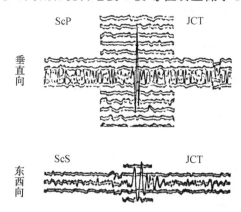

图 3.24　美国世界标准地震台网(WWSSN)的 JCT 台(德克萨斯州,记录的 1967 年 3 月 27 日南美一次深源地震的短周期地震波记录
(图中显示记录的震相 ScS 的振幅显著小于 ScP 的振幅,且 ScS 波的高频成分比 ScP 的少;据 Burdick,1985)

由于实际地球的地壳、乃至地幔上部的横向变化较大,因而地球浅层的 Q 值会因地区而异,一般不能直接引用表 3.2 的结果。对地区的地震波衰减问题,需要引用对特定地区 Q 值的专门研究结果。

利用地震体波、面波及地球的自由振荡,可以得到地球内部不同深度的 Q 值。由于不同性质的波的传播路径、频率成分、振动方式等不一样,用不同波测量的 Q 值常常会不同。

分别用 Q_α、Q_β、Q_{Lg}、Q_R、Q_L 和 Q_c 表示用 P 波、S 波、Lg 波、Rayleigh 波、Love 波和尾波 Q 值。

3.7.4 高频体波的衰减

对区域地震和地方地震的频率高于 1 Hz 的地震波衰减的观测结果表明,岩石层(含地壳和地幔顶层)介质的 Q 值是波频率 f 的函数,通常可以用以下变化关系来描述:

$$Q(f) = Q_0 f^\eta, \quad f > 1 \text{ Hz}, \tag{3-121}$$

式中 Q_0 表示频率为 1 Hz 的 Q 值,η 取值范围是 $0.5 \sim 1.0$。根据多数频率为 $1 \sim 20$ Hz 体波(含尾波)衰减的观测结果,P 波和 S 波有相近的 Q 随频率 f 的变化关系,但 Q_P 不再总是大于 Q_S,例如 Yoshimoto 等曾报道过日本关东地区比值(Q_P^{-1}/Q_S^{-1})在 $1 \sim 2$ 之间,即 P 波衰减快些,这里 $Q_P < Q_S$。

3.7.5 地震尾波

在近距离地震(震中距大约 <200 km)的短周期(频率 $1 \sim 30$ Hz)记录上,在主要的直达波列过后,在记录尾部会有一串长长的振幅逐渐衰减的波列,统称为地震尾波(图 3.25)。通常直达 S 波后的尾波称 S 尾波,有时直达 P 波与 S 波之间的波叫 P 尾波。对于震中距更大些的大陆区域地震,地震图上的最大振幅常是 Lg 波(大致以地壳上部平均剪切波速沿地表传播的短周期面波)的记录,也有人研究 Lg 波产生的尾波特征。

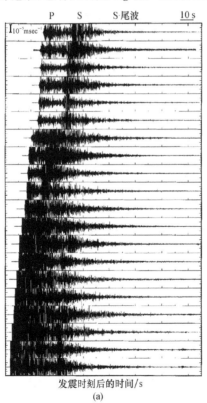

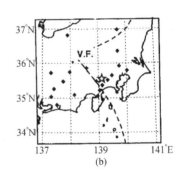

发震时刻后的时间/s

(a)

图 3.25 日本关东地区一次 $M_L 4.6$(震源深度 19.3 km)地震在地方台站的速度地震图的水平分量记录
(a) 从下到上按震中距由近到远排列的地震记录,可见直达 S 波后各台均有振幅随时间逐渐衰减的 S 波尾波记录;(b) 地震(五角星)和记录台站(实心菱)的位置。(引自 Sato and Fehler,1998)

观测到的尾波记录有以下特征：① 振幅衰减趋势（振幅包络线形态）几乎与震中距大小无关；例如，从图 3.25 可见，尽管直达 S 波振幅随震中距的增加明显减小，但在不同震中距台站记录的尾部，尾波振幅却无明显差异；② 不同路径尾波的频率成分和振幅均类似；③ 尾波持续时间与震中距基本无关（图 3.25）；④ 三维质点振动轨迹大致为球形，未显示偏振特征；⑤ 台阵记录的尾波分析结果表明，尾波不是来自某个确定方向的波动；⑥ 尾波振幅强弱与记录台址处的地质条件有关。

1969 年，美国 K. Aki（安艺敬一）首次将尾波解释为 S 波到 S 波的单次散射波，20 世纪 80 年代后又发展了形成各向同性介质中尾波的多重散射模型。目前，尾波被认为是地下介质中大致随机性分布的小尺度的不均匀体对主要是 S 波的反复散射而形成的。由此，尾波分析成为研究地壳岩石介质不均匀程度的方法之一。

由于尾波是由多路径的不相干的散射波叠加而成的，波在介质内反复传播后才到达台站，因而尾波记录能更充分地携带传播介质性质的信息。根据一定的散射模型分析尾波振幅的衰减特征，可以测定地壳岩石介质的品质因子 Q。由尾波测定的 Q 常记为 Q_C。

确定尾波持续时间长短的一种方法是，从发震时刻后与 2 倍 S 波走时对应的地震记录处起算，到记录振幅刚与台站干扰水平相当时为止。对同一个地震，尾波持续时间的长短不随台站震中距不同或方位不同而变化，这说明持续时间长短是由震源特性决定的。地震大时，尾波持续时间将总体变长，这导致有人用尾波持续时间长短来测定地方地震的震级，通常记为 M_D（D 表示 Duration）。

附 3.6　地震波的散射（seismic scattering）

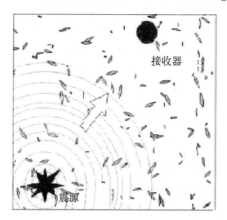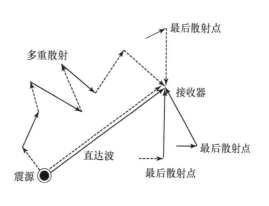

图 1　左：地壳各向同性介质中大致随机分布的小尺度散射体；右：接收到的多重散射波路径示意图（实线表示 P 波，虚线表示 S 波，散射包含 P、S 波的转换）

地震波入射到尺度可与波长相比的不均匀体（波阻抗不同的介质）时，波将向入射波以外的方向或各个方向传播，这种现象称为地震波的散射。小尺度不均匀体的存在使地震波在其中的传播过程变得相当复杂，经典的射线理论难以处理不均匀介质中地震波的散射问题。1960 年 L. A. Chernov 应用随机介质中的标量波传播理论，率先研究了地震波的散射问题，1969 年 K. Aki（安艺敬一）首先运用 S 波的单次散射模型解释了近地震的尾波成因。此后许多地震学家发展了地震波的散射理论，例如，H. Sato（佐藤春夫）发展了含 P、S 波转换的多次各向同性散射模型（图 1 右）来解释尾波包络线的变化。

附 3.7 地震波的衍射(seismic diffraction)

实际地震波的传播偏离几何射线理论预示的传播路径,遇到障碍体(波阻抗极高的物体)时传播至障碍体的几何影区内的现象,称为地震波的衍射(图 1)。

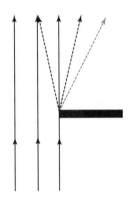

图1 地震波的衍射(虚线表示衍射波的传播方向)

地球内部存在低速层及由高速向低速突变的速度间断面。根据射线理论,低速层或这类速度间断面在地面上将存在相应的地震射线影区,影区内是不会有相应的震相能量射出的。而实际观测中,地震影区中我们仍能记录到这种射线理论预测不可能出现的震相,这种震相能量一般较弱。地震学中一个著名的衍射波震相是 P_{dif},它出现在震中距 103°至120°之间(图 2),是下地幔与外核间的由高速向低速突变的速度间断面(称为 Gutenberg 面)所对应的 P 波影区。

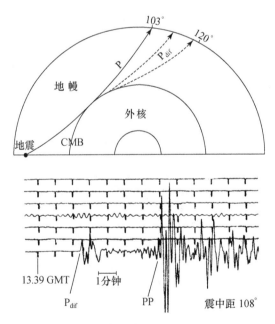

图 2 外核 P 波低速层引起的衍射 P 波 P_{dif} 传播路径(上)及观测实例(下)

(引自 Bath,1973)

<h1 style="text-align:center">思　考　题</h1>

1. 由(3.34)式和(3.36)式证明 $dT/dX = P$ (提示: $\gamma(Z) = p$)。

2. 一个震源深度为 10 km 的地震,多个区域台站记录到的 Pn 波走时曲线的斜率为 0.125 s/km,截距为 $3\sqrt{7}$ s (约 8 s),若均匀地壳内 P 波速度已知为 6 km/s,试估计地幔顶部的 P 波速度和地壳厚度。

3. 编写一计算水平多层介质中直达 P 波走时和 Pn 波走时的程序。震源深度设定为 h (小于地壳厚度 H)。地壳有 4 层,每层的厚度 d(km)及 P 波速度 V(km/s)为:

d/km	V/(km/s)
3.0	2.0
3.0	4.0
13.0	5.6
14.0	6.0
1000.0	8.0　(地幔)

要求输入震源深度及震中距,即可计算出走时。

4. 如下图所示:图中显示的是 A 波入射到两种不同性质的速度间断面上所产生的次生波。请标出:

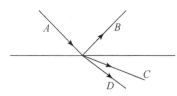 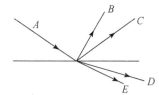

(1) 各射线对应的波的性质(P 波或 S 波)

(2) 哪种介质是液体、哪种介质是固体?

(3) 界面上下哪种介质的 P 波速度高?

5. 推导 SV 波从固体层向液体层入射时,各能量反射系数及透射系数的计算公式(注意能量反射系数及透射系数与位移反射系数及透射系数的关系与区别)。

6. 如果在核-幔界面(近似当成平面)以上,下地幔的介质密度及 P,S 波的速度分别为:5.5×10^3 kg/m³,13.7 km/s,7.2 km/s;外地核的介质密度及 P,S 波速度分别为:9.9×10^3 kg/m³,8.0 km/s,0.0 km/s。用你熟悉的语言,设计一程序计算 P 波及 S 波以任意角度入射时,界面的地震波垂直向位移的反、透射系数,并绘图表示反、透射系数与入射角的关系。

7. 当单色平面 SH 波以任意角度入射到水平自由面时,证明地表实际地动位移的振幅等于入射波位移振幅的 2 倍。

8. 证明单色平面 P 波入射到自由面时,反射 P 波位移的反射系数等于位移位的反射系数。

9. 证明以入射角 i 从底层入射到 n 个均匀水平层的平面波,若能在顶层出现,其在顶层的出射角只与底层入射角以及顶层和底层的波速比有关。

10. 根据射线方向是波阵面法线方向的定义,导出弱不均匀介质中以射线弧长为参数的射线微分方程。

11. 根据 Snell 定理,判别下列符号表达的各远震或极远震震相中,哪些是不可能被观测到的:

(1) ScSPcP; (2) sPcPP; (3) sSKSP; (4) PcPPKP; (5) SPKP.

12. 频率为 $0.2\,Hz$ 的 P 波、S 波传播 $3000\,km$,传播路径上地球介质的 P 波和 S 波的平均传播速度为 $7.2\,km/s$ 及 $4.0\,km/s$,P 波和 S 波的 Q 值分别为 600 与 300。问:在 1 个周期内,100 秒内及整个传播过程 P 波和 S 波它们的振幅分别各(平均)衰减多少? 并尝试解释有些远震记录 P 波能量较 S 波强的可能原因。

13. 编程计算并给出下列横向均匀无曲率介质模型的 $T(X)$,$X(p)$ 及 $\tau(p)$ 曲线,并与图 3.5 比较。

(1) $c(x_3)=3.0\,km/s+(0.12/s)\cdot x_3$;

(2) $c(x_3)=\begin{cases}3.0\,km/s+(0.12/s)\cdot x_3, & x_3<30\,km,\\7.8\,km/s+(0.05/s)\cdot(x_3-30\,km), & x_3\geqslant30\,km;\end{cases}$

(3) $c(x_3)=\begin{cases}3.0\,km/s+0.12/s*x_3, & x_3<25\,km,\\6.0\,km/s+0.2/s*(x_3-25\,km), & 25\,km\leqslant x_3\leqslant35\,km,\\8.0\,km/s+0.1\,km/s*(x_3-35\,km), & 35\,km<x_3\leqslant85\,km,\\13\,km/s, & 85\,km<x_3\leqslant135\,km,\\13\,km/s+0.1\,km/s*(x_3-85\,km), & x_3>135\,km.\end{cases}$

14. 简谐平面 SV 波 $\vec{u}_s=\vec{u}_0 e^{i\omega\left[\frac{X}{\beta}\sin(j)-\frac{Z}{\beta}\cos(j)-t\right]}$ 以大于临界角 j_c 的角度 j 入射到自由平界面时,证明反射 P 波的振幅随深度 Z 呈指数衰减。假设 SV 波在自由面反射为 P 波的位移反射系数为 R。$j_c=\arcsin(\beta/\alpha)$,$\beta$ 和 α 分别是 S 波和 P 波的速度。

参考文献

[1] Burdick L J. 1985. Estimation of the frequency dependence of Q from ScP and ScS phases. Geophys J R astr Soc,80(1):35—55.

[2] Dziewonski A M, Anderson D L. 1981. Preliminary reference Earth model. Phys Earth Planet Inter,25(4):297—356.

[3] Sato H, Fehler M C (Eds). 2008. Earth Heterogeneity and Scattering Effects on Seismic Waves. Advances in Geophysics, Vol.50, Elsevier, Amsterdam.

第4章　面波与地球自由振荡

前两章我们由波动理论推导出在各向同性弹性介质内部可以存在两种传播速度不同、偏振方向相互正交的波：P波和S波。P波和S波可以穿过介质内部沿任意方向传播，这种波又叫体波。但实际地球介质是有限的、有边界的。在界面附近，还可能存在另一类波，它们沿着界面传播，称为面波。面波有多种，最重要的是瑞利(Rayleigh)波和洛夫(Love)波。

瑞利波是1885年英国物理学家瑞利(J. W. S. Lord Rayleigh)首先在理论上导出，后在地震记录中得到证实。这种波是由P波和SV波耦合形成的，它沿地球表面传播，波的位移矢量在垂直于地面的平面内作椭圆振动，波的振幅在地面最大，随着深度增加以指数形式衰减。洛夫波是1911年英国物理学家洛夫(A. E. H. Love)提出的，这是SH型振动的面波，振动方向平行于地面、且垂直于波的传播方向。这种面波发生的条件是浅地层的S波速度必须小于深层的S波速度。洛夫首先是在高速半空间上覆盖一低速水平层的地层结构下导出存在洛夫面波的。

在宽频带或长周期地震记录图上，面波振幅一般较体波大(图4.1)，原因之一是体波在传播过程中能量是在三维空间中扩散的，而面波能量是在二维空间中扩散的，因此，在传播一定距离后，地震记录上的面波就比较显著了。

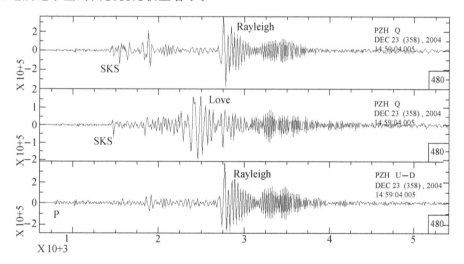

图4.1　中国四川攀枝花地震台宽频带地震仪(50 Hz—100 s)记录的 M_W8.1地震

2004年12月23日，发生地澳大利亚马夸里岛(Macquarie_Island)(震中距92°)

4.1　自由界面对地震波的影响

首先讨论SV波入射到自由面的情形(图4.2b)。入射SV波及相应的反射SV波和反射

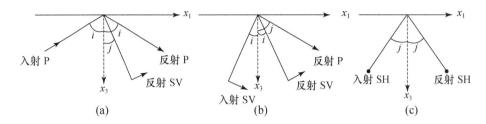

图 4.2　P 波或 S 波入射到自由表面的反射

P 波的势函数可分别写为

$$\Psi^I = A\exp(\mathrm{i}\omega(px_1 - \eta_\beta x_3 - t)), \qquad (4\text{-}1)$$

$$\Psi^r = B\exp(\mathrm{i}\omega(px_1 + \eta_\beta x_3 - t)), \qquad (4\text{-}2)$$

$$\Phi^r = C\exp(\mathrm{i}\omega(px_1 + \eta_a x_3 - t)), \qquad (4\text{-}3)$$

式中 α,β 分别是 P 波,S 波的速度,$\eta_a = \sqrt{1/\alpha^2 - p^2}$,$\eta_\beta = \sqrt{1/\beta^2 - p^2}$。考虑到在所选图 4.2 的坐标下有 $\dfrac{\partial\Psi}{\partial x_2} = 0$,体波的总位移矢量 $\boldsymbol{u}$ 可表示为

$$\boldsymbol{u} = \nabla\Phi^r + \left(-\frac{\partial\Psi^I}{\partial x_3}, 0, \frac{\partial\Psi^I}{\partial x_1}\right) + \left(-\frac{\partial\Psi^r}{\partial x_3}, 0, \frac{\partial\Psi^r}{\partial x_1}\right). \qquad (4\text{-}4)$$

在水平自由面上,位移矢量需满足切应力 σ_{13} 和正应力 σ_{33} 为零的条件:

$$\sigma_{13}\big|_{x_3=0} = \mu\left(\frac{\partial u_1}{\partial x_3} + \frac{\partial u_3}{\partial x_1}\right)\Big|_{x_3=0} = 0, \qquad (4\text{-}5)$$

$$\sigma_{33}\big|_{x_3=0} = \left[\lambda\left(\frac{\partial u_1}{\partial x_1} + \frac{\partial u_3}{\partial x_3}\right) + 2\mu\frac{\partial u_3}{\partial x_3}\right]\Big|_{x_3=0} = 0. \qquad (4\text{-}6)$$

将表达式(4-1)～(4-4)式代入上述两条件,可得

$$-(A+B)(1 - 2\beta^2 p^2) + C2\beta^2 p\eta_a = 0, \qquad (4\text{-}7)$$

$$(-A+B)2\beta^2 p\eta_\beta + C(1 - 2\beta^2 p^2) = 0. \qquad (4\text{-}8)$$

由上面两方程可解得 SV 波入射到自由面时,位移场的反射系数为

$$R_{\mathrm{SS}} = \frac{B}{A} = \frac{4\beta^4 p^2 \eta_a\eta_\beta - (1 - 2\beta^2 p^2)^2}{4\beta^4 p^2 \eta_a\eta_\beta + (1 - 2\beta^2 p^2)^2}, \qquad (4\text{-}9)$$

$$R_{\mathrm{SP}} = \frac{C}{A} = \frac{4\beta^2 p\eta_\beta(1 - 2\beta^2 p^2)}{4\beta^4 p^2 \eta_a\eta_\beta + (1 - 2\beta^2 p^2)^2}. \qquad (4\text{-}10)$$

对 P 波入射的情形(图 4.2a),入射 P 波及相应的反射 P 波和 SV 波的势函数可分别写为

$$\Phi^I = A\exp(\mathrm{i}\omega(px_1 - \eta_a x_3 - t)), \qquad (4\text{-}11)$$

$$\Phi^r = B\exp(\mathrm{i}\omega(px_1 + \eta_a x_3 - t)), \qquad (4\text{-}12)$$

$$\Psi^r = C\exp(\mathrm{i}\omega(px_1 + \eta_\beta x_3 - t)), \qquad (4\text{-}13)$$

$$\boldsymbol{u} = \nabla\Phi^I + \nabla\Phi^r + \left(-\frac{\partial\Psi^r}{\partial x_3}, 0, \frac{\partial\Psi^r}{\partial x_1}\right). \qquad (4\text{-}14)$$

将表达式(4-11)～(4-14)式代入自由面边界条件(4-5)、(4-6)式,有

$$(A+B)(1 - 2\beta^2 p^2) + C(2\beta^2 p\eta_\beta) = 0, \qquad (4\text{-}15)$$

$$(A-B)2\beta^2 p\eta_a + C(1 - 2\beta^2 p^2) = 0, \qquad (4\text{-}16)$$

$$R_{\mathrm{PP}} = \frac{B}{A} = \frac{4\beta^4 p^2 \eta_a\eta_\beta - (1 - 2\beta^2 p^2)^2}{4\beta^4 p^2 \eta_a\eta_\beta + (1 - 2\beta^2 p^2)^2}, \qquad (4\text{-}17)$$

$$R_{PS} = \frac{C}{A} = \frac{-4\beta^2 p\eta_a (1-2\beta^2 p^2)}{4\beta^4 p^2 \eta_a \eta_\beta + (1-2\beta^2 p^2)^2}. \tag{4-18}$$

比较(4-9)式与(4-17)式不难看出,$R_{PP} = R_{SS}$,且存在两个入射角(双解),使得 $R_{PP} = R_{SS} = 0$,即入射波在自由界面反射时发生 P→SV 或 SV→P 的全转换。当 P 波入射角 $i = 0$ $\left(\text{这时 } p = \frac{\sin i}{\alpha} = 0\right)$ 或 $i = 90°$ $\left(\text{这时 } \eta_a = \frac{\cos i}{\alpha} = 0\right)$ 时,由(4-18)式可看出,$R_{PS} = 0$,即不发生 P 波向 SV 波的转换。

现考虑 SV 波入射到自由面产生转换 P 波的情形。由斯内尔定律可以导得使转换 P 波的反射角为 90°时的 SV 波入射临界角为

$$j_c = \sin^{-1}(\beta/\alpha). \tag{4-19}$$

第 3 章讨论过当 SV 波入射角 j 大于临界角 j_c 时,P 波反射角 i 将变成复数,且

$$p = \frac{\sin j}{\beta} > \frac{1}{\alpha}, \quad \text{当 } j > j_c, \tag{4-20}$$

这时

$$\eta_a = \sqrt{\frac{1}{\alpha^2} - p^2} = i\hat{\eta}_a, \tag{4-21}$$

其中 $\hat{\eta}_a = \sqrt{p^2 - \frac{1}{\alpha^2}}$ 为实数。

在 SV 波入射角大于临界角的情况下,反射 P 波的势函数(4-3)式可表示为

$$\Phi^r = C\exp(i\omega\{px_1 + \eta_a x_3 - t\})$$
$$= C\exp(-\hat{\eta}_a x_3)\exp\{i\omega(px_1 - t)\}. \tag{4-22}$$

这表示的是一个沿 x_1 正方向传播、但振幅随深度按指数衰减的 P 波,称为不均匀平面波。注意,(4-22)式中的 p 表示这种波沿水平方向传播的慢度,而传播速度是$(1/p)$,由(4-20)式知 $\beta < 1/p < \alpha$,即其传播速度介于 S 波速和 P 波速之间,这与典型的面波速度是不同的。此外,当 SV 波入射角 j 超过临界角 j_c 时,P 波和 SV 波位移势的反射系数 C/A 和 B/A 都将成为复数表达式,其反映的实际情况是 P 波和 SV 波在自由面反射时都会出现相移。

由(4-22)式表达的不均匀平面 P 波是不能单独存在的,因为单独的势函数 Φ^r 无法满足自由面应力为零的边界条件,例如考虑位移 $\boldsymbol{u} = \nabla \Phi^r$ 而将(4-22)式代入条件(4-5)式时,马上会导致 $C = 0$。在有入射和反射的 SV 波存在时,这种不均匀平面波是可以存在的。同样的推理过程也可说明,不存在单独的不均匀 SV 波。

4.2　瑞　利　波

前节我们证明了 P 波和 SV 波均不可能独立地沿自由面传播。现在我们考虑另外一种情形,P 波和 SV 波同时沿自由面传播,传播速度为 c。假设单频率 P 波、SV 波的势函数分别为

$$\Phi(x_1, x_3, t) = A(x_3)e^{i\omega\left(\frac{x_1}{c} - t\right)}, \tag{4-23a}$$

$$\Psi(x_1, x_3, t) = B(x_3)e^{i\omega\left(\frac{x_1}{c} - t\right)}. \tag{4-23b}$$

下面将分析波动方程和自由面边界条件对 $A(x_3)$ 和 $B(x_3)$ 的具体形式及波速 c 会有怎样的约束,或这种波是否能存在。(4-23a)式和(4-23b)式需分别满足波动方程

$$\frac{\partial^2 \Phi}{\partial t^2} = \alpha^2\left(\frac{\partial^2 \Phi}{\partial x_1^2} + \frac{\partial^2 \Phi}{\partial x_3^2}\right), \quad \frac{\partial^2 \Psi}{\partial t^2} = \beta^2\left(\frac{\partial^2 \Psi}{\partial x_1^2} + \frac{\partial^2 \Psi}{\partial x_3^2}\right),$$

由此可得

$$\frac{d^2 A(x_3)}{dx_3^2} - \omega^2 \left(\frac{1}{c^2} - \frac{1}{\alpha^2}\right) A(x_3) = 0, \tag{4-24a}$$

$$\frac{d^2 B(x_3)}{dx_3^2} - \omega^2 \left(\frac{1}{c^2} - \frac{1}{\beta^2}\right) B(x_3) = 0. \tag{4-24b}$$

考虑到波动在 $x_3 \to \infty$ 时应有限,于是上述二常微分方程的解答将具有形式

$$A(x_3) = A e^{-\omega\sqrt{\frac{1}{c^2}-\frac{1}{\alpha^2}}\, x_3}, \tag{4-25a}$$

$$B(x_3) = B e^{-\omega\sqrt{\frac{1}{c^2}-\frac{1}{\beta^2}}\, x_3}. \tag{4-25b}$$

要使(4-25a)式和(4-25b)式表示的是沿水平方向传播的波,$\sqrt{\frac{1}{c^2}-\frac{1}{\alpha^2}}$ 和 $\sqrt{\frac{1}{c^2}-\frac{1}{\beta^2}}$ 必须为实数,即条件

$$c < \beta < \alpha \tag{4-26}$$

须成立。这说明均匀弹性半空间存在的面波的传播速度应比横波速度小。

波动解(4-23)式和(4-25)式可合并写为

$$\Phi = A e^{-\omega\hat{\eta}_\alpha x_3}\, e^{i\omega(px_1-t)}, \tag{4-27}$$

$$\Psi = B e^{-\omega\hat{\eta}_\beta x_3}\, e^{i\omega(px_1-t)}, \tag{4-28}$$

式中 $\hat{\eta}_\alpha = \sqrt{p^2-\frac{1}{\alpha^2}}$,$\hat{\eta}_\beta = \sqrt{p^2-\frac{1}{\beta^2}}$;$p = \frac{1}{c}$ 是波沿 x_1 方向传播的慢度(速度的倒数称慢度,速度小,则慢度大)。

现根据该解需遵从的自由面边界物理条件来分析可能存在的面波的具体特征。将上二式代入地动位移 u 的位势表达式

$$u = \left(\frac{\partial \Phi}{\partial x_1}, 0, \frac{\partial \Phi}{\partial x_3}\right) + \left(-\frac{\partial \Psi}{\partial x_3}, 0, \frac{\partial \Psi}{\partial x_1}\right) \tag{4-29}$$

后,再分别应用自由面应力为零的边界条件(4-6)式和(4-5)式,可以进一步得到

$$(p^2 - \eta_\beta^2)A - 2p\eta_\beta B = 0, \tag{4-30}$$

$$2p\eta_\alpha A + (p^2 - \eta_\beta^2)B = 0, \tag{4-31}$$

注意这里 $\eta_\alpha = i\hat{\eta}_\alpha$,$\eta_\beta = i\hat{\eta}_\beta$。关于未知系数 A、B 的线性方程组(4-30)式与(4-31)式要有非零解的条件是

$$\begin{vmatrix} (p^2-\eta_\beta^2) & -2p\eta_\beta \\ 2p\eta_\alpha & (p^2-\eta_\beta^2) \end{vmatrix} = 0. \tag{4-32}$$

考虑到 $\eta_\alpha = \sqrt{1/\alpha^2 - p^2}$,$\eta_\beta = \sqrt{1/\beta^2 - p^2}$ 后,由上式可得

$$\left(2p^2 - \frac{1}{\beta^2}\right)^2 - 4p^2\sqrt{p^2-\frac{1}{\alpha^2}}\sqrt{p^2-\frac{1}{\beta^2}} = 0. \tag{4-33}$$

此式称为瑞利方程,是确定瑞利波速度 c(或慢度 $p=1/c$)的方程,等式左端的函数称为瑞利函数 $R(p)$。由于瑞利方程中不含频率因子,即求出的波速 c 与频率无关,这说明沿均匀半无限空间表面传播的瑞利波是无频散的。

为求解瑞利方程(4-33),今将其改写为

$$\left(\frac{2\beta^2}{c^2}-1\right)^2-\frac{4\beta^2}{c^2}\sqrt{\frac{\beta^2}{c^2}-\frac{\beta^2}{\alpha^2}}\sqrt{\frac{\beta^2}{c^2}-1}=0. \tag{4-34}$$

令
$$x=\frac{\beta^2}{c^2},\quad r=\frac{\beta^2}{\alpha^2}, \tag{4-35}$$

则有

$$(2x-1)^2-4x\sqrt{x-r}\sqrt{x-1}=0, \tag{4-36}$$
$$16(1-r)x^3+8(2r-3)x^2+8x-1=0. \tag{4-37}$$

若令 $x=1$，(4-37)式左端$=-1$；若令 $x\rightarrow+\infty$，由于 $r<1$，(4-37)式左端$\rightarrow+\infty$。可见，方程 (4-37)式在 $(1,+\infty)$ 区间内，至少存在一个实根 $x>1$，由(4-35)式中 x 的表达式可知，与此实根对应有 $c<\beta<\alpha$，说明瑞利波速度是小于 S 波速度的。即自由面上可以存在一种 P-SV 耦合面波，其传播速度小于 S 波速度。这种波是由英国人瑞利于 1885 年首先在理论上导出，以后在地震记录中得到证实的。这种面波被命名为瑞利波，记为 LR 或 R。

如果地球介质可以用泊松固体($\lambda=\mu$)近似，则 $r=\frac{\beta^2}{\alpha^2}=\frac{1}{3}$，代入(4-37)式可求得 x 的根为：$x=\frac{1}{4}；\frac{3-\sqrt{3}}{4}；\frac{3+\sqrt{3}}{4}$。除第三个根外，前两个根都不满足(4-26)式列出的面波存在的条件，因此只有第三个根是瑞利方程的真解，将解代入(4-35)式有

$$c=\frac{\beta}{\sqrt{x}}=\frac{2\beta}{\sqrt{3+\sqrt{3}}}\approx0.9194\beta. \tag{4-38}$$

由于方程(4-37)中的参数 r 只与介质的泊松比 ν 有关，即

$$r=\frac{\beta^2}{\alpha^2}=\frac{\mu}{\lambda+2\mu}=\frac{1-2\nu}{2(1-\nu)},$$

式中 λ、μ 是拉梅(Lamé)弹性常数，因而由(4-37)式求解出的瑞利波速也只与泊松比有关。图 4.3 给出了不同泊松比 ν 对应的瑞利波相速度的解(用瑞利波速与纵、横波速的比值给出)。可以看到在泊松比典型变化范围内(0.2~0.4)，其对应的瑞利波相速度在 S 波的 0.9~0.95 倍之间变化。

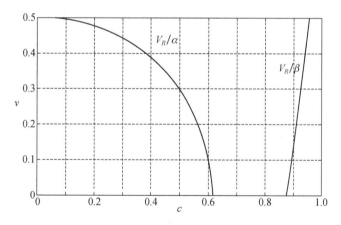

图 4.3 均匀半无限空间中，瑞利波速 V_R 与纵波速 α 和横波速 β 的比值 c 随介质泊松比 ν 的变化

下面讨论瑞利波的质点运动特性。由(4-30)式，有

$$B = \frac{(2 - c^2/\beta^2)}{2c\eta_\beta}A , \tag{4-39}$$

将(4-39)式代入(4-28)式后,并由(4-29)式可得

$$u_1 = \frac{\partial \Phi}{\partial x_1} - \frac{\partial \Psi}{\partial x_3}$$

$$= A\mathrm{i}\omega p \left[\mathrm{e}^{-\omega \hat{\eta}_a x_3} + \frac{1}{2}\left(\frac{c^2}{\beta^2} - 2\right)\mathrm{e}^{-\omega \hat{\eta}_\beta x_3} \right] \mathrm{e}^{\mathrm{i}\omega(px_1 - t)} , \tag{4-40}$$

$$u_3 = \frac{\partial \Phi}{\partial x_3} + \frac{\partial \Psi}{\partial x_1}$$

$$= -A\omega \left[\hat{\eta}_a \mathrm{e}^{-\omega \hat{\eta}_a x_3} + \frac{1}{2c^2 \hat{\eta}_\beta}\left(\frac{c^2}{\beta^2} - 2\right)\mathrm{e}^{-\omega \hat{\eta}_\beta x_3} \right] \mathrm{e}^{\mathrm{i}\omega(px_1 - t)} . \tag{4-41}$$

若仅取(4-40)式及(4-41)式的实数项描述瑞利波地面运动,可取

$$u_1 = -A\omega p \left[\mathrm{e}^{-\omega \hat{\eta}_a x_3} + \frac{1}{2}\left(\frac{c^2}{\beta^2} - 2\right)\mathrm{e}^{-\omega \hat{\eta}_\beta x_3} \right] \sin[\omega(px_1 - t)] , \tag{4-42}$$

$$u_3 = -A\omega \left[\hat{\eta}_a \mathrm{e}^{-\omega \hat{\eta}_a x_3} + \frac{1}{2c^2 \hat{\eta}_\beta}\left(\frac{c^2}{\beta^2} - 2\right)\mathrm{e}^{-\omega \hat{\eta}_\beta x_3} \right] \cos[\omega(px_1 - t)] . \tag{4-43}$$

对于泊松固体,(4-42)、(4-43)式可进一步写为

$$u_1 = -Ak(\mathrm{e}^{-0.85kx_3} - 0.58\mathrm{e}^{-0.39kx_3})\sin(kx_1 - \omega t) ,$$
$$u_3 = -Ak(0.85\mathrm{e}^{-0.85kx_3} - 1.47\mathrm{e}^{-0.39kx_3})\cos(kx_1 - \omega t) , \tag{4-44}$$

式中 $k = \omega p = \omega/c$ 是角频率为 ω 的瑞利波的波数。对地表面记录的瑞利波有 $x_3 = 0$,则有

$$u_1 = -0.42Ak\sin(kx_1 - \omega t) ,$$
$$u_3 = 0.62Ak\cos(kx_1 - \omega t) . \tag{4-45}$$

(4-45)式表达地表瑞利波质点为一逆进椭圆的运动轨迹(图 4.4),即瑞利波的质点振动是在传播面上作逆进椭圆运动,椭圆的长轴方向垂直自由面,质点垂直方向振幅约为水平方向的 1.5 倍。实际记录的地震图上,瑞利波的垂直向记录显著强于水平向记录也证实了以上的理论推断。

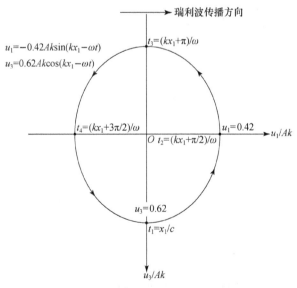

图 4.4 地表瑞利波质点运动轨迹图

由(4-44)式可以看到,瑞利波的振幅总体上显示出随深度呈指数衰减的特征,但这种衰减并不是单调的,在约 0.193λ 深度处(λ 为波长),u_1 为 0,该深度以下的瑞利波的质点运动变为顺进椭圆(图 4.5 右)。

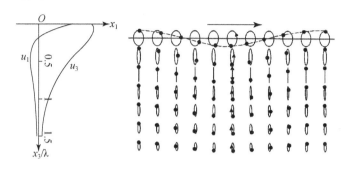

图 4.5　瑞利波振幅随深度衰减(左)及质点运动轨迹图随深度的变化(右),λ 为波长

(Shearer,1999)

小结:

(1)瑞利波可以在半无限均匀弹性介质空间上传播,在均匀半空间中传播时无频散,传播速度小于 S 波速度,大约为 S 波速度的 0.91 倍。

(2)瑞利波沿自由面传播,其振幅随深度大体呈指数衰减。瑞利波在地表面的质点运动轨迹为逆进椭圆,垂直方向振幅约为水平方向振幅的 1.5 倍。在大约 1/5 波长的深度以下,质点振动轨迹变为顺进椭圆。

(3)瑞利波是 P-SV 耦合的面波,理想的瑞利波没有垂直于传播平面的切向(SH 型)振动分量。

(4)半无限非均匀弹性介质空间(如分层均匀半空间)的自由面上也存在瑞利波,但这种瑞利波存在频散,即不同频率的波有不同的传播速度(相速度)。由于地球不是均匀介质体,且通常地下深层的波速比浅层的快,频率愈低(或波长愈长)的瑞利波穿透的深度愈深,因而传播速度愈快,所以在地震记录上低频波先到达,高频波后到达,会形成瑞利波的有明显波散特征的记录(见图 4.1)。面波频散曲线可以作为反演地下介质速度结构的重要资料之一。

4.3　洛　夫　波

自由面边界条件表明 SH 波不可能沿自由面独立传播。由动量守恒定律不难理解,SH 波在传播过程中是不会与 P 波或 SV 发生转换或能量与动量的交换的,因此自由面上也不可能存在 SH 波与 P 波或 SV 波耦合在一起,形成一种新的面波,沿自由面传播。那么,什么样的介质条件下,可能产生沿界面传播的 SH 型面波呢?为使 SH 波能局限在地表附近传播,地下必须有一种波速分布结构,能使 SH 波的能量向地面附近转移。

考虑有一个如图 4.6 所示的双层地球介质模型,在半无限均匀弹性介质空间上覆盖了一个厚度为 H 的均匀弹性层。由层内射向层底面的 SH 波将在界面上发生反射和透射,如果下层的 S 波速度低于上面覆盖层中的 S 波速度,则透射波的射线将更偏向下垂线(x_3 轴)方向,这样将会有更多的 SH 波能量透射到地下去,不利于 SH 波局限在浅层传播。今假定下层的 S

波速度 β_2 大于上层波速 β_1,这时透射波射线将更接近水平方向。特别是,当上层 SH 波的入射角达到和超过临界入射角 $\arcsin(\beta_1/\beta_2)$ 时,下层的 SH 波将沿水平方向传播,上层的 SH 波将不再向地下透射,这时上面低速的覆盖地层就成了 SH 波的波导层。

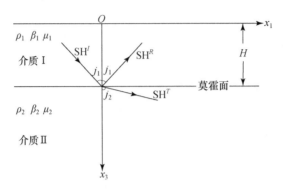

图 4.6 双层地球介质模型中 SH 波入射

现根据图 4.6 的地层模型,假定 $\beta_2 > \beta_1$,具体分析能否存在沿水平方向传播的 SH 波,以及这种波的具体特点。考虑覆盖层内的 SH 波向下入射的情形。由于 SH 波不与 P 波或 SV 波发生转换,因此可直接使用位移函数 $V(x_1, x_3, t)$,而不需要如上节那样借用位移势函数。SH 入射波、反射波及透射波的位移可分别表示为

$$V^I = Ae^{i\omega(px_1 + \eta_{\beta_1} x_3 - t)}, \tag{4-46}$$

$$V^R = Be^{i\omega(px_1 - \eta_{\beta_1} x_3 - t)}, \tag{4-47}$$

$$V^T = Ce^{i\omega(px_1 + \eta_{\beta_2} x_3 - t)}, \tag{4-48}$$

位移的方向皆是 x_2 轴的方向。地表自由面的边界条件是

$$\sigma_{32}|_{x_3=0} = \mu_1\left[\frac{\partial(V^I + V^R)}{\partial x_3}\right]\Big|_{x_3=0} = 0, \tag{4-49}$$

在深度为 H 的地层分界面处的位移连续条件是

$$(V^I + V^R)|_{x_3=H} = V^T|_{x_3=H}, \tag{4-50}$$

在深度 H 处的应力连续条件 $\sigma_{32}|_{x_3=H^-} = \sigma_{32}|_{x_3=H^+}$ 导致

$$\mu_1\left[\frac{\partial(V^I + V^R)}{\partial x_3}\right]\Big|_{x_3=H^-} = \mu_2\frac{\partial V^T}{\partial x_3}\Big|_{x_3=H^+}. \tag{4-51}$$

将(4-46)~(4-48)式的位移表达式代入上面三个界面条件,可得到

$$Ai\omega\eta_{\beta_1} - Bi\omega\eta_{\beta_1} = 0, \tag{4-52}$$

$$Ae^{i\omega\eta_{\beta_1} H} + Be^{-i\omega\eta_{\beta_1} H} = Ce^{i\omega\eta_{\beta_2} H}, \tag{4-53}$$

$$\mu_1[i\omega\eta_{\beta_1} Ae^{i\omega\eta_{\beta_1} H} - i\omega\eta_{\beta_1} Be^{-i\omega\eta_{\beta_1} H}] = \mu_2 i\omega\eta_{\beta_2} Ce^{i\omega\eta_{\beta_2} H}. \tag{4-54}$$

令

$$b_1 = \omega\eta_{\beta_1}, \quad b_2 = \omega\eta_{\beta_2}, \tag{4-55}$$

则(4-52)、(4-53)、(4-54)式可以简化为

$$A = B, \tag{4-52}'$$

$$A[e^{ib_1 H} + e^{-ib_1 H}] - Ce^{ib_2 H} = 0, \tag{4-53}'$$

$$A\mu_1\eta_{\beta_1}[e^{ib_1 H} - e^{-ib_1 H}] - C\mu_2\eta_{\beta_2} e^{ib_2 H} = 0. \tag{4-54}'$$

方程组(4-53)′、(4-54)′式振幅 A、C 有非零解的条件为

$$\begin{vmatrix} (e^{ib_1H}+e^{-ib_1H}) & -e^{ib_2H} \\ \mu_1\eta_{\beta_1}(e^{ib_1H}-e^{-ib_1H}) & -\mu_2\eta_{\beta_2}e^{ib_2H} \end{vmatrix}=0, \tag{4-56}$$

$$\tan(\omega\eta_{\beta_1}H)=\frac{\mu_2\eta_{\beta_2}}{i\mu_1\eta_{\beta_1}}. \tag{4-57}$$

① 当上层入射 SH 波的入射角 $j_1<j_c=\sin^{-1}(\beta_1/\beta_2)$

$c=\dfrac{1}{p}=\dfrac{\beta_2}{\sin j_2}>\beta_2>\beta_1$，则 $\eta_{\beta_1}=\sqrt{\dfrac{1}{\beta_1^2}-\dfrac{1}{c^2}}$ 和 $\eta_{\beta_2}=\sqrt{\dfrac{1}{\beta_2^2}-\dfrac{1}{c^2}}$ 均为实数，方程(4-57)无解，不存在满足界面条件的波。

② 当 $j_1=j_c=\sin^{-1}(\beta_1/\beta_2)$

$\sin j_2=1,c=\beta_2$，则 $\eta_{\beta_2}=0$，方程(4-57)仅有零解，不存在有意义的波。

③ 当 $j_1>j_c=\sin^{-1}(\beta_1/\beta_2)$

$\beta_1<c<\beta_2$，则 $\eta_{\beta_1}=\sqrt{\dfrac{1}{\beta_1^2}-\dfrac{1}{c^2}}$ 仍为实数；但 $\eta_{\beta_2}=\sqrt{\dfrac{1}{\beta_2^2}-\dfrac{1}{c^2}}=i\hat{\eta}_{\beta_2}$ 为纯虚数，于是方程(4-57)有解。为了更清楚地表达方程(4-57)的解，可将其写为

$$\tan\left(\omega H\sqrt{\frac{1}{\beta_1^2}-\frac{1}{c^2}}\right)=\frac{\mu_2\sqrt{1/c^2-1/\beta_2^2}}{\mu_1\sqrt{1/\beta_1^2-1/c^2}}. \tag{4-58}$$

(4-58)式清楚地表明，实数 c 的解必须在 $\beta_1<c<\beta_2$ 的范围内；由于三角函数的多值性，存在关于 c 的多个解。满足(4-58)式解的 SH 型波称为 Love 波，记为 LQ 或 G。Love 波是多阶波，n 阶 Love 波的相速度 c_n 由下式求得：

$$\omega H\sqrt{\frac{1}{\beta_1^2}-\frac{1}{c_n^2}}=\arctan\left[\frac{\mu_2\sqrt{1/c_n^2-1/\beta_2^2}}{\mu_1\sqrt{1/\beta_1^2-1/c_n^2}}\right]+n\pi,\quad n=0,1,2,\cdots, \tag{4-59}$$

式中 n 为 Love 波的阶数。$n=0$ 所对应的 Love 波称为基阶 Love 波，其他称高阶 Love 波。观测表明 Love 波的能量主要集中在基阶波上。(4-59)式表明 Love 波的相速度不仅与阶数有关，还与波的频率有关。即同阶 Love 波因频率不同，相速度不同。这种相速度与频率有关的现象称为频散，(4-59)式也经常被称为 Love 波的频散方程。

图 4.7 左图是 Love 波频散方程(4-58)的图解表示，实线表示(4-58)式左端的函数，虚线表示其右端的函数，实线与虚线的交点即是方程(4-58)的解，交点的数值决定了 ω 和 c 的联合取值，而 Love 波的相速度 c 的取值在 (β_1,β_2) 的范围内变化。图 4.7 右图是基阶和高阶 Love 波的相速度频散曲线图，由图可见，频率愈高的波，相速度愈趋近覆盖层介质的 S 波速度；同阶情况下，低频波相速度较大；同频率情况下，高阶波相速度较大。基阶波的频率范围是 $(0,+\infty)$，而高阶波的高频可以趋于很大，但低频存在截止点。由(4-59)式可以看出，当 $c_n\to\beta_2$ 时，arctan 函数值 $\to0$，于是高阶 Love 波的截止低频为

$$\omega_{cn}=\frac{n\pi}{H\sqrt{1/\beta_1^2-1/\beta_2^2}},\quad n=0,1,2,\cdots, \tag{4-60}$$

截止波长

$$\lambda_{cn}=\frac{2\pi}{\omega_{c_n}}c_n=\frac{2H\sqrt{\beta_2^2/\beta_1^2-1}}{n},\quad n=0,1,2,\cdots. \tag{4-61}$$

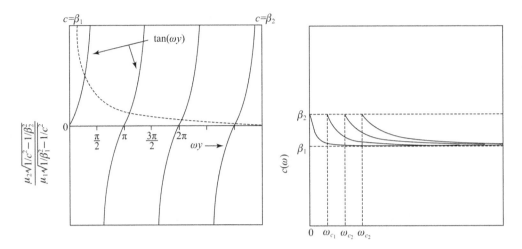

图 4.7   Love 波频散方程(4-58)的图解(左)及频散曲线图(右)

(左图中 $y = H \sqrt{1/\beta_1^2 - 1/c^2}$)

根据(4-46)~(4-48)式,并考虑(4-52)′式,在上覆盖层中 SH 波的位移为

$$
\begin{aligned}
V_I = V^I + V^R &= A e^{i\omega(px_1 + \eta_{\beta_1} x_3 - t)} + B e^{i\omega(px_1 - \eta_{\beta_1} x_3 - t)} \\
&= A(e^{i\omega\eta_{\beta_1} x_3} + e^{-i\omega\eta_{\beta_1} x_3}) e^{i\omega(px_1 - t)} \\
&= 2A\cos(\omega\eta_{\beta_1} x_3) e^{i\omega(px_1 - t)}, \quad x_3 < H.
\end{aligned} \tag{4-62}
$$

下层中的位移为

$$
V_{II} = V^T = C e^{i\omega(px_1 + \eta_{\beta_2} x_3 - t)} = C e^{-\omega\hat{\eta}_{\beta_2} x_3} e^{i\omega(x_1 p - t)}, \quad x_3 \geqslant H. \tag{4-63}
$$

(4-62)式及(4-63)式表明,如果在半无限弹性介质上覆盖有低速盖层,则存在沿水平方向传播的 SH 型面波,其传播速度 c 在低速盖层与高速下层的 S 波速度之间,即 $\beta_1 < c < \beta_2$。这是英国物理学家洛夫 1911 年首先从理论上提出存在这种 SH 型面波,因此被称为洛夫波。下层中的洛夫波振幅是按指数单调衰减的,而上覆盖层中的洛夫波振幅是按余弦函数变化的,自由面振幅最大。

现在讨论盖层中 n 阶 Love 面波振幅随深度的变化。由(4-59)式有

$$
\omega\eta_{\beta_1} = \omega\sqrt{\frac{1}{\beta_1^2} - \frac{1}{c_n^2}} = \frac{\arctan\left[\dfrac{\mu_2 \sqrt{1/c_n^2 - 1/\beta_2^2}}{\mu_1 \sqrt{1/\beta_1^2 - 1/c_n^2}}\right] + n\pi}{H}. \tag{4-64}
$$

令

$$
g = \arctan\left[\frac{\mu_2 \sqrt{1/c_n^2 - 1/\beta_2^2}}{\mu_1 \sqrt{1/\beta_1^2 - 1/c_n^2}}\right],
$$

根据(4-62)式,盖层中节面深度(即:振幅恒为 0 的深度面)x_3 应该满足条件:

$$
\cos(\omega\eta_{\beta_1} x_3) = \cos\left[\left(\frac{g + n\pi}{H}\right)x_3\right] = 0,
$$

即应有

$$
\left(\frac{g + n\pi}{H}\right)x_3 = \left(m + \frac{1}{2}\right)\pi, \quad m = 0, \pm 1, \pm 2\cdots.
$$

振动节面的深度应是

$$
x_3 = \left[\frac{(m+1/2)\pi}{g + n\pi}\right]H, \quad m = 0, \pm 1, \pm 2\cdots, \tag{4-65}
$$

由于节面深度取值只能在 0 和 H 之间,即 $0 \leqslant x_3 \leqslant H$,于是应有

$$0 < \frac{(m+1/2)\pi}{g+n\pi} \leqslant 1$$

因为 $0 < g \leqslant \dfrac{\pi}{2}$，所以上式中的 m 不能取负值，于是(4-65)式应修改为

$$x_3 = \frac{(m+1/2)\pi}{(g+n\pi)}H, \quad m = 0,1,2,\cdots,n-1 \tag{4-66}$$

可见 n 阶洛夫波在盖层中存在 n 个振幅为 0 的节面，各节面的深度由(4-66)式决定。图 4.8 显示了根据(4-62)和(4-63)式绘出的基阶、1 阶和 2 阶洛夫波振幅随深度的变化。

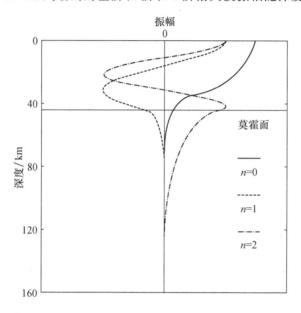

图 4.8　基阶($n=0$)、1 阶($n=1$)和 2 阶($n=2$)Love 波振幅随深度变化图

小结：

(1) 洛夫面波可以在半无限均匀弹性介质上部存在低速覆盖层的结构中产生，沿水平层面传播，传播速度介于上、下两层介质的 S 波速度之间，速度大小与频率有关(存在频散)。洛夫波的传播速度比瑞利波快。

(2) 洛夫面波存在多阶振型，但其能量主要集中在基阶波上，基阶波的振幅在地表最大。洛夫波振幅在盖层内随深度按余弦函数变化，在下层按指数随深度衰减。洛夫波的质点振动方式与 SH 波同，是在垂直于传播方向的水平方向上振动。

(3) 洛夫面波是 SH-SH 相干面波，理论上没有垂向分量和径向分量。

实际的地壳、上地幔结构更接近多个分层的非均匀弹性半空间，这种结构的 Love 波频散远较(4-59)式描述的频散方程复杂。这种结构下，不仅洛夫波存在频散，瑞利波也有频散，并且还存在有频散的高阶瑞利波。图 4.9 给出一个记录的实例。

由频散方程可以看到，不同频率的面波受介质影响的深度是不同的。频率愈低(或波长愈长)的面波穿透的深度就愈深，深处的介质特性就会对它的传播产生影响。由于地球的分层结构不一样，频散方程就不一样。通过将观测的面波频散曲线与不同地球结构模型的理论频散曲线的比较，可以探测地球深部的速度结构。面波频散资料是反演地下介质速度结构的重要资料之一。

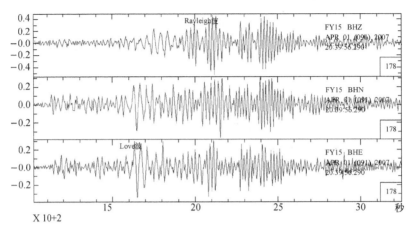

图 4.9 北京大学布设在山西的临时地震台记录的 $M_S 8.0$ 地震的面波记录

2007 年 4 月 1 日发生在所罗门群岛(震中距 60.5°)

瑞利波和洛夫波是面波的两种基本类型。在成层或速度随深度变化的介质中,还存在其他类型的面波和导波。

4.4 面波的传播,相速度与群速度

地震学中,周期很长的瑞利型地幔波和洛夫型地幔波震相分别记为 R 波和 G 波。G 波是以美国地震学家 B. Gutenberg 的名字命名的。地球的球形表面对面波的传播产生重要影响。如图 4.10 所示,大地震震源激发的 R 波和 G 波,可以从震源出发沿两个相反的大圆弧传播至记录台,沿短大圆弧传播至台站的瑞利波和洛夫波震相为 R_1 和 G_1,沿长大圆弧经震源对蹠点传至台站的 R 波和 G 波记为 R_2 和 G_2。绕整个地球一周后又沿短大圆弧传至台站的记为 R_3 和 G_3,而绕一周后又沿长大圆弧传至台站的记为 R_4 和 G_4,余类推。G 波绕地球一周约需 2.5 小时,R 波绕一周约需 3 小时。

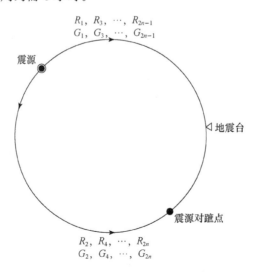

图 4.10 地球上长周期地幔面波传播路径示意图

值得注意的是,从震源沿相反方向大圆弧传至对蹠点的 R 波,相位相同,在对蹠点将发生各方向来的 R 波的会聚和波的相长干涉,从而使对蹠点的 R 波很强;而从震源沿相反方向大圆弧传至对蹠点的 G 波(洛夫波)相位正好相反,在对蹠点上发生相消干涉,因此对蹠点的 G 波(在水平的切向分量)将相当弱。这些在实际观测中得到了证实(图 4.11)。

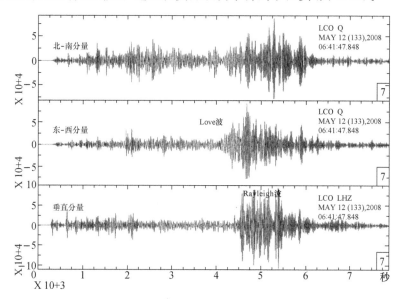

图 4.11　LCO 台(智利中部,属 GSN 台网)记录的汶川地震的三分量地震图
2008 年 5 月 12 日四川省汶川 $M_S8.0$ 地震(震中距 174.45°)

地震波通常含有不同频率的波动成分。由于地球内部存在不均匀(包括分层不均匀)的介质结构,地球介质还存在非完全弹性的性质,因此,不同频率成分的波动可能有不同的传播速度。地震波的传播速度随波的频率而变化的现象称为波的频散或波散(dispersion)。单一频率成分的波动传播的速度称为波的相速度(波的同相面在空间的移动速度),含不同频率成分的合成波的能量极大值在空间的移动速度称为波的群速度。体波的频散主要是由于介质对波动能量的非弹性吸收引起;面波的频散主要由地球内部速度的纵向(深度方向)和横向变化的不均匀性引起,在地震图上(尤其是远震记录)显示得非常清楚。本节重点讨论面波的频散。

4.4.1　相速度、群速度及 Airy 相

为了理解群速度的概念,我们先考虑一种简单情形。设沿地表 x 方向有两组振幅相同、频率相差不大的单色波一起传播,并设一组波的角频率为 ω,相应波数为 k,另一组波的频率为 $(\omega+2\delta\omega)$,相应波数为 $(k+2\delta k)$,其中 $\delta\omega,\delta k$ 为小量。两个子波叠加的位移场为

$$
\begin{aligned}
u &= A\cos(\omega t - kx) + A\cos[(\omega + 2\delta\omega)t - (k + 2\delta k)x] \\
&= 2A\cos(\delta\omega t - \delta k x)\cos(\omega t - kx) \\
&= 2A\cos[\delta\omega(t - x/U)]\cos[\omega(t - x/c)],
\end{aligned} \tag{4-67}
$$

式中
$$
c = \omega/k, \quad U = \delta\omega/\delta k. \tag{4-68}
$$

(4-67)式包含有两个余弦函数乘积因子:前一个因子的变化较后一个要慢得多,表示的是总位移场的振幅变化沿 x 方向以 U 的速度传播;后一个因子表示的是整个叠加波列沿 x 方向以

c 的速度传播。图 4.12 显示了叠加波动的传播过程,可以看到,U 实际描述的是叠加后的波包(拍)的传播速度,称之为群速度,因此群速度也是波的能量传播速度。

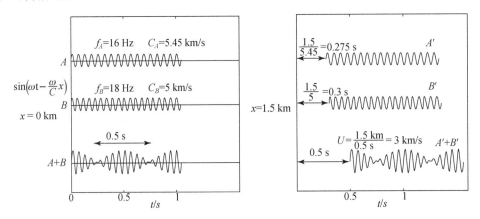

图 4.12　两列频率相近、相速度相近的单色波的叠加波(左)及其传播过程(右)示意图
(据 Lay & Wallace,1995 P.141)

由(4-68)式可导出群速度 U 与相速度 c 的关系:

$$U = \delta\omega/\delta k = \frac{\delta(kc)}{\delta k} = c + k\frac{\delta c}{\delta k}. \tag{4-69}$$

如果相速度与频率(或波数)无关(即无频散),则 $\frac{\delta c}{\delta k}=0$,$U=c$,即群速度与相速度相等;当相速度与频率(或波数)是正变关系时,则 $\frac{\delta c}{\delta k}>0$,$U>c$;当相速度与频率(或波数)是反变关系时,则 $\frac{\delta c}{\delta k}<0$,$U<c$。图 4.12 所示例子即是后一情况,即高频率波的相速度小,因而群速度小于相速度。由于地壳和地幔介质整体上表现出地震波速度随深度增加而增大的趋势,而高频波穿透介质的深度小于低频波,因此高频波的相速度要比低频波的慢些,即 $\left(\frac{\partial c}{\partial k}\right)<0$;一般皆是群速度小于相速度。但对部分穿越低速层的频段的波,相速度与频率(或波数)将是正变关系,在这种特殊频段上,群速度大于相速度。须注意的是,当相速度随频率变化时,相应的群速度也可能随频率变化。

图 4.13 显示了均匀半无限空间上覆盖一均匀盖层、上层波速低于下层波速的典型结构中瑞利波和洛夫波的理论频散曲线。群速度频散曲线上的极小值相对应的频率 ω_a(或周期 T_a)点意味着该频率附近的简谐波群将几乎是同时到达,从而在地震图上形成一个大振幅的震相,称之为艾里(Airy)相。在大陆地区,面波所对应的艾里相在周期约 20 秒的地方出现,对超长周期的记录图,在周期约 200 秒附近还能发现一个艾里相。

实际传播的地震波,其频率组成是连续的。那么,实际记录的地震面波应该是什么形态?

设在频率 ω_0 附近,有一组频率连续的面波,沿 x 方向传播。在 $(\omega_0-\Delta\omega,\omega_0+\Delta\omega)$ 频率范围内连续分布,其振幅 A 基本相同,相速度为 $c(\omega)$,波数为 $k(\omega)$,

$$k(\omega) = k_0 + \frac{\mathrm{d}k}{\mathrm{d}\omega}\bigg|_{\omega=\omega_0}(\omega-\omega_0) = k_0 + k_0'(\omega-\omega_0),$$

则该组波的叠加位移为

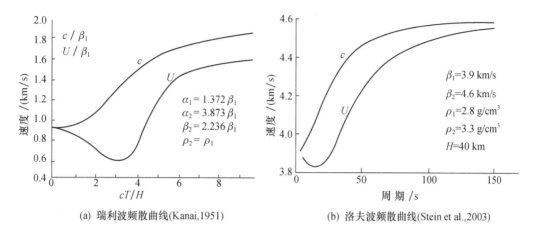

(a) 瑞利波频散曲线(Kanai,1951)　　　　　　(b) 洛夫波频散曲线(Stein et al.,2003)

图 4.13　均匀半无限空间上覆盖一厚度 H 的均匀盖层、上层波速低于下层波速的典型结构中瑞利波和洛夫波的理论频散曲线[α、β 和 ρ 分别是 P 波速、S 波速和密度,角标 1、2 指示上、下层,c 是相速,U 是群速;左图的横坐标是将周期以地壳厚度表达的(相速度 * 周期/地壳厚度)]

$$
\begin{aligned}
u &= A \int_{\omega_0-\Delta\omega}^{\omega_0+\Delta\omega} e^{i(kx-\omega t)} \, d\omega = A \int_{\omega_0-\Delta\omega}^{\omega_0+\Delta\omega} e^{i(k_0 x+k_0'\omega x-k_0'\omega_0 x-\omega t)} \, d\omega \\
&= A e^{ik_0 x} e^{-ik_0'\omega_0 x} \int_{\omega_0-\Delta\omega}^{\omega_0+\Delta\omega} e^{i(k_0'\omega x-\omega t)} \, d\omega \\
&= A e^{ik_0 x} e^{-ik_0'\omega_0 x} \frac{e^{i(k_0'x-t)(\omega_0+\Delta\omega)} - e^{i(k_0'x-t)(\omega_0-\Delta\omega)}}{i(k_0'x-t)} \\
&= A e^{ik_0 x} e^{-ik_0'\omega_0 x} e^{ik_0'\omega_0 x} e^{-i\omega_0 t} \frac{e^{i\Delta\omega(k_0'x-t)} - e^{-i\Delta\omega(k_0'x-t)}}{i(k_0'x-t)} \\
&= 2A\Delta\omega \frac{\sin Y}{Y} e^{i(k_0 x-\omega_0 t)} ,
\end{aligned}
\tag{4-70}
$$

式中
$$
Y = \Delta\omega(k_0'x-t). \tag{4-71}
$$

　　与(4-67)式的意义相近,(4-70)式表明,叠加波场的前一个因子的变化较后一因子要慢得多,后一个因子表示的是整个叠加波场以 $c(\omega_0)=\omega_0/k_0$ 的相速度沿 x 方向传播;前一个因子 $\sin Y/Y$ 是振幅调制因子,在地震图上形成一个鱼状的波包,该波包的传播速度,由(4-71)式可导出正是(4-69)式表达的群速度。

4.4.2　相速度、群速度的测量

　　因为频散,面波在传播过程的波形将不断发生改变,相速度较大的频带的子波与相速度较小的频带的子波的到达时间随传播距离的增大将逐渐被拉开。面波波场可以表达为
$$
u(x,t) = \int_0^{+\infty} A(\omega)\exp[i(kx-\omega t-\varphi_0)]d\omega,
$$
令
$$
\theta = kx-\omega t-\varphi_0 = k(x-ct)-\varphi_0.
$$
面波波群的振幅极大值一般出现在相位 θ 取稳定值处,即当
$$
\left.\frac{d\theta}{dk}\right|_{k=k_0} = \left.\left(x-ct-kt\frac{dc}{dk}\right)\right|_{k=k_0} = 0 \tag{4-72}
$$

时,由此式可求出与特定波数 k_0 对应的波群的群速度为

$$\frac{x}{t} = c + \left(k\,\frac{\mathrm{d}c}{\mathrm{d}k} \right)\Bigg|_{k=k_0} = U(k_0). \qquad (4\text{-}73)$$

(4-73)式即是测量群速度 U 的基本原理公式。图 4.14 给出了一个地震波记录的实例。

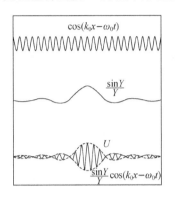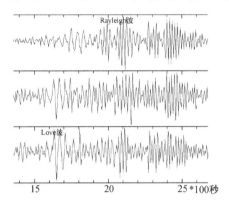

图 4.14 $\cos(k_0 x - \omega_0 t)$、$\dfrac{\sin Y}{Y}$ 和 $\dfrac{\sin Y}{Y}\cos(k_0 x - \omega_0 t)$ 随时间 t 变化的曲线(左)

及实际面波记录频散波包图(右)

使用数字地震记录后,出现了许多基于数字信号处理技术的面波相速度和群速度的测量方法,例如时频分析法(frequency-time analysis,FTAN,Levshin et al.,1992[13])1992 年由俄国 Levshin A 提出,目前应用较广,下面介绍 FTAN 方法的基本原理。

1. 确定群速度频散曲线的时频分析法(FTAN)

将去除趋势变化后的面波地震记录时间序列 $w(t)$,经傅里叶变换后得到其频谱 $W(\omega)$,再经仪器响应校正后得到地动信号的傅氏谱 $\overline{W}(\omega)$(复数谱,含振幅谱和相位谱)。选择一系列中心频率为 ω_j 的窄带滤波器 $H(\omega-\omega_j)$ 对 $\overline{W}(\omega)$ 进行多重滤波。常常选用高斯滤波函数作为窄带数字滤波器:

$$H(\omega - \omega_j) = \exp\left[-\alpha_j \left(\frac{\omega - \omega_j}{\omega_j} \right)^2 \right], \quad j = 1, \cdots, N, \qquad (4\text{-}74)$$

式中 α_j 是个控制频带相对宽度的参数。

再对每个窄带滤波的信号谱进行傅氏逆变换,可得到各个频带的时间信号函数

$$S(\omega_j, t) = \int_{-\infty}^{+\infty} \overline{W}(\nu) H(\nu - \omega_j) \mathrm{e}^{\mathrm{i}\nu t} \,\mathrm{d}\nu, \quad j = 1, 2, \cdots, N \qquad (4\text{-}75)$$

对一定的中心频率 ω_j,时间域的复数信号 $S(\omega_j, t_k)$ 的模 $|S(\omega_j, t_k)|$ 是窄频信号的包络线(参见图 4.15),而其相位 $\varphi(\omega_j, t_k) = \arg S(\omega_j, t_k)$ 是第 j 个滤波器窄频输出信号的时间相位。图 4.15 给出面波记录的一个窄频滤波的例子。

实际计算中需存储两个矩阵:

$$|S(\omega_j, t_k)|, \quad j = 1, \cdots, N; \quad k = 1, \cdots, M;$$
$$\varphi(\omega_j, t_k), \quad j = 1, \cdots, N; \quad k = 1, \cdots, M.$$

格点 (ω_j, t_k) 之间的数据通过插值得到。由二维数组 $|S(\omega_j, t_k)|$ 可计算出各格点的相对幅值的分贝数 D_{jk}:

$$D_{jk} = 20\lg\left[\frac{|S(\omega_j, t_k)|}{\max_{j,k}|S(\omega_j, t_k)|} \right], \quad j = 1, \cdots, N; \quad k = 1, \cdots, M; \qquad (4\text{-}76)$$

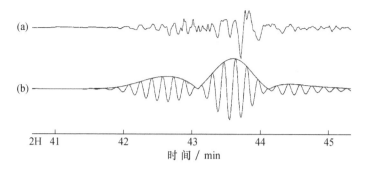

图 4.15　面波记录窄频滤波结果一例

（a）南非一台站记到的马拉维（东南非洲）一个 M5.5 浅震（距离 1288 km）的长周期垂
直向记录；（b）经周期为 10 s 的窄频滤波后的时域波形，包络线是由时域信号的实部
与虚部计算出的模函数（Dziewonski et al.,1969）.

由二维数组 D_{ij} 可作出面波的时-频图像，由图像中与每个频率 ω_j（或周期 T_j）相应 $|S(\omega_j, t_k)|$ 的相对最大幅值，可确定出与该窄频波群振幅包络线极值（图 4-15(b)）相应的波群走时 τ_k（与"群速度"相应，有人称此为"群走时"），并继而由 r/τ_k 确定出相应群速度 $U_k(\omega_j)$，r 是震中距。由数组 $U_k(\omega_j)$（$j=1,\cdots,N$；$k=1,\cdots,M$）可作出确定面波群速度频散曲线的面波时频分析结果图。图 4.16 给出一例，图中间排列的小黑方块标出了群速度频散曲线。

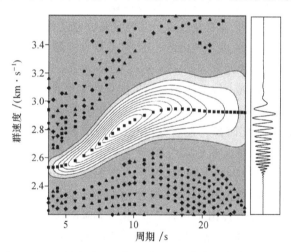

图 4.16　用时频分析法提取瑞利波群速度频散曲线一例

左图灰度表示各频段波群的相对振幅大小，亮区等值线勾出了振幅极值
区，中间的黑方块表示波散曲线位置；右侧图是去除体波、高阶面波和噪
音后的垂直向瑞利波（引自 冯梅等,2007）

2. 相速度频散曲线的确定

常用双台法测量面波相速度。选择位于同一地球大圆弧上的两个震中距合适的台站，设已用时频分析法求出了两台某频段信号的群走时曲线 $\tau^1(\omega)$ 和 $\tau^2(\omega)$，以及窄频信号的时间相位 $\varphi^1(\omega)$ 和 $\varphi^2(\omega)$，则相速度为

$$C(\omega) = \frac{r_1 - r_2}{\tau^1(\omega) - \tau^2(\omega) - [\varphi^1(\omega) - \varphi^2(\omega) + 2\pi n]/\omega}, \tag{4-77}$$

这里 n 是个待选常数,选择其值要使 $C(\omega)$ 相对于低频的数值处在合适的取值范围内。由 (4-77) 式确定了与一系列频率相应的相速度后,即可得到频散曲线。

附 4.1　波场拟合法反演频散曲线的 2D 横向分布

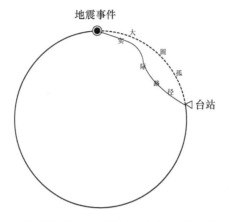

图 1　实际面波的传播可能偏离大圆弧(虚线),而沿实线所示的表面路径传播

　　实际地球介质具有横向不均匀性,使得面波的传播并不完全沿大圆弧路径(图 1),即存在偏离"面波是一种沿大圆弧路径传播的平面波假设"的非平面波成分。Wielandt 等自 1993 年来发表的系列理论研究表明,单台法及双台法测量面波速度及提取面波频散特性的理论基础隐含的"面波是一种沿大圆弧路径传播的平面波"假设在实际中是不成立的,从而导致所测量的面波相速度是波场动态相速度(dynamic wave phase velocities)而不是与介质结构直接相关的结构相速度(structural phase velocities),两者间存在系统性偏差。基于地震面波非平面波场(non-planar wavefield)理论,Friederich & Wielandt 于 1995 年提出了一种通过拟合二维地震台阵记录的面波波场(同时拟合面波振幅与相位)反演面波相速度频散曲线横向分布的方法,从而可能用面波资料反演地震记录台阵底下介质的 3D 速度结构。然而,Friederich 的方法存在反演参数过多的缺陷,从而导致实际反演中可能出现解的不唯一。Forsyth 等 1998 年基于非平面波波场可以简单地用两组平面波的干涉效应表达,对 Friederich 的方法进行了全面改进,提出了一种新的用二维地震台阵记录的面波反演面波相速度方法。该方法将每个地震的波场函数的参数由 Friederich 方法的 44 个减为 6 个,从而大大提高了解的唯一性和稳定性,并能高分辨地反演台阵底下结构的横向变化。

4.5　地球自由振荡

　　钟受到敲击时,会发生振荡,振荡的特征频率由钟的形状与内部物质结构共同决定。同样,地球上发生一个大地震后,也会使整个地球振荡起来。这种情形与体波或面波的传播不同。体波和面波是在地球体内或地球表面上行进着的扰动,在任意给定的时刻,发生运动的介质只是地球的一部分。而地球自由振荡是整个地球在同时振动。地球振荡的特征频率受地球形状、尺度(如半径)和地球内部物质结构的约束。因此,研究地球自由振荡也是认识地球内部整体结构的重要途径之一。

为了解影响地球自由振荡的基本几何和物理因素,我们先讨论简单的弦振动和均匀液体球的自由振动问题。

4.5.1　弦的振动,驻波

如图 4.17 所示,设有长度为 L 的弦,两端固定。

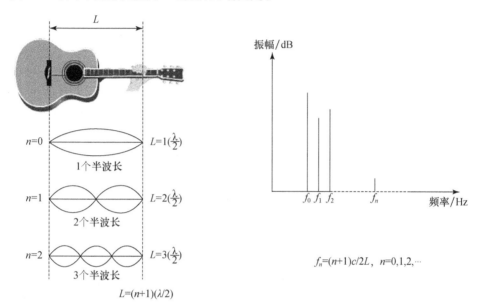

$f_n=(n+1)c/2L,\ n=0,1,2,\cdots$

图 4.17　琴弦振动的本征振型

取弦的静止位置为 x 轴,用弦质元横向小位移 $u(x,t)$ 表达的弦的运动方程为

$$\frac{\partial^2 u}{\partial x^2} = \frac{1}{c^2}\frac{\partial^2 u}{\partial t^2}. \tag{4-78}$$

(4-78)式的一般解为

$$u(x,t) = C_1\exp[\mathrm{i}\omega(t-x/c)] + C_2\exp[\mathrm{i}\omega(t+x/c)]$$
$$+ C_3\exp[-\mathrm{i}\omega(t-x/c)] + C_4\exp[-\mathrm{i}\omega(t+x/c)], \tag{4-79}$$

两端固定的边界条件表述为

$$u(0,t) = u(L,t) = 0. \tag{4-80}$$

对满足边界条件的解应有

$$C_2 = -C_1, \quad C_4 = -C_3,$$
$$(C_1\mathrm{e}^{\mathrm{i}\omega t} - C_3\mathrm{e}^{-\mathrm{i}\omega t})\,2\mathrm{i}\sin(\omega L/c) = 0. \tag{4-81}$$

要满足方程(4-81),振动(角)频率只能取下列特殊值:

$$\omega_n = \frac{(n+1)c\pi}{L}, \quad n = 0,1,2,3,\cdots. \tag{4-82}$$

上式舍弃了频率为零(无运动状态)的无意义解。相应波长为

$$\lambda_n = \frac{2L}{(n+1)}, \quad n = 0,1,2,3\cdots. \tag{4-83}$$

可见,扰动后弦中只存在由弦的长度与弦的波速共同决定的一系列满足(4-82)式的离散频率的振动。这些频率称为该振动系统的本征频率,最低本征频率 ω_0 所对应的波称为基阶振动, ω_0 称为基频(角频率)。通过对振动系统本征频率的观测记录,可以推断如弦长、波速等振动系统的有关参数。

将(4-80)~(4-82)式的结果代入(4-79)式可以得到弦自由振动的波场

$$u(x,t) = \sum_{n=0}^{\infty}\left[A_n\exp(\mathrm{i}\omega_n t) + B_n\exp(-\mathrm{i}\omega_n t)\right]\sin\left(\frac{\omega_n x}{c}\right). \tag{4-84}$$

该式表示的是弦上驻波的振动,任一确定时刻,弦上各点的振幅都显示为正弦函数式的分布。

4.5.2 均匀液体球的自由振荡

为了解球形介质发生自由振荡有什么特征,现分析一个最简单的球体振荡模型。

设有一半径为 R_0 的均匀、可压缩的液体球,其弹性性质可由其体压缩模量 κ 和密度 ρ 来描述;并设此球体介质内没有体力作用。现考虑相对于平衡压强场的微小压强扰动 P 引起的振荡。由于在此情况下应力 $\sigma_{ij} = -P\delta_{ij}$,运动方程(2.41)将可写成

$$\rho\frac{\partial^2\boldsymbol{u}}{\partial t^2} = -\nabla P. \tag{4-85}$$

胡克定律这时的表达式为

$$P = -\kappa\nabla\cdot\boldsymbol{u}. \tag{4-86}$$

对(4.85)式作散度运算,并将(4.86)式代入,因为 ρ 和 κ 为常数,因而有

$$\frac{\partial^2 P}{\partial t^2} = c^2\nabla^2 P, \tag{4-87}$$

式中 $c^2 = \kappa/\rho$。

选择如图 4.18 所示的球极坐标系 (r,θ,φ) 来描述自由振荡。当用此坐标系研究大地震激发的实际地球的自由振荡时,通常总是将 $\theta=0$ 的 z 轴取为通过震源 S 的位置,注意此 z 轴并不是地球的南、北极轴。不过,本节仅讨论液体球的稳态自由振荡可取解答的形式,尚不涉及有源激发的问题。

在此球坐标系中,(4-87)式中对空间的微分运算可表达为

$$\nabla^2 P = \frac{1}{r^2}\frac{\partial}{\partial r}\left(r^2\frac{\partial P}{\partial r}\right) + \frac{1}{r^2\sin\theta}\frac{\partial}{\partial\theta}\left(\sin\theta\frac{\partial P}{\partial\theta}\right) + \frac{1}{r^2\sin^2\theta}\frac{\partial^2 P}{\partial\varphi^2}. \tag{4-88}$$

假定球体表面是自由的,即有边界条件

$$P(R_0,\theta,\varphi,t) = 0. \tag{4-89}$$

设(4-87)式的解为

$$P(r,\theta,\varphi,t) = S(r,\theta,\varphi)T(t). \tag{4-90}$$

代入(4-87)式可得

$$\frac{\ddot{T}}{T} = c^2\frac{\nabla^2 S}{S} = -\omega^2, \tag{4-91}$$

式中,右端 $(-\omega^2)$ 是我们所取的与空间变量和时间变量皆无关的一个常数。由(4-91)式可得到解(4-90)式中的时间函数 $T(t)$ 应取以下形式

$$T(t) = A\exp(\pm\mathrm{i}\omega t), \tag{4-92}$$

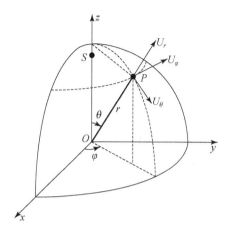

图 4.18　球极坐标系 (r, θ, φ)

原点 O 在球心,S 为激发振荡的源点,P 为观测点

而空间函数 $S(r, \theta, \varphi)$ 应满足以下亥姆霍兹方程:

$$\nabla^2 S(r, \theta, \varphi) + \frac{\omega^2}{c^2} S(r, \theta, \varphi) = 0,$$

即

$$\frac{1}{r^2} \frac{\partial}{\partial r} \left(r^2 \frac{\partial S}{\partial r} \right) + \frac{1}{r^2 \sin\theta} \frac{\partial}{\partial \theta} \left(\sin\theta \frac{\partial S}{\partial \theta} \right) + \frac{1}{r^2 \sin^2\theta} \frac{\partial^2 S}{\partial \varphi^2} + \frac{\omega^2}{c^2} S = 0. \tag{4-93}$$

设方程(4-93)式的解可表示为以下形式:

$$S(r, \theta, \varphi) = R(r) Y(\theta, \varphi), \tag{4-94}$$

代入(4-93)式后可得

$$\frac{1}{R} \frac{\mathrm{d}}{\mathrm{d}r} \left(r^2 \frac{\mathrm{d}R}{\mathrm{d}r} \right) + \frac{\omega^2}{c^2} r^2 = -\frac{1}{Y \sin\theta} \frac{\partial}{\partial \theta} \left(\sin\theta \frac{\partial Y}{\partial \theta} \right) - \frac{1}{Y \sin^2\theta} \frac{\partial^2 Y}{\partial \varphi^2},$$

上式左端只与变量 r 有关,右端只与变量 θ、φ 有关,要二者相等除非它们都等于某个常数。为以后分析的方便,常令该常数为 $l(l+1)$,于是可得到函数 $R(r)$ 和 $Y(\theta, \varphi)$ 应分别满足方程

$$\frac{\mathrm{d}}{\mathrm{d}r} \left(r^2 \frac{\mathrm{d}R}{\mathrm{d}r} \right) + \left[\frac{\omega^2}{c^2} r^2 - l(l+1) \right] R = 0 \tag{4-95}$$

和

$$\frac{1}{\sin\theta} \frac{\partial}{\partial \theta} \left(\sin\theta \frac{\partial Y}{\partial \theta} \right) + \frac{1}{\sin^2\theta} \frac{\partial^2 Y}{\partial \varphi^2} + l(l+1) Y = 0. \tag{4-96}$$

(4-95)式称为 l 阶球贝塞耳方程。我们感兴趣的解 $P(r, \theta, \varphi, t)$ 需在 $0 \leqslant r \leqslant R_0$ 范围内无奇点,数学物理方程的研究结果指出,方程(4-95)的解具有 l 阶球贝塞尔函数 $j_l(x)$ 的形式:

$$j_l(x) = x^l \left(\frac{-1}{x} \frac{\mathrm{d}}{\mathrm{d}x} \right)^l \frac{\sin x}{x}, \tag{4-97}$$

式中 $x = \omega r / c$。当 $l = 0$ 时,$j_0(x) = \sin x / x$,$R(r) \propto \sin(\omega r / c) / r$,即函数 $R(r)$ 取振幅以 $(1/r)$ 衰减的正弦振荡的形式。图 4.19 给出 $(l = 0, 1, 2)$ 的前 3 阶球贝塞耳函数 $j_l(x)$ 的变化情况。

(4-96)式称为 l 阶球函数方程,其解的表达形式为

$$Y_l^m(\theta, \varphi) = (-1)^m \left[\frac{(2l+1)}{4\pi} \frac{(l-m)!}{(l+m)!} \right]^{1/2} P_l^m(\cos\theta) \mathrm{e}^{im\varphi} \tag{4-98}$$

P_l^m 称为缔合勒让德函数。式中 $l = 0, 1, 2, \cdots$ 为正整数;m 是满足 $-l \leqslant m \leqslant l$ 的任意整数。该式中的 $Y_l^m(\theta, \varphi)$ 称为球函数(或球面调和函数)。

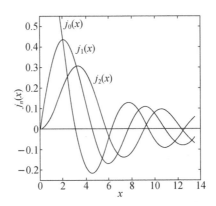

图 4.19　球贝塞耳函数曲线

将(4-92)、(4-97)和(4-98)式代入(4-94)和(4-90)式,得

$$P(r,\theta,\varphi,t) = Ae^{\pm i\omega t} j_l\left(\frac{\omega r}{c}\right)(-1)^m \left[\frac{(2l+1)}{4\pi}\frac{(l-m)!}{(l+m)!}\right]^{\frac{1}{2}} P_l^m(\cos\theta) e^{im\varphi}. \quad (4-99)$$

将该解代入边界条件(4-89),应有

$$j_l\left(\frac{\omega R_0}{c}\right) = 0.$$

当取 $l=0$ 时,应有

$$j_0\left(\frac{\omega R_0}{c}\right) = \frac{\sin(\omega R_0/c)}{\omega R_0/c} = 0.$$

于是振荡角频率 ω 只能取以下的特定值

$$_n\omega_0 = \frac{(n+1)c\pi}{R_0}, \quad n = 0,1,2,3,\cdots, \quad (4-100)$$

这里 $_n\omega_0$ 的左、右下角标分别表示 n 和 l 所取的数值。

当取 $l=2$ 时,

$$j_2(\omega r/c) \propto \left(\frac{3c^3}{\omega^3 r^3} - \frac{c}{\omega r}\right)\sin(\omega r/c) - \frac{3c^2}{\omega^2 r^2}\cos(\omega r/c) = 0, \quad (4-101)$$

解方程(4-101)同样可得到类似 $_n\omega_0$ 的一系列与 $l=2$ 对应的本征频率 $_n\omega_2$。对其他 l 的正整数值,结果可类推。

在解方程(4-99)中,除可变整数参数 n 和 l 外,还有一个与压强函数 P 随 φ 角变化特征有关的参数 m,前已述及,其取值范围是 $-l \leqslant m \leqslant l$,这是方程(4-93)有合理解的要求。这样,由(4-99)式表达的解实际只是依赖于 n、l、m 三个整数参数的一个具体特解,这种特解可有无数个,可将其记为

$$_nP_l^m(r,\theta,\phi,t), \quad n=0,1,2,\cdots; l=0,1,2,\cdots; \quad m=0,\pm 1,\cdots,\pm l.$$

对每个特解,符合压强为零边界条件的压强振动角频率只能取特定的离散值

$$_n\omega_l^m, \quad n=0,1,2,\cdots; l=0,1,2,\cdots; \quad m=0,\pm 1,\cdots,\pm l. \quad (4-102)$$

它们称为均匀液体球自由震荡的本征频率,其数值取决于 3 个整数指标 n、l 和 m。与本征频率相应的振动称为本征振荡,每一种本征振荡都对应一种驻波,是球体的一种谐振形式。n 代表某一振型振动量 P(振荡时的压强扰动量)沿地球半径方向的节点数;$l-|m|$ 表示 P 在纬度变化方向的节点数($|m| \leqslant l$);$2|m|$ 表示 P 在经度变化方向的节点数。n 最小时(0 或 1)的本征频率称为基频,其余称为谐频。

若液体球的半径有地球半径一样大,即 $R_0 = 6370\,\text{km}$,设液体的纵波速度 $c = 8\,\text{km/s}$,代入 (4-102)式可以得到周期$_0\tau_0^0 = 2\pi/_0\omega_0^0 = 2R_0/c \approx 26.5$ 分钟。由于球体尺度大,因此基阶振荡的周期是很长的。

4.5.3　球型振荡与环型振荡

1882 年兰姆(Horace Lamb)建立了一个均匀弹性球体的小振动的运动方程,他给出了含因子 $\exp(i\omega t)$ 的由球面调和函数表示的自由边值问题的完整解,并首次注意到弹性球体存在两种形式的振荡,即后来称之为的球型振荡和环型振荡。1911 年洛夫(A. E. H. Love) 探讨了重力作用下可压缩球体的静态形变和小振动问题。

进一步相对接近地球实际的地球模型,是具有自重作用的球对称分层均匀结构的线弹性地球模型(无旋转的和各向同性的),其密度和拉梅弹性常数分别为 $\rho(r)$、$\lambda(r)$ 和 $\mu(r)$。问题的边界条件是球体表面应力为零,内部界面相应应力连续和位移连续。有人用微扰动分析方法获得了这种地球模型自由振荡的解(见傅承义等,1985),略去时间因子 $e^{i\omega t}$ 后,可将振荡位移 $\boldsymbol{u} = \boldsymbol{u}(r,\theta,\varphi)$ 表示为两部分

$$\boldsymbol{u} = \boldsymbol{u}^S + \boldsymbol{u}^T, \tag{4-103}$$

式中

$$\boldsymbol{u}^S = \left\{ U(r)Y_l^m, V(r)\frac{\partial Y_l^m}{\partial\theta}, \frac{V(r)}{\sin\theta}\frac{\partial Y_l^m}{\partial\phi} \right\}, \tag{4-104}$$

$$\boldsymbol{u}^T = \left\{ 0, \frac{W(r)}{\sin\theta}\frac{\partial Y_l^m}{\partial\phi}, -W(r)\frac{\partial Y_l^m}{\partial\theta} \right\}, \tag{4-105}$$

其中 Y_l^m 是 l 次 m 阶球谐函数,$U(r)$、$V(r)$ 和 $W(r)$ 是由边界条件决定的位移分量随径向变化的函数。

上述 $\boldsymbol{u}^S$ 和 $\boldsymbol{u}^T$ 即分别描述了球型振荡(spheroidal oscillation)(相当于 P-SV 波型或瑞利波型的振动)和环型振荡(torsional oscillation 或 toroidal oscillation)(相当于 SH 波或 Love 波型的振动)。环型振荡位移 $\boldsymbol{u}^T$ 无径向分量,位移在垂直于半径的球面内。利用球坐标下散度算子的表达式由(4-105)式可得

$$\nabla \cdot \boldsymbol{u}^T = \frac{1}{r^2}\frac{\partial}{\partial r}(r^2 u_r^T) + \frac{1}{r\sin\theta}\frac{\partial}{\partial\theta}\{(\sin\theta)u_\theta^T\} + \frac{1}{r\sin\theta}\frac{\partial u_\varphi^T}{\partial\varphi} = 0, \tag{4-106}$$

所以环型振荡不会引起密度变化,即地球重力场不受扰动,重力仪上将观测不到这种振荡。由 (4-104)和(4-105)式可知 $\boldsymbol{u}^S \cdot \boldsymbol{u}^T = 0$,即任一处球型振荡的位移与环型振荡的位移垂直。

(4-104)和(4-105)式中的 $\boldsymbol{u}^S$ 和 $\boldsymbol{u}^T$ 实际是$_n(\boldsymbol{u}^S)_l^m$ 和$_n(\boldsymbol{u}^T)_l^m$,即依赖于 3 个整参数的本征解;通常分别记为$_nS_l^m$(球型振荡)和$_nT_l^m$(环型振荡),与这两个特解相应的本征振荡(角)频率记为$_n\omega_l^m$。实际振荡是所有这些本征振荡的叠加。图 4.20 标出了 4 种最简单的振型$_0T_2^0$、$_1T_2^0$、$_0S_2^0$ 和 $_0S_3^0$ 的振动方式示意图。

需要指出的是,地球自由振荡的振型因需受到角动量守恒等基本定律的约束,有些振型不可能存在。如$_0S_1$(上角标 m 为 0 时常不再标注)表示整个地球作刚体的整体振动(图 4.21 左),违背无外力作用下物体加速度为 0 的基本定律。$_nT_0$ 不可能存在,因为由(4-98)式知,当 $l=0$、$m=0$ 时,$P_0^0(\cos\theta)=1$,$Y_0^0(\theta,\varphi)$ 为常量,由(4-105)式知 $\boldsymbol{u}^T = 0$,即不能产生环型振荡。$_0T_1$ 也不可能存在,它对应的振型如图 4.21 右,显然违背角动量守恒定律。

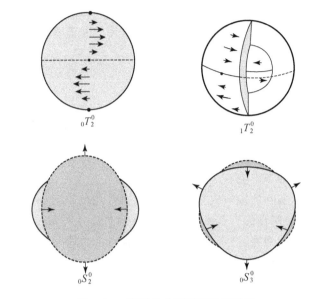

图 4.20　地球自由振荡变形示意图

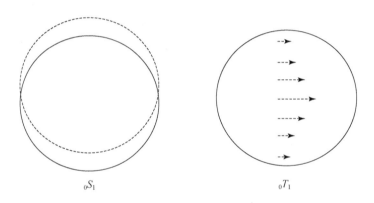

图 4.21　两种不可能出现的振型运动示意图

近期理论研究所用的地球模型逐步更接近真实地球,已计算出了旋转的、各向异性的、含非弹性性质和不均匀横向结构的非球形地球模型自由振荡的各种振型。

4.5.4　地球自由振荡的观测

1952 年 11 月 4 日勘察加 $M_w 9.0$ 大地震时,美国本尼奥夫(H. Benioff)首次在他自己设计制作的应变地震仪上观测到周期约为 57 分钟的长周期振动。1960 年 5 月 22 日智利发生 $M_w 9.6$ 大地震时,本尼奥夫和其他几个研究集体都观测到多种频率的谐振振型,地球自由振荡的真实性遂被最后证实。地球自由振荡的发现,以及用它研究地球内部结构和震源机制,可以说是 20 世纪 60 年代地球物理学界的一件大事。地球自由振荡的不同振型的频率决定于地球内部的结构,它们与震源条件无关;而能量在每个特定频率上的分配则与震源条件以及介质特性有关。

至今已观测到的本征振荡频率已达 1000 多个,其中球型振荡约占三分之二,环型振荡约占三分之一。1998 年科学家又发现,平时地球实际上是处在不停的微弱振荡之中。

对于球对称的球体,n 和 l 相同而 m 不同的振型($m=0,\pm1,\pm2,\cdots,\pm l$,共 $2l+1$ 个)都有相同的谐振频率,这种情形称为振型的简并。地球的自转效应使地球的振荡频率对 m 不再简并。在振动的频谱图上,每条与某 n 和 l 相应的谐振谱线分裂为($2l+1$)条,它们等间距对称地分布在 $m=0$ 谱线的两侧,这与原子光谱线在磁场中发生分裂的塞曼效应十分相似。自转还会使质点振动方向发生像傅科摆一样的变化,从而导致球型振荡与环型振荡发生耦合。真实地球并非球体,而是接近于旋转椭球体。地球的椭率效应使频谱线产生很微小的移动,造成分裂谱线的不对称性。对低频振型,自转效应比椭率效应大得多;高频振型反之。

计算不同地球模型的自由振荡频率并与观测到的地球自由振荡本征频率对比,可以检验并改善地球模型,从而研究地球内部结构,与用地球体波研究地球内部结构的方法互为补充。近期理论研究所用的地球模型逐步接近真实地球,已给出了旋转的、各向异性的、含非弹性性质和不均匀横向结构的非球形地球模型自由振荡的解答。

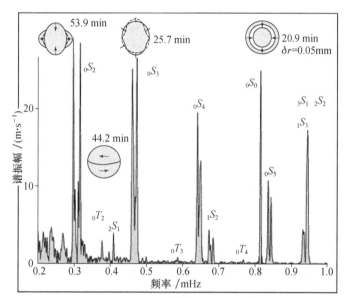

图 4.22　苏门达腊-安达曼 $M_W 9.0$ 大地震激发的地球自由振荡的振幅谱曲线(低频部分)
本图由分析澳大利亚堪培拉长周期地震仪 240 小时的垂直向记录获得的。在特定振型的谱峰上端画出了地球振荡运动的示意图,并标出了振荡周期(引自 Park et al.,2005)

2004 年 12 月 26 日发生的苏门达腊-安达曼 $M_W 9.0$ 大地震激发了显著的地球自由振荡,引起的地表峰值位移在全球各处都超过了 1 cm。图 4.22 给出了由设在澳大利亚堪培拉的长周期地震仪 240 小时的垂直向记录获得的自由振荡的振幅谱曲线。从图中可看出主要的低阶球型振荡和环型振荡的谱峰,有些谱峰还发生了分裂现象。

4.6　面波与地球自由振荡的衰减

地球的非弹性因素会造成面波振动和地球自由振荡的振幅随时间衰减。虽然大地震激起的地球自由振荡有时要持续数天或更长,但由于地球的非完全弹性,自由振荡终究会衰减殆尽。测量面波在传播路径上的衰减,可以研究地球内部非完全弹性结构的区域特征;分析地球自由振荡的衰减也是研究地球内部非完全弹性性质的重要途径。

面波是远场地震图上记录的最显著、能量最强的震相。周期特别长的瑞利型地幔波和洛夫型地幔波震相分别标记为 R 和 G,其中沿小于地球半周的大圆弧到达台站的 R 波和 G 波震相分别标记为 R_1 和 G_1;沿大于地球半周的大圆弧到达的震相分别标记为 R_2 和 G_2;绕地球一周以上的面波分别标记为 R_{k+2i} 和 G_{k+2i},下标 $k=1$ 或 2,i 为面波绕地球的圈数。

由上章讲述的品质因子 Q 值定义(3-117)式和振幅衰减因子(3-119)式可知,在非弹性介质中传播的行波,其振幅随距离按指数规律衰减:

$$A(x) = A_0 \exp\left(-\frac{\pi}{Q}\frac{x}{\lambda}\right),\tag{4-107}$$

其中 λ 是特定周期波的波长。在非弹性介质中振荡的驻波,其振幅随时间 t 按指数规律衰减:

$$A(t) = A_0 \exp\left(-\frac{\pi}{Q}\frac{t}{T}\right)\tag{4-108}$$

其中 T 是振荡的周期。从概念上看,Q 值的测量是件简单的工作,但实际工作中则需要注意许多问题。首先,用地震体波是不容易测准 Q 值的,原因是震源的性质、传播路径的差异及台基等局部条件的影响很难扣除;用面波则好一些。

设地球周长为 L,沿大圆弧传播周期为 T 的面波 G_i(或 R_i)和 G_{i+2}(或 R_{i+2})的振幅分别为 A_i 和 A_{i+2},令

$$r(T) = \frac{1}{L}\ln\left(\frac{A_i}{A_{i+2}}\right).\tag{4-109}$$

由(4-108)式知

$$\ln\left(\frac{A_i(t)}{A_{i+2}(t)}\right) = \ln\left(\frac{e^{-\frac{\pi}{QT}t_i}}{e^{-\frac{\pi}{QT}t_{i+2}}}\right) = \frac{\pi}{QT}(t_{i+2}-t_i)\tag{4-108'}$$

该式代入(4-109)式,可得

$$r(T) = \frac{\pi}{QT}\left(\frac{t_{i+2}-t_i}{L}\right) = \frac{\pi}{QT}\cdot\frac{1}{U(t)}\tag{4-110}$$

式中 $U(T)$ 是周期为 T 的面波群速度。由此式可求出相应的 Q^{-1} 值为

$$Q^{-1}(T) = \frac{r(T)\cdot T\cdot U(T)}{\pi},\tag{4-111}$$

由于不同周期的面波衰减反映的地球介质特性的深度不一样,因此综合分析不同周期面波测量的 Q 值,可以勾画出地球非完全弹性衰减深度结构剖面的大体轮廓。

地球自由振荡的衰减也是分析整个地球内部介质非完全弹性的重要资料。设存在振型分裂的与某一基本振型($_n\omega_l$)相应的$(2l+1)$个子振型的中心频率为 ω_0,地球表面的位移将可表示为以下形式:

$$u(x,t) = \sum_{m=-l}^{l} a_m(x)\exp[i(\omega_0+\delta\omega_m)t]\cdot\exp\left(\frac{-\omega_0 t}{2Q_m}\right).\tag{4-112}$$

如果振型是简并的,即 $2l+1$ 个子振型的振荡频率均为 ω_0,则可用 ω_0 为中心频率设计一个窄带滤波器对记录的自由振荡进行滤波,测量出该振型自由振荡的振幅随时间的变化。由(4-108)式有

$$A(t) = A_0\exp\left(-\frac{\omega t}{2Q}\right),$$

由此可求得

$$\frac{d[\ln A(t)]}{dt} = -\frac{\omega}{2Q},\tag{4-113}$$

即对数振幅随时间变化的斜率大小正比于 Q^{-1} 值。图 4.23 给出用地球自由振荡振幅随时间衰减确定地球介质平均 Q 值的一个简单实例。

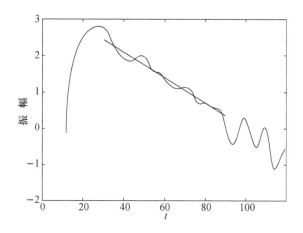

图 4-23　根据球型振荡振型 ${}_0S_{10}$ 的对数振幅随时间的衰减确定地球 Q 值一例

（图中细直线斜率的大小正比于 Q^{-1}；转引自 Lay & Wallace，1995）

思 考 题

1. 若均匀半空间的表面是刚性边界面,试论证不会产生沿表面传播的瑞利面波。

2. 设地壳为均匀盖层,其 P、S 波速度分别为 6 km/s 和 3.6 km/s,密度为 3×10^3 kg/m³;上地幔 P、S 波速度分别为 8 km/s 和 4.5 km/s,密度为 3.5×10^3 kg/m³。试绘出基阶和一阶洛夫波的相速度频散曲线和群速度频散曲线（提示：用数值算法解频散方程）。

3. 地球自由振荡有哪些基本振型？分别与哪类面波相当？假设地球半径为 6300 km,P 波速度为 7 km/s,内部处于静岩应力状态的均匀球体,试计算 ${}_1S_0$ 与 ${}_0S_2$ 的振荡频率与周期。

提示：贝塞耳函数

$$J_0(x) = \sin(x)/x,$$

$$J_2(x) = \left(\frac{3}{x^3} - \frac{1}{x} \right)\sin(x) - (3/x^2)\cos(x),$$

式中,$x = \omega r/c$；地表应力为 0。

4. 设有一个厚度 40 km、密度为 2.7×10^3 kg/m³、横波速度为 4 km/s 的均匀弹性层覆盖在一个密度为 3.3×10^3 kg/m³、横波速度为 5 km/s 的半无限弹性介质上,求在这种结构的介质中可能存在的最低频的洛夫波的波长是多大？最高频的洛夫波的传播速度是多大？绘出基阶、1 阶和 2 阶洛夫波的频散曲线,并求震中距 100°处的地震台最少需多长时间后才能记录到洛夫波？

5. 上题的模型中可能有瑞利波传播吗？试证明。

6. 密度为 ρ、纵波速度为 α、横波速度为 β 的半无限弹性介质上面覆盖有一层厚为 H、密度为 ρ_w、纵波速度为 α_w 的液体层,试论证沿液-固界面存在瑞利波的传播,且存在频散,其频散方程为：

$$\tan\left[H\omega\sqrt{1/\alpha_w^2 - 1/c^2}\right] = \left[\frac{\rho\beta^4\sqrt{c^2/\alpha_w^2 - 1}}{\rho_w c^4\sqrt{1 - c^2/\alpha^2}}\right] \times \left[(4\sqrt{1 - c^2/\alpha^2}\sqrt{1 - c^2/\beta^2} - (2 - c^2/\beta^2)^2\right].$$

设 $\rho_w = 1000~\text{kg/m}^3$; $\rho = 3.0 \times 10^3~\text{kg/m}^3$; $\alpha_w = 2~\text{km/s}$; $\alpha = 6.8~\text{km/s}$; $\beta = 4~\text{km/s}$,绘出基阶和一阶瑞利波的相速度与群速度频散曲线,并求震中距 $100°$ 处的地震台最少需多长时间后才能记录到瑞利波。

7. 上题的地层模型中可能有洛夫波传播吗? 试论证。

参考文献

[1] Bullen K E, Bolt B A. An Introduction to the Theory of Seismology (Fourth edition). Cambridge University Press, Cambridge, 1985.

[2] Dziewonski A, Bloch S, Landisman M. 1969. A technique for the analysis of transient seismic signals. Bull Seis Soc Am, 59(1): 427—444, 1969.

[3] Dziewonski A, Mills J, Bloch S. 1972. Residual dispersion measurement——A new method of surface—wave analysis. Bull Seism Soc Am, 62(1): 129—139, 1972.

[4] Forsyth D W, Li A B. Array analysis of two-dimensional variations in surface wave phase velocity and azimuthal anisotropy in the presence of multipathing interference. Geophysical Monograph Series, 157: 81—97, 2005.

[5] Forsyth D W, Shen Y. 1998. Phase velocities of Rayleigh waves in the MELT experiment on the east Pacific rise. Science, 280(5367): 1235—1238.

[6] Friederich W, Wielandt E. 1995. Interpretation of seismic surface waves in regional networks: joint estimation of wavefield geometry and local phase velocity, Method and numerical tests. Geophys J Int, 120(3): 731—744.

[7] Friederich W. 1998. Wave-theoretical inversion of teleseismic surface waves in a regional network: phase-velocity maps and a three-dimensional upper-mantle shear-wave-velocity model for southern Germany. Geophys J Int, 132(1): 203—225.

[8] Herrin E, Goforth T. 1977. Phase—matched filters: Application to the study of Rayleigh waves. Bull Seis Soc Am, 67(5): 1259—1275.

[9] Hwang H J, Mitchell B J. 1986. Interstation surface wave analysis by Frequency-domain Wiener deconvolution and modal isolation. Bull Seis Soc Am, 76(3): 847—864.

[10] Kanai K. 1951. On the group velocity of dispersive surface waves. Bull Earthquake Res Inst, Tokyo Univ, 29: 49—60.

[11] Landisman M, Dziewonski A, Sat? Y. 1969. Recent improvements in the analysis of surface wave observations. Geophys J Int, 17(4): 369—403.

[12] Lay T, Wallace T C. Modern Global Seismology. Academic Press, San Diego, 1995.

[13] Levshin A, Ratnikova L, Berger J. 1992. Peculiarities of surface-wave propagation across central Eurasia. Bull Seis Soc Am, 82(6): 2464—2493.

[14] Love A E H. Some Problems of Geodynamics. Cambridge University Press, Cambridge, 1911.

[15] Park J, Song T A, Tromp J, et al. 2005. Earth's free oscillation excited by the 26 December 2004 Sumatra-Andaman earthquake. Science, 308(5725): 1139—1144.

[16] Satô Y. 1955. Analysis of dispersed surface waves by means of Fourier transform I. Bull Earthq Res Inst, TokyoUniv, 33: 33—48.

[17] Satô Y. 1956a. Analysis of dispersed surface waves by means of Fourier transform II. Synthesis of the movement near the origin. Bull Earthq Res Inst, Tokyo Univ, 34: 9—18.

[18] Satô Y. 1956b. Analysis of dispersed surface waves by means of Fourier transform III. Analysis of practical seismogram of South Atlantic earthquake. Bull Earthq Res Inst, Tokyo Univ, 34(2): 131—138.

[19] Shearer P M. Introduction to Seismology, Second Edition. Cambridge University Press, Cambridge, 2009.

[20] Stein S, Wysession M. An Introduction to Seismology, Earthquakes, and Earth Structure. Blackwell Publishing,

Oxford，2003.

[21] Stoneley R. 1924. Elastic waves at the surface of separation of two solids. Proceedings of the Royal Society of London，A106：416—428.

[22] Taylor S R，Toksöz M N. 1982. Measurement of interstation phase and group velocities and Q using Wiener filtering. Bull Seis Soc Am，72(1)：73—91，1982.

[23] Wielandt E. 1993. Propagation and structural interpretation of non-plane waves. Geophys J Int，13(1)：45—53.

[24] 冯梅，安美建. 中国大陆中上地壳剪切波速结构. 地震学报，2007,29(4)：337—347.

[25] 傅承义,陈运泰,祁贵仲. 地球物理学基础. 北京:科学出版社,1985.

第 5 章　地球内部结构的确定

地震波至今仍被认为是唯一能穿透整个地球,照亮地球内部结构的最有效工具。根据地震波走时、面波频散、地球自由振荡的频谱特征等,运用前几章介绍的地震波传播理论,可以反演地球内部的速度结构及相关介质力学参数。地震波资料为反演地球内部介质的密度、弹性模量等参数提供了基本约束。需要指出的是,尽管地震学迄今为止仍是探测地球内部结构分辨率最高、最有效的方法,但地表观测条件的限制使资料分布不均匀,因而在许多实际研究中都可能面临解在数学上不完备的问题,使得结果缺少唯一性。因此,综合分析各类观测资料,提高反演结果的稳定性和可靠性,是地球内部结构反演研究中需特别注意的问题。

5.1　一维地球速度结构走时反演

地震波走时仍然是研究地球深部结构的一种基本资料。根据第三章介绍的射线理论,假定一定的速度结构模型,计算从震源到地震台各种震相的走时,这种问题称为正演问题。在实际研究中,需要根据地震台记录的各震相走时,推算地下介质的速度结构,这类问题称为反演问题。反演问题的解通常存在不唯一性,因此需要特别小心。

5.1.1　Herglotz-Wiechert 反演方法

假设在具有球对称结构的半径为 R 的地球模型中,体波速度随深度变化的函数为 $c(r)$,从震源到达震中距为 Δ 的地震台的地震射线,在地球内部穿透的最低点对应的半径为 r_1(图 5.1),相应射线参数为 p。

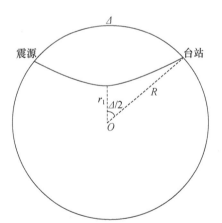

图 5.1　横向均匀球对称地球模型中的射线路径

利用(3-63)式,有

$$\Delta(p) = 2p \int_{r_1}^{R} \frac{\mathrm{d}r}{r(\xi^2 - p^2)^{1/2}}, \tag{5-1}$$

式中,$\xi = r/c(r)$。在射线最低点处有

$$\xi_1 = r_1/c(r_1) = p.$$

将(5-1)式的积分变量从 r 变为 ξ,即有

$$\Delta(p) = 2p\int_p^{\xi_0} \frac{1}{r(\xi^2 - p^2)^{1/2}} \left(\frac{\mathrm{d}r}{\mathrm{d}\xi}\right)\mathrm{d}\xi. \tag{5-2}$$

式中

$$\xi_0 = R/c(R)$$

(5-2)式不能直接积分,因此考虑一积分算子

$$\int_{p=\xi_1}^{p=\xi_0} \frac{\mathrm{d}p}{(p^2 - \xi_1^2)^{1/2}}. \tag{5-3}$$

用该积分算子作用于(5-2)式左右两边,则有

$$\int_{p=\xi_1}^{p=\xi_0} \frac{\Delta(p)\mathrm{d}p}{(p^2 - \xi_1^2)^{1/2}} = \int_{p=\xi_1}^{p=\xi_0} \mathrm{d}p \int_p^{\xi_0} \frac{2p}{r(\xi^2 - p^2)^{1/2}(p^2 - \xi_1^2)^{1/2}} \left(\frac{\mathrm{d}r}{\mathrm{d}\xi}\right)\mathrm{d}\xi. \tag{5-4}$$

用分部积分法,可得(5-4)式左边积分为

$$左边 = \int_{p=\xi_1}^{p=\xi_0} \Delta(p) \cdot \mathrm{dch}^{-1}\left(\frac{p}{\xi_1}\right) = \Delta(p) \cdot \mathrm{ch}^{-1}\left(\frac{p}{\xi_1}\right)\Big|_{p=\xi_1}^{p=\xi_0} - \int_{p=\xi_1}^{p=\xi_0} \mathrm{ch}^{-1}\left(\frac{p}{\xi_1}\right)\mathrm{d}\Delta, \tag{5-5}$$

式中 $\mathrm{ch}(x) = \dfrac{\mathrm{e}^x + \mathrm{e}^{-x}}{2}$,称双曲余弦函数;反双曲余弦函数

$$\mathrm{ch}^{-1}(x) = \pm\ln(x + \sqrt{x^2 - 1}), \quad x \geqslant 1. \tag{5-6}$$

由(5-2)式,可得:$\Delta(\xi_0) = 0$;

由(5-6)式,可得:$\mathrm{ch}^{-1}(1) = 0$;

(5-5)式可进一步化简为

$$\int_{p=\xi_1}^{p=\xi_0} \frac{\Delta\mathrm{d}p}{(p^2 - \xi_1^2)^{1/2}} = -\int_{p=\xi_1}^{p=\xi_0} \mathrm{ch}^{-1}\left(\frac{p}{\xi_1}\right)\mathrm{d}\Delta. \tag{5-7}$$

如图 5.2 所示。

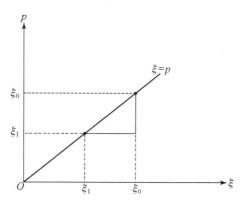

图 5.2　双重积分中的积分区域

改变(5-4)式右边的积分顺序,可得

$$右边 = \int_{\xi_1}^{\xi_0} \frac{1}{r}\left(\frac{\mathrm{d}r}{\mathrm{d}\xi}\right)\mathrm{d}\xi \int_{\xi_1}^{\xi} \frac{\mathrm{d}p^2}{(\xi^2 - p^2)^{1/2}(p^2 - \xi_1^2)^{1/2}} = 2\int_{\xi_1}^{\xi_0} \sin^{-1}\left(\frac{p^2 - \xi_1^2}{\xi^2 - \xi_1^2}\right)^{1/2}\Big|_{p=\xi_1}^{p=\xi} \frac{1}{r}\left(\frac{\mathrm{d}r}{\mathrm{d}\xi}\right)\mathrm{d}\xi$$

$$= \int_{\xi_1}^{\xi_0} (\pi - 0)\frac{1}{r}\left(\frac{\mathrm{d}r}{\mathrm{d}\xi}\right)\mathrm{d}\xi = \pi\int_{r_1}^{R} \frac{\mathrm{d}r}{r} = \pi\ln\left(\frac{R}{r_1}\right), \tag{5-8}$$

则有
$$\int_{\Delta(\xi_1)}^{\Delta(\xi_0)} \mathrm{ch}^{-1}\left(\frac{p}{\xi_1}\right)\mathrm{d}\Delta = -\pi\ln\left(\frac{R}{r_1}\right). \tag{5-9}$$

对地表震源有 $\quad\quad\quad\quad \Delta(\xi_0) = 0,$ 并令 $\Delta(\xi_1) = \Delta_1,$

即有
$$\ln\left(\frac{R}{r_1}\right) = \frac{1}{\pi}\int_0^{\Delta_1} \mathrm{ch}^{-1}\left(\frac{p}{\xi_1}\right)\mathrm{d}\Delta. \tag{5-10}$$

如图 5.3 所示,根据一系列不同震中距地震台的记录,构造走时曲线 $T(\Delta)$.

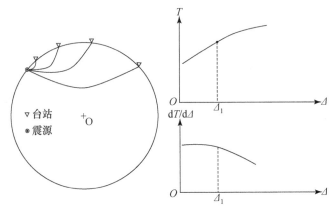

图 5.3　地震波射线路径及走时曲线示意图

可导得:$p(\Delta) = \dfrac{\mathrm{d}T}{\mathrm{d}\Delta}$ 随 Δ 变化的曲线.任意设定一个震中距值 Δ_1,可计算

$$\xi_1 = r_1/c(r_1) = p = \left.\frac{\mathrm{d}T}{\mathrm{d}\Delta}\right|_{\Delta = \Delta_1}. \tag{5-11}$$

由(5-10)式可以进一步计算出地震射线在地球内部穿透的最低点所对应的半径 r_1,则地球半径 r_1 处的地震波速度由(5-11)式可计算出来:

$$c(r_1) = r_1\left/\left.\frac{\mathrm{d}T}{\mathrm{d}\Delta}\right|_{\Delta = \Delta_1}\right.. \tag{5-12}$$

在已知走时曲线相应的震中距范围内不断改变 Δ_1 的值,重复上述方法,可计算出地球内部不同深度处地震波速度.(5-10)式称为 Herglotz-Wiechert 公式,这种反演方法称为 Herglotz-Wiechert 反演.由于地球内部的低速层中没有最低点,这种方法不能反演低速层中的波速.该方法的优点是:由一条走时曲线可以反演地球内部许多深度点的地震波速度,可以探测地球深处的介质速度结构;缺点是要求走时曲线连续,无法探测地球低速层的速度.需要指出:该方法的基本资料——走时曲线,一般是根据大量不同浅源地震的观测资料点叠加后的拟合曲线(图 5.4),因此这种方法反演的是地球横向均匀假设下的平均一维(深度方向)速度结构.

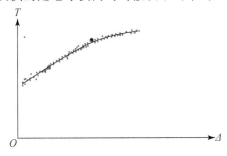

图 5.4　根据大量浅源地震 P 波或 S 波震相走时观测资料的叠加点图获取走时曲线

5.1.2　Gutenberg 反演方法

选取不同深度的震源,根据它们的走时曲线,可以推导出震源处介质的地震波速度。具体方法如下:

如图 5.5 所示,设有一深度为 h 的震源发出的地震波被震中距为 Δ 的地震台所记录。

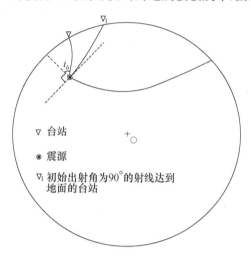

图 5.5　根据单一地震的走时曲线反演震源深度处的速度

由斯内尔定律,则有

$$\frac{(R-h)\sin i_h}{c_h} = p(\Delta). \tag{5-13}$$

由(5-13)式可以看出,在给定震源位置的情况下,射线参数 p 的大小由震源处射线的初始出射角 i_h 唯一地确定。$i_h = \pi/2$ 的射线对应着该震源所有射线的射线参数的最大值。设震中距 $\Delta = \Delta_1$ 的地震台所记录的地震波射线参数 p 为最大值,则有

$$p(\Delta_1) = \max(p(\Delta)) = \max\left(\frac{\mathrm{d}T}{\mathrm{d}\Delta}\right), \tag{5-14}$$

$$c_h = (R-h)\left(\frac{\mathrm{d}\Delta}{\mathrm{d}T}\right)_{\min}. \tag{5-15}$$

Gutenberg 反演方法的具体步骤:

(1) 固定一个震源,利用台网记录,建造一条 T-Δ 曲线;

(2) 在 T-Δ 曲线上求出极值 $\left(\dfrac{\mathrm{d}\Delta}{\mathrm{d}T}\right)_{\min}$;

(3) 代入(5-15)式,可求出震源处介质的地震波速度。

该方法的优点是计算简单、直观,结果可靠;可计算低速层中介质的地震波速度;比较不同区域的震源反演的结果,可以讨论介质速度结构的横向不均匀性。缺点是一条走时曲线只可能得到地球介质中震源位置处的波速,因而得到的地下介质的速度结构有一定的局限性。由于地球内 700 km 以下的深处迄今还未观测到地震发生,因此该方法不可能探测到 700 km 以下的介质波速信息。

5.1.3 τ(p)法反演速度结构

在第 3 章我们介绍到，对存在低速层或高速层的复杂地球结构，$T(\Delta)$或 $\Delta(p)$ 可能会成为多值函数，然而 $\tau(p)$ 总是保持为简单的单值函数。因而在地球波速结构反演中（尤其是勘探地震反演中），选择 $\tau(p)$ 法可能使问题更为简便。

$$\tau(p) = 2\int_0^{Z(p)} \sqrt{\gamma^2 - p^2}\,dx_3, \tag{5-16}$$

式中 $\gamma = 1/c$ 是地震波的慢度，此式适用于地表震源的情况。

作为一个简单例子，现考虑用一系列均匀速度层构成的水平地层速度模型，每层的波慢度为 $\gamma_i, i=1,\cdots,N$，即共有 N 层。设已知一系列穿透该速度模型的地震射线，其射线参数为 $p_j, j=1,\cdots,M$，即共有 M 条射线。在此情况下，$\tau(p)$ 的积分表达式(5-16)就变为求和形式：

$$\tau(p) = 2\sum_{i=1}^N h_i(\gamma_i^2 - p_j^2)^{1/2}, \quad \gamma_i > p_j, \tag{5-17}$$

式中 h_i 为第 i 层介质的厚度。由(5-17)式可以构造如下线性方程组：

$$\begin{bmatrix} \tau(p_1) \\ \tau(p_2) \\ \tau(p_3) \\ \vdots \\ \tau(p_M) \end{bmatrix} = \begin{bmatrix} 2(\gamma_1^2-p_1^2)^{1/2} & 0 & 0 & \cdots & 0 \\ 2(\gamma_1^2-p_2^2)^{1/2} & 2(\gamma_2^2-p_2^2)^{1/2} & 0 & \cdots & 0 \\ 2(\gamma_1^2-p_3^2)^{1/2} & 2(\gamma_2^2-p_3^2)^{1/2} & 2(\gamma_3^2-p_3^2)^{1/2} & \cdots & 0 \\ \vdots & \vdots & \vdots & \vdots & \vdots \\ 2(\gamma_1^2-p_M^2)^{1/2} & 2(\gamma_2^2-p_M^2)^{1/2} & \cdots & \cdots & 2(\gamma_N^2-p_M^2)^{1/2} \end{bmatrix} \begin{bmatrix} h_1 \\ h_2 \\ h_3 \\ \vdots \\ h_N \end{bmatrix},$$

$$\tag{5-18}$$

即
$$\tau = Gh. \tag{5-19}$$

从观测的走时曲线上，我们推导出一系列 p_j、$\tau(p_j)$ 值及各层地震波慢度值 γ_i，由(5-17)可反演出各地层的厚度。

如果地层速度随深度是单调增加的，用如下具体步骤可以用 $\tau(p)$ 法反演一维速度结构：

(1) 用研究区台网所记录的不同震中距的地震走时建造一条 T-X 走时曲线；

(2) 在 T-X 曲线上求出 $p = dT/dX$-X 曲线；

(3) 根据需求在 X 轴上选 N 个不同震中距的点有 $X_i(i=1,2,\cdots,N)$ 且 $X_i < X_{i+1}$，则由 p-X 曲线可以测量出

$$p_i = p(X_i), \quad \tau(p_i) = T(X_i) - p_i \cdot X_i. \tag{5-20}$$

(4) 根据斯内尔定理，可以假定：

$$\gamma_{i+1} = p_i \quad (i=1,2,\cdots,N-1) \tag{5-21}$$

研究区表层介质速度（或慢度 γ_1）是很容易由其他途径得到或估计的。

(5) 将(5-20)、(5-21)式的结果代入(5-18)式，(5-19)式成为了一个 $N \times N$ 的正定矩阵方程。从中极容易解出各层的厚度及深度，从而反演出研究区速度随深度的变化。

5.2 三维地球速度结构反演

上节介绍的 Herglotz-Wiechert 反演方法，简单地基于走时曲线，用解析的反演方法估计地球的一维速度结构，目前实际上很少应用。得益于现代全球数字地震观测技术的发展及观

测台网的大量建设,地震学家们积累了大量高质量的地震波走时资料及数字波形记录,使地球三维速度结构的反演研究取得了长足的发展。

目前地震层析成像方法在数据处理时分为两组:波速分析和地震偏移。波速分析的目的是反演地球内部介质的波速结构。波速分析的方法主要包括有:体波走时层析成像、面波层析成像及接收函数法等。地震偏移的目的是绘出波阻抗比图,是勘探地震学的主要内容,这里不作介绍。

5.2.1　体波走时地震层析成像

体波走时层析成像是当前最常用的地震层析成像方法之一。其基本思路是根据穿过模型中每个位置的地震射线的路径和走时,反演出模型的波速(图 5.6)。

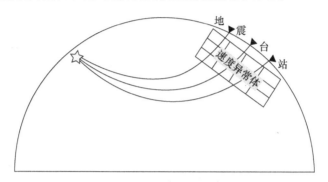

图 5.6　体波走时层析成像原理示意图

从某一震源传播到一台站的地震震相,其走时 T 及相应地震射线的路径 s 存在下列关系:

$$T = \int_s \frac{\mathrm{d}s}{c(s)} = \int_s u(s)\,\mathrm{d}s \tag{5-22}$$

式中 $c(s)$ 为传播路径上介质的速度,$u(s)$ 为相应慢度。

如图 5.7 所示,将传播介质速度模型参数化,各单元的波速就是待求的模型参数,则(5-22)式可写成如下离散求和的形式。

$$T_n = T_{ij} = \int_s u(s)\,\mathrm{d}s = \sum_{k=1}^{K} u_k \cdot \Delta s_{nk}, \tag{5-23}$$

式中下标 i 是地震源编号,j 是地震台编号,k 是研究区介质单元编号(研究区介质共离散为 K

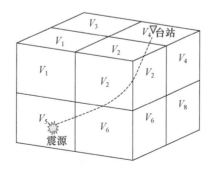

图 5.7　传播介质速度模型的离散化

113

个单元),n 是射线编号。T_{ij} 是由震源 i 到地震台 j 的射线走时(射线编号为 i);u_k 为介质单元 k 的地震波慢度;Δs_{nk} 为射线 n 在介质单元 k 中的长度。

设 $\boldsymbol{m}^{ref} = \begin{pmatrix} u_1 \\ \vdots \\ u_K \end{pmatrix}$ 为欲反演的介质各单元的慢度的初始估计;T_{ne} 是将初始模型代入(5-23)式

所计算的射线 n 的理论走时;T_{no} 是射线 n 的实际观测走时。令

$$\Delta \boldsymbol{d} = \begin{pmatrix} \vdots \\ T_{ne} - T_{no} \\ \vdots \end{pmatrix}; \quad n = 1, 2, 3, \cdots, N, \tag{5-24}$$

$$\boldsymbol{G} = \begin{bmatrix} \partial T_1/\partial u_1 & \cdots & \cdots & \partial T_1/\partial u_K \\ \vdots & \vdots & \vdots & \vdots \\ \vdots & \vdots & \partial T_i/\partial u_j & \vdots \\ \vdots & \vdots & \cdots & \\ \partial T_N/\partial u_1 & \vdots & \cdots & \partial T_N/\partial u_K \end{bmatrix}, \tag{5-25}$$

则有

$$\Delta \boldsymbol{d} = \boldsymbol{G} \cdot \Delta \boldsymbol{m} \tag{5-26}$$

由(5-26)式可以解出参考模型的修正向量 $\Delta \boldsymbol{m}$,从而进一步得到修正后的介质模型 $\boldsymbol{m}$。这个校正后的模型可以作为下一次迭代反演时新的参考模型。重复上述过程,直到 $\Delta \boldsymbol{d}$ 或 $\Delta \boldsymbol{m}$ 足够小,满足设定的收敛要求。$\Delta \boldsymbol{d}$、$\boldsymbol{G}$、$\Delta \boldsymbol{m}$ 分别称为数据向量、观测矩阵及未知参量向量。

根据反演理论可求得方程(5-26)的可能解答。对实际问题,由于观测资料存在噪声及射线在介质中的分布不均匀,甚至在介质单元离散得过细时,会造成有些介质单元中无射线穿过,因而造成(5-26)方程也可能得不到合理的稳定解答。为了解决这个问题,提高解的稳定性,对(5-26)方程加阻尼约束有时是很必要的。如根据实际情况,可以将(5-26)方程修改为

$$\begin{cases} \Delta \boldsymbol{d} = \boldsymbol{G} \cdot \Delta \boldsymbol{m}, \\ \lambda \cdot \boldsymbol{F} \cdot \boldsymbol{m} = 0, \\ \boldsymbol{m} > 0, \end{cases} \tag{5-27}$$

式中 λ 是阻尼因子(通常取 $0.01 \sim 0.1$ 不等的小常数)。$\boldsymbol{F}$ 为设定的光滑矩阵,矩阵元由 $0, 1, -1$ 组成,根据物理问题设置这一矩阵的目的是用于平滑相邻单元的物性变化。(5-27)方程中 $\boldsymbol{m} > 0$ 是不等式约束。(5-27)方程称为带不等约束的阻尼最小二乘问题。(5-28)式给出了光滑矩阵 $\boldsymbol{F}$ 的一种典型表达:

$$\boldsymbol{F} = \begin{bmatrix} 1 & -1 & 0 & \cdots & 0 \\ 0 & 1 & \cdots & -1 & 0 \\ \vdots & \vdots & & \vdots & \vdots \\ \vdots & 0 & \cdots & 1 & -1 \\ 0 & \cdots & 1 & -1 & 0 \end{bmatrix}. \tag{5-28}$$

奇异值分解法(SVD——Singular-value decomposition)或背投(Back projection)迭代法通常是解(5-27)方程的两种最常用的方法。

图 5.8 给出了体波走时反演三维速度结构的一个实例。

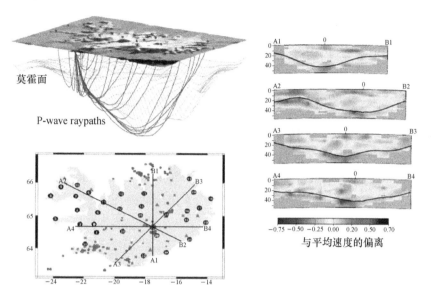

图 5.8 用区域地震 P 波走时资料反演冰岛地区地壳和上地幔速度结构

左上图：所用资料射线路径示意图；左下图：震中及台站分布；右图：所反演的三维速度结构在左下图所标记的各垂直剖面上的投影（根据 Yang T & Shen Y，2005，Earth Planet. Sci. Lett.，235：597—609 修改）

5.2.2 由面波频散曲线反演剪切波速度结构

利用地震体波或面波研究地球速度结构一直是地震学研究的热点之一。在地震波层析成像研究中，体波常用来研究纵波速度结构，而面波（瑞利波和洛夫波）常用来研究地壳和上地幔的横波速度结构。计算表明洛夫波以及瑞利面波传播速度主要对横波的速度敏感，对纵波波速和密度相对来说不敏感，所以地震学家通常利用测量得到的面波相速度或群速度频散资料反演地壳和上地幔横波速度结构。

面波群速度和相速度的测量在前面第 4 章中已经做了简要介绍，接下来就是利用面波的相速度频散曲线来反演各个地层的横波速度。下面以洛夫波为例，简单说明水平层状介质中如何由面波相速度反演横波速度。

对于沿 x_1 方向传播的洛夫波，位移的 u_1、u_3 分量都为 0，质点位移可表示如下：

$$u_1 = 0,$$
$$u_2 = l_a(x_3) \exp[\mathrm{i}(kx_1 - \omega t)], \tag{5-29}$$
$$u_3 = 0,$$

其中 k 和 ω 分别代表洛夫波的波数和角频率。假设我们研究的对象为各向同性介质，根据胡克定律，计算应力分量。除以下 4 个分量外，其余应力分量都为 0：

$$\tau_{12} = \tau_{21} = \mathrm{i}\mu k l_a \exp[\mathrm{i}(kx_1 - \omega t)],$$
$$\tau_{23} = \tau_{32} = \mu \frac{\mathrm{d}l_a}{\mathrm{d}x_3} \exp[\mathrm{i}(kx_1 - \omega t)]. \tag{5-30}$$

115

将应力和位移带入运动方程 $\rho\ddot{u}_i = \tau_{ji,j}$ 中,得到

$$-\rho(x_3)\omega^2 l_a = \frac{\mathrm{d}}{\mathrm{d}x_3}\left[\mu(x_3)\frac{\mathrm{d}l_a}{\mathrm{d}x_3}\right] - k^2\mu(x_3)l_a. \tag{5-31}$$

令 $\mu(x_3)\dfrac{\mathrm{d}l_a}{\mathrm{d}x_3} = l_b$,于是得到以下方程组:

$$\begin{aligned} \frac{\mathrm{d}l_a}{\mathrm{d}x_3} &= \frac{l_b}{\mu(x_3)}, \\ \frac{\mathrm{d}l_b}{\mathrm{d}x_3} &= \left[k^2\mu(x_3) - \rho(x_3)\omega^2\right]l_a. \end{aligned} \tag{5-32}$$

该问题的边界条件为:① 在自由表面,即 $x_3 = 0$ 时,$l_b = 0$;② $x_3 \to \infty$ 时,$l_a = 0$。洛夫波相速度 c 已知,ω 已知,通过 $k = \omega/c$ 可得到 k。利用数值方法,如 Runge-Kutta 法,可求解该方程组,最终得到剪切波速 $\beta(x_3) = \sqrt{\mu(x_3)/\rho(x_3)}$。图 5.9 给出的是面波相速度反演剪切波速度的例子。

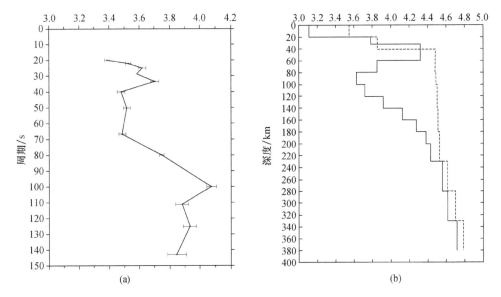

图 5.9　面波相速度反演剪切波速度的例子

(a) 不同周期洛夫波的相速度(km/s);(b) 虚线表示初始剪切波速度,实线为反演得到的剪切波速(km/s)随深度的变化

5.2.3　接收函数法

接收函数分 P 波接收函数和 S 波接收函数两种,本书只介绍 P 波接收函数。

将某地震台记录的某远震三分量地震波分别记为 $u_Z(t)$,$u_R(t)$,$u_T(t)$(Z,R,T 分别表示地震波的垂直、径向和切向分量),根据我们欲反演地球结构的深度要求定义时间窗的长度,用该时间窗截取地震波,截取后的地震波径向分量与垂直分量在频率域的比为

$$E_R(\omega) = \frac{U_R(\omega)}{U_Z(\omega)}, \tag{5-33}$$

$E_R(\omega)$ 的反傅里叶变换函数 $e_R(t)$ 称为 P 波的接收函数。

用接收函数反演地球结构的思想早在 20 世纪 70 年代就已经提出来了,1979 年 Langston

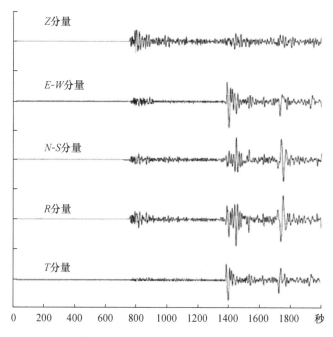

图 5.10　北京大学宽频带数字地震台的远震(震中距 60°)三分量记录图及旋转结果

研究了这个问题,他给出了等效震源的假定,从长周期远震体波中分离出接收函数。1984 年 Owens 等将这一方法扩展到了宽频带记录,并发展了接收函数的线性反演方法,研究了坎帕兰郡高原的构造。但由于当时台站稀少、所用资料为人工数字化得到的长周期数据,很难得到研究地区下的精细结构,与其他方法相比优势并不明显。20 世纪 90 年代以来,受数字地震观测技术发展的推动,利用宽频带地震台阵记录到的远震资料获得地壳和地幔各间断面结构信息的接收函数方法发展迅速,获得一系列重要成果。1997 年,Yuan 等发展了接收函数的偏移叠加方法,并用以研究上地幔间断面的横向变化。在国内,刘启元在宽频带地震台阵观测和接收函数方法研究方面做了许多工作,如接收函数的非线性反演和合成三维横向非均匀介质远震体波接收函数的方法等。接收函数方法的基本原理概述如下:

接收函数方法主要包括接收函数的提取、接收函数的波形反演和接收函数的偏移成像三大部分。接收函数的提取实质是一个反褶积的过程,得到记录台底下介质的接收函数;接收函数的波形反演采用理论图与观测图均方误差最小原则,用依据理论介质模型得到的理论接收函数拟合观测得到的接收函数,反演得到台站下方的地震波速度结构;接收函数的偏移成像是依据参考模型,通过偏移的方法将地表接收到的时域转换波波场还原至空间域,从而得到地下间断面的深度及几何形状。为了得到更高的分辨率,要对从大量远震记录图中直接提取的各接收函数进行叠加。

1. 接收函数的提取(Langston,1979[6])

在时间域,三分量远震 P 波波形数据 $u(t)$ 可表示为仪器脉冲响应 $i(t)$、有效震源时间函数 $s(t)$ 及介质结构脉冲响应 $e(t)$ 的卷积,即

$$u_Z(t) = i(t) * s(t) * e_Z(t),$$
$$u_R(t) = i(t) * s(t) * e_R(t),$$

(5-34)

下标 Z 和 R 分别表示垂直和径向分量。在频率域,上式的相应表达式是:

$$U_Z(\omega) = I(\omega)S(\omega)E_Z(\omega),$$
$$U_R(\omega) = I(\omega)S(\omega)E_R(\omega),\qquad (5\text{-}34)'$$

式中,ω 是角频率。理论计算与实际观测表明,近垂直入射的远震 P 波波形的垂直分量主要由近似脉冲的直达波构成,尾随波列能量较弱,可忽略不计,于是可假定介质结构的垂直向脉冲响应为

$$e_Z(t) \approx \delta(t), \quad E_Z(\omega) \approx 1. \qquad (5\text{-}35)$$

这时远震记录的垂直分量可近似表示成仪器响应与有效震源时间函数的卷积:

$$u_Z(t) \approx i(t) * s(t).$$

在(5-35)式条件下,由(5-34)$'$式有

$$E_R(\omega) = \frac{U_R(\omega)}{I(\omega)S(\omega)} \approx \frac{U_R(\omega)}{U_Z(\omega)} \qquad (5\text{-}36)$$

将 $E_R(\omega)$ 反变换到时间域后的 $e_R(t)$ 就是 P 波的接收函数。

在实际计算中,由于(5-36)式中的分母有可能趋于零,导致频率域的除法不稳定,可做如下修正:

$$E_R(\omega) = \frac{U_R(\omega) \cdot U_Z^*(\omega)}{\Phi(\omega)}G(\omega), \qquad (5\text{-}37)$$

式中,$\Phi(\omega) = \max\{U_Z(\omega) \cdot U_Z^*(\omega), c\}$,$G(\omega) = \exp(-\omega^2/4a^2)$。$0 < c < 1$ 称为"水准值",由经验选择,与数据噪声有关,并对结果的分辨率有重要影响;G 是高斯滤波器,压制高频分量;a 同样由经验选择。

2. 接收函数法反演地球结构的原理

不失一般性,以图 5.11 所示的简单地球模型反演地壳为例。在截取的包括 P 波到达的短时间窗中的地震波信息中,不但包含直达 P 波,还包含有紧跟 P 波到达的莫霍面转换的 Pms 波信息,由于(5-33)式定义的接收函数消除了震源的信息,接收函数只包含了地壳对 P 波的传播响应和对 S 波的传播响应。从图 5.11 右图显示的根据模型计算的理论接收函数可以清楚

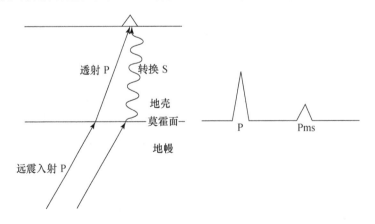

图 5.11 远震 P 波入射到莫霍面及相应接收函数

地看到：接收函数曲线上的两个波包分别代表的是 P 波和 Pms 波的到达,它们间的到时差由地壳厚度及平均速度决定。两个波包的振幅包含地幔及地壳介质物性(如泊松比、速度、密度)的信息。接收函数法反演地球结构的原理就是根据 P 波入射到速度间断面时部分能量将转换成 S 波,利用转换震相波的出现判断存在速度间断面,利用转换震相与没发生转换的波的到时差估计间断面的可能深度。用提取的接收函数与理论接收函数的拟合方法可以进一步反演台站底下地球结构的细节。

实际上,在地壳内及地幔深处还存在其他速度间断面。因此接收函数法现在不仅是探测莫霍面深度及地壳速度的有效方法,还被广泛应用于地壳及上地幔其他界面的探测及上地幔结构的反演研究中。显然,欲探测的地球速度结构的深度愈深,所要求截取的地震波长度就愈长,相应接收函数将变得更为复杂(图 5.12)。

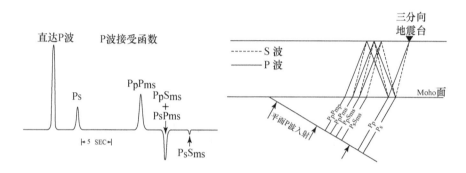

图 5.12　单层均匀地壳模型下远震 P 波的接收函数

(Owens et al. 1987[8])

3. 接收函数的偏移成像

实际地震波记录由于噪声的影响,使得部分转换波震相不清晰,单靠地震台的一个远震记录是难以提取有效的台站接收函数的。

如果射线路径相同,相应的接收函数应该也是一致的。因此,有选择地进行接收函数的叠加可减弱随机干扰的影响,增强 P-S 转换波信号。另外,不同震中距的地震,直达 P 波与 P-S 转换波之间走时差不同,需要做偏移处理。这是对地震图进行拉伸或者压缩的处理过程,会造成地震波形的一些畸变,但实践证明,与其增强信号的功能相比,畸变是可忽略的。对某一台站,选取一个参考速度模型进行偏移处理之后,以相同的深度为参照,对接收函数进行叠加,得到该台站下方的平均接收函数。如果对台网中每个台每条接收函数都按上述方法进行偏移处理,并对所有接收函数射线路径重合或交叉的部分进行叠加,则可以反演出台网底下三维结构。

图 5.13 是北京大学宽频带地震学研究组利用布设在山西的地震测线所获取的大量远震 P 波记录,通过接收函数法反演测线底下地球速度结构的一个实例。

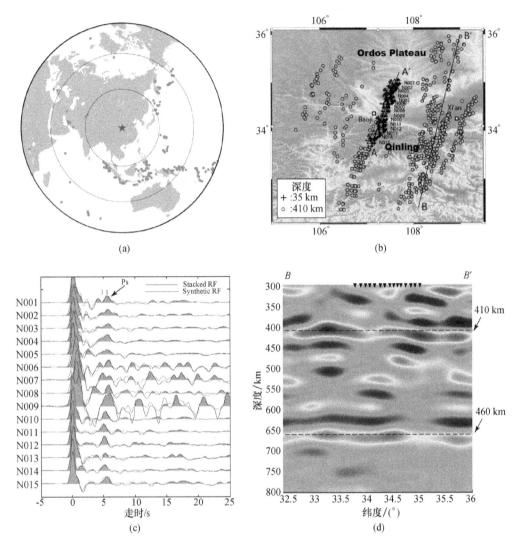

图 5.13 接收函数法应用实例

（a）选取地震的分布范围，黑点代表地震，五角星代表台站位置；（b）三角形代表台站，＋号表示接收到的地震射线穿透深 35 km 面（莫霍面附近）的点在地表的投影，圆圈表示射线穿透深 410 km 面的点在地表的投影；（c）接收函数的叠加与理论接收函数的拟合；（d）接收函数最终的成像图，黑三角标记台站位置，虚线标记反演得到速度间断面

5.3 反演方程的一般解法

地震学的反演问题，一般都可以表达为如下最优化问题：

$$\min \| \boldsymbol{F}(\boldsymbol{x}) - \boldsymbol{b} \|^2, \tag{5-38}$$

式中 $\boldsymbol{x}$ 为需要求解的未知参数向量，如果需反演的参数有 m 个，即为 m 维向量；$\boldsymbol{b}$ 为观测数据矢量，如果有 n 个观测数据，即为 n 维矢量；$\boldsymbol{F}$ 为根据模型建立的预测数据函数矢量，也为 n 维矢量。

令
$$R(x) = F(x) - b, \tag{5-39}$$

则(5-38)式等价为解 $R(x)$ 的最小问题, $R(x)$ 通常被称为残差函数。将 $R(x)$ 写成 Talor 展开的形式有

$$R(x) = R(x_k) + \frac{\partial R(x)}{\partial x}\bigg|_{x=x_k}(x - x_k) + O(x - x_k)^2, \tag{5-40}$$

其中
$$\frac{\partial R(x)}{\partial x} = \begin{bmatrix} \partial R_1(x)/\partial x_1 & \partial R_1(x)/\partial x_2 & \cdots \\ \partial R_2(x)/\partial x_1 & \partial R_2(x)/\partial x_2 & \cdots \\ \vdots & \vdots & \\ \partial R_n(x)/\partial x_1 & \partial R_n(x)/\partial x_2 & \cdots \end{bmatrix}, \tag{5-41}$$

即有
$$G(x_k)\Delta x_k = \Delta b_k, \tag{5-42}$$

式中
$$G(x_k) = \frac{\partial R(x)}{\partial x}\bigg|_{x=x_k}; \quad \Delta x_k = (x - x_k); \quad \Delta b_k = b - F(x_k). \tag{5-43}$$

(5-39)式的解法因具体问题 $R(x)$ 的表达不同可能有不同设计,这里我们介绍简单的高斯迭代法。首先针对具体问题,根据经验或其他相关知识,设定初值解 x_0 (设定的初值离最优解越近,越易找到全局最优解)。构造方程(5-39)的求解算法如下:

(1) 设 $k=0$, 将设定的初值解 x_0 代入(5-39)、(5-43)式,计算 $G(x_k)$ 和 Δb_k;

(2) 将上一步计算的 $G(x_k)$ 和 Δb_k 代入(5-42)式,即可解得 Δx_k;

(3) 将 $x_{k+1} = x_k + \Delta x_k$ 代入(5-39)式,计算收敛量

$$\text{conv} = \max\{(\|R(x_{k+1})\| - \varepsilon_1), (\|\Delta x_k\| - \varepsilon_2)\} < 0$$

是否满足。否,令 $k=k+1$, 转入 2° 进行下次迭代寻解;是,进入下一步;

(4) $x^* = x_{k+1}$ 即为所寻最优解, $\|R(x^*)\|$ 即为最终残差。

比较(5-26)式与(5-42)式我们可以看到它们有相同的形式,是典型的线性方程组。在地震学反演中,通常需选用尽可能多独立的观测资料,以增加解的可靠性和稳定性。

需要指出的是,实际工作中,由于受观测条件的限制,即使表面上所取的资料点足够多,但其中部分观测资料点间在物理上并不完全相互独立,从而造成反演问题实际上不是适定问题。为解决这个问题,我们通常如(5-27)式一样,加物理约束方程,将问题化为适定的。

附 5.1　有限频地震学反演

地震波射线理论是一种高频近似理论,而实际地震波的传播要复杂得多。考虑到因为地球介质中存在不均匀体,地震波传播到这些不均匀体时,会被它们散射,而这些不均匀体所散射的地震波会影响在台站接收到的地震波的振幅和走时,这种现象称为地震波的多路径现象。可以认为在台站接收到的地震波是除了如图 1 左虚线所示的路径之外还存在沿着多个路径传播到达台站的波,所以台站接收到的地震波实际是对地球内部一个很大的区域进行了采样。

对台站记录到的地震波,因为都是有限频率的,在射线周围第一菲涅耳带内的散射体产生的散射波都会在半个周期以内到达,从而影响相应震相的到时和振幅。最后可以发现有限频的远震体波敏感度在射线上面为零,得到的三维 Born-Fréchet 走时敏感度核,其形状像一个中空的香蕉,垂直于射线的切面上形状类似于甜甜圈,所以通常也将得到的敏感度核称为香蕉-甜甜圈核(Banana-doughnut kernel,见图 1)。

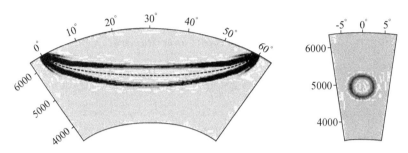

图 1   有限频地震波能量传播示意图

如果只考虑到这些散射体对地震波走时的影响,从 Born-Fréchet 走时敏感度核得到的地震波走时,表示了当有限频效应被考虑的情况下走时敏感度核范围内介质的速度扰动将导致走时偏移,这个走时偏移可以表示为

$$\delta t = \iiint_{\Theta} \frac{K(\boldsymbol{x})\delta c(\boldsymbol{x})\mathrm{d}^3\boldsymbol{x}}{c(\boldsymbol{x})}, \tag{1}$$

这里 $K(x)$ 是相对于一个走时偏移的三维 Fréchet 敏感度核,走时偏移通过地震波脉冲的互相关可以得到。而使用近轴假设得到的核函数可以用下面公式来表示(Dahlen et al.,2000,GRL):

$$K = \frac{1}{2\pi c} \frac{R}{c_r R' R''} \frac{\int_0^{+\infty} \omega^3 |S_{syn}(\omega)|^2 \sin(\omega\Delta T)\mathrm{d}\omega}{\int_0^{+\infty} \omega^3 |S_{syn}(\omega)|^2 \mathrm{d}\omega}, \tag{2}$$

这里 ΔT 表示的是在沿着直接的射线路径和沿着通过源和接收点之间一个单独的散射点的路径这两者之间的走时差;R, R' 和 R'' 分别代表没有扰动的射线、从源到散射点的射线和从接收点到散射点之间的几何扩散系数;c_r 是地震波(P 或 S 波)在接收点处的速度。而拟合脉冲的功率谱 $|S_{syn}(\omega)|^2$ 的出现,表明了互相关得到的差异走时所具有的频率依赖性。所以使用 Born-Fréchet 走时敏感度核构建的层析成像反演问题可以同样写为同经典射线理论相同的形式:

$$d_i = \int_D g_i(\boldsymbol{x})\boldsymbol{m}(\boldsymbol{x})\mathrm{d}^3\boldsymbol{x}, \tag{3}$$

其中 d_i 表示的是第 i 个走时数据,x 是三维模型空间 D 的位置向量,表示的是对应于模型参数 $m(x)$ 所在位置和数据 d_i 的 Born-Fréchet 三维敏感度核。这样得到的线性方程同经典射线理论构建的线性方程具有相同的结构,可以使用相同的线性反演方法求解。

相比经典射线理论走时层析成像反演,使用有限频理论的走时层析成像有许多优点。首先,相比射线理论,有限频理论更严密,也更接近真实的地震波传播,因为它考虑到地球介质中传播的地震波是有限频率的,是符合实际的。而建立在射线理论上的传统体波走时反演理论,假设地震波是无限高频,是一种理想近似;其次,因为考虑到了地震波的有限频特性,所以我们可以使用不同频率的地震波信号来进行反演,而不同频率的 Born-Fréchet 三维敏感度核所采样的地球介质范围不同,这就增加了在反演过程中可以使用的数据量,这对于增加对层析成像这样的混定问题的求解的可靠性是非常有用的。

思 考 题

1. 设地震波速度 $v=v(z)$,推导水平介质模型下 Herglotz-Wiechert 反演介质一维速度结构 $v(z)$ 相关公式,并写出工作流程。

2. 2008 年 5 月 12 日四川汶川地震的初始破裂点深度很浅,可以视为表面源。下面是我们读取的台网记录的汶川地震的第一个 P 波到时,请画出 $T(\Delta)$ 曲线,并设计程序用 Herglotz-Wiechert 法计算一维速度剖面。

台　名	震中距 /(°)	P 波初至 /s
S1	2.0	35.4
S2	4.2	66.7
S3	8.0	120.3
S4	11.0	161.7
S5	15.0	215.0
S6	20.0	277.0
S7	25.0	326.8
S8	30.0	372.5
S9	35.0	416.1
S10	40.0	458.1
S11	50.0	538.0
S12	55.0	573.1
S13	60.0	610.7
S14	65.0	641.7
S15	70.0	675.4
S16	75.0	704.6
S17	80.0	732.7
S18	90.0	782.3

3. 假设地球地壳为单层,地壳下为半无限均匀地幔层,地幔地震波速度大于地壳地震波速度。根据表 1.4(见本书 14 页)地震波 P 波走时资料,估计地壳及地幔顶部的 P 波速度。

(提示:超过临界震中距后,读取的第 1 个 P 波到时可能为 Pn 波。)

4. 如下图所示,为探测一 20 km×20 km 的研究区(外实线所围区)内的波速,在区域左边界向右 6 km,下边界向上 5 km 处设置一个炮点 A,并在研究区 4 周架设了 4 个地震台(图中黑三角所示),台 1、2、4、7 记录爆破 A 的 P 波走时分别为 1.45 秒、1.1 秒、2.16 秒及 2.75 秒;后将炮点移至 B 点(上边界向下 5 km,右边界向左 6 km),并将地震台移至空心三角所示位置,台 3、5、6、8 记录爆破 B 的 P 波走时分别为 2.60 秒、0.72 秒、0.71 秒及 2.35 秒。现将研究区如图离散成 S_1、S_2、S_3、S_4 四个 10 km×10 km 的区域,写出反演这四个区域 P 波平均速度的矩阵方程,并分别用最小二乘法和如(5-27)式的加平滑阻尼的最小二乘法(阻尼取 0.2)求解研究区速度分布。如图按 5 km×5 km 将研究区网格化,结果又会如何?并讨论平滑阻尼的作用。

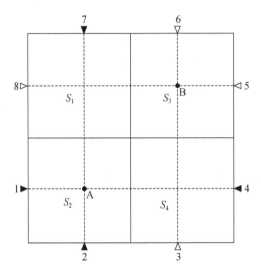

参考文献

[1] Aki K,Christoffersson A,Husebye E S. 1977. Determination of the three-dimensional seismic structure of the lithosphere. J Geophys Res,82(2):277—296.

[2] Aki K,Lee W H K. 1976. Determination of the three-dimensional velocity anomalies under a seismic array using first P arrival times from local earthquakes 1. A homogeneous initial model. J Geophys Res. 81(23):4381—4399.

[3] Dahlen F A,Hung S H,Nolet G. 2000. Fréchet kernels for finite-frequency traveltimes—I. Theory. Geophys J Int,141(1):157—174.

[4] Dziewonski A M,Hager B H,O'Connell R J. 1977. Large-scale heterogeneities in the lower mantle. J Geophys Res,82(2):239—255.

[5] Herglotz G. 1907. über das Benndorfsche Problem der Fortpflanzungsgeschwindigkeit der Erdbebenstrahlen. Zeitschr. für Geophys,8:145—147.

[6] Langston C A. 1979. Structure under Mount Rainier,Washington,inferred from teleseismic body waves. J Geophys Res,84(B9):4749—4762.

[7] Marquering H,Dahlen F A,Nolet G. 1999. Three-dimensional sensitivity kernels for finite—frequency traveltimes:the banana-doughnut paradox. Geophys J Int,137(3):805—815.

[8] Owens T J,Taylor S R,Zandt G. 1987. Crustal structure at regional seismic test network stations determined from inversion of broadband teleseismic p waveforms. Bull Seis Soc Am,77(2):631—662.

[9] Owens T J,Zandt G,Taylor S R. 1984. Seismic evidence for an ancient rift beneath the Cumberland Plateau,

Tennessee: A detailed analysis of broadband teleseismic P waveforms. J Geophys Res,89(B9): 7783—7795.

[10] Rawlinson N, Pozgay S, Fishwick S. 2010. Seismic tomography: A window into deep Earth. Phys Earth Planet Inter, 178(3): 101—135.

[11] Wiechert E. 1910. Bestimmung des Weges der Erdbebenwellen im Erdinnern. I. Theoretisches. Phys. Z. 11: 294—304.

[12] Yang T, Shen Y. 2005. P-wave velocity structure of the crust and uppermost mantle beneath Iceland from local earthquake tomography. Earth Planet Sci Lett,235(s 3-4), 597—609.

[13] Yuan X, Ni J, Kind R, et al. 1997. Lithospheric and upper mantle structure of southern Tibet from a seismological passive source experiment. J Geophys Res,102(B12): 27491—27500.

[14] 刘启元,Kind R,李顺成. 接收函数复谱比的最大或然性估计及非线性反演. 地球物理学报, 1996. 39(4): 500—511.

第6章 地震震源

前几章主要介绍的是地震波的传播理论。地震激发的地面运动记录(地震图)是震源效应、地震波传播过程中的介质响应、台站场地效应和仪器响应的卷积。地震波能量在不同类型波(如P波和S波)中所占的比例和在频率上的分配,是与震源的性质密切相关的。如爆炸源激发的P波能量较强,而震源破裂持续时间长的大地震则可能激发出有较强能量的长周期地震波等。认识震源的力学机制和地震波的激发机制是地震学的重要内容,也是工程地震、地震活动性研究及地震预测研究的重要理论基础。

6.1 爆炸点源激发的地震波

设在无限均匀、各向同性弹性介质中存在体力 $f(x)$ 作用,根据(2-46)式,有体力源的地震波的波动方程为

$$\rho \frac{\partial^2 \boldsymbol{u}}{\partial t^2} = (\lambda + \mu) \nabla (\nabla \cdot \boldsymbol{u}) + \mu \nabla^2 \boldsymbol{u} + \boldsymbol{f},$$

这里 f 是单位体积介质中的体力作用,可称为体力密度。可令

$$\boldsymbol{u} = \nabla \varphi + \nabla \times \boldsymbol{\Psi},$$
$$\boldsymbol{f} = \nabla F + \nabla \times \boldsymbol{G}, \tag{6-1}$$

这里 φ 和 $\boldsymbol{\Psi}$ 分别是位移 $\boldsymbol{u}$ 的标量势和矢量势,这是位移的 Helmhotz 势的表达方式;类似地,F 和 $\boldsymbol{G}$ 分别是表示力矢量 $\boldsymbol{f}$ 的标量势和矢量势。采用(6-1)式的表达后,φ 将满足方程

$$\rho \frac{\partial^2 \varphi}{\partial t^2} = (\lambda + 2\mu) \nabla^2 \varphi + F. \tag{6-2}$$

今考虑简单的情况,假定力源为一理想的球对称的集中点源,并且该点源正好位于坐标原点 O,这时可将标量力势 F 表示为

$$F = F(t)\delta(r). \tag{6-3}$$

根据力源的球对称性可判断有

$$\boldsymbol{G} = 0, \quad \boldsymbol{\Psi} = 0. \tag{6-3}'$$

(6-3)式表明,理想的球对称膨胀或收缩点源是无旋力场作用,这种震源在均匀、各向同性弹性介质中不可能激发S波。在球坐标系中的方程(6-2)可表示为

$$\frac{1}{\alpha^2} \frac{\partial^2 \varphi}{\partial t^2} - \frac{1}{r^2} \frac{\partial}{\partial r} \left(r^2 \frac{\partial \varphi}{\partial r} \right) = \frac{F(t)\delta(r)}{\alpha^2 \rho}, \tag{6-4}$$

式中 $\alpha = \sqrt{(\lambda + 2\mu)/\rho}$ 表示纵波的传播速度。

(6-4)式是有源的波动方程,该方程的一般解为

$$\varphi(r,t) = -\frac{F(t - r/\alpha)}{r}, \tag{6-5}$$

$$\boldsymbol{u}(\boldsymbol{r},t) = \nabla \varphi = \frac{\partial \varphi}{\partial r} \hat{\boldsymbol{r}} = \frac{1}{r^2} F(t - r/\alpha) \hat{\boldsymbol{r}} + \frac{1}{r} \cdot \frac{1}{\alpha} \frac{\partial F(\tau)}{\partial \tau} \hat{\boldsymbol{r}}, \tag{6-6}$$

式中：$\tau=(t-r/\alpha)$ 称为延迟时间，即 r 点在 t 时刻接收到的波动 $u(r,t)$ 是震源处在前一时刻 τ 时发出的波。

理想的球对称爆炸源只激发 P 波，但实际爆炸源的地震记录上也会看到 S 波震相。这是因为 P 波在传播到地球内部的速度间断面及地球自由面上时都可能发生转换，产生 S 波。根据地震波理论，由 P 波转换的 S 波是 SV 型的波动。但实际爆炸源记录图上也会存在 SH 型的 S 波和洛夫波。可能原因有：① 爆炸源不是纯均匀膨胀的球对称震源，存在剪切形变分量；② 地球介质的各向异性影响。天然地震震源大都是断层的剪切破裂和错动震源，其释放的 S 波能量一般显著大于 P 波，而爆炸源释放的 P 波的能量一般显著大于 S 波的。这一差别被用来作为区分天然地震源与爆破源的参考指标之一。

6.2　地震位错模型与格林(Green)函数

6.2.1　唯一性定理

在时间 t_0 之后，以 S 为表面所包围的体积为 V 的介质体中的位移场 $u(x,t)$，由介质体 V 内 t_0 时刻的初始位移场和速度场，以及当 $t \geqslant t_0$ 时的以下变量唯一确定：① 施加于介质体 V 上的体力 f 和热能 $\widetilde{A}$；② S 上任一部分 S_1 上的牵引力 T；③ S 的其余部分($S_2=S-S_1$)上位移的数值。

证明　设 u_1,u_2 是满足同样初始条件和同样条件①～③的任意解。则 $U=u_1-u_2$ 是零初始条件、零体力、零热能输入/输出、S 上零边界条件(S_1 表面上零面力和 $S_2=S-S_1$ 表面上零位移)下的解。

当 $t \geqslant t_0$ 时，对 V 和 S 所做的机械功为 0，且介质体 V 与外界无能量交换，初始条件是介质体 V 的机械能为 0，则有

$$\iiint\limits_V \frac{\rho}{2}\dot{U}_i\dot{U}_i\mathrm{d}V + \iiint\limits_V \frac{1}{2}c_{ijkl}U_{i,j}U_{k,l}\mathrm{d}V = 0. \tag{6-7}$$

由于运动能和应变能都是正的有限值，所以，对于 $t \geqslant t_0$ 有：$\dot{U}_i=0$。又因为当 $t=t_0$ 时的初位移为 0，则：$U_i(x,t)\equiv0$，即：$u_1\equiv u_2$。唯一性定理成立。

6.2.2　Betti 定理(互易定理)

对以同一 S 为表面所包围的体积 V 内的弹性介质，假定 $u=u(x,t)$ 是由体力 f、面 S 上的边界力 $T(u,n)$ 和 $t=0$ 时的初始条件引起的区域内的质点位移，n 是面元 $\mathrm{d}S$ 的法线；又假定 $v=v(x,t)$ 是体力 g、面 S 上的另一组边界力 $H(v,n)$ 和 $t=0$ 的另外的初始条件引起的质点位移。弹性力学理论证明，上述两组位移场 u 和 v 之间存在以下的互易关系：

$$\iiint\limits_V (f-\rho\ddot{u})\cdot v\,\mathrm{d}V + \iint\limits_S [T(u,n)\cdot v]\mathrm{d}S$$
$$= \iiint\limits_V (g-\rho\ddot{v})\cdot u\,\mathrm{d}V + \iint\limits_S [H(v,n)\cdot u]\mathrm{d}S. \tag{6-8}$$

证明　考虑(6-8)式左端，

$$\rho\ddot{u}_i = f_i + \tau_{ij,j}, \tag{6-9}$$

$$T_i = \tau_{ij}n_j, \tag{6-10}$$

$$\tau_{ij} = c_{ijkl}e_{kl} = c_{ijkl}u_{k,l},$$

$$\tau_{kl} = c_{ijkl}e_{ij} = c_{ijkl}u_{i,j}, \tag{6-11}$$

则

$$\iiint_V (\boldsymbol{f} - \rho\ddot{\boldsymbol{u}}) \cdot \boldsymbol{v}\,\mathrm{d}V + \iint_S \boldsymbol{T} \cdot \boldsymbol{v}\,\mathrm{d}S$$

$$= -\iiint_V \tau_{ij,j}^{(1)}v_i\,\mathrm{d}V + \iiint_V (\tau_{ij}^{(1)}v_i)_{,j}\,\mathrm{d}V$$

$$= \iiint_V \tau_{ij}^{(1)}v_{i,j}\,\mathrm{d}V = \iiint_V c_{ijkl}u_{k,l}v_{i,j}\,\mathrm{d}V. \tag{6-12}$$

同理由(6-8)式右端可推得

$$\iiint_V (\boldsymbol{g} - \rho\ddot{\boldsymbol{v}}) \cdot \boldsymbol{u}\,\mathrm{d}V + \iint_S \boldsymbol{H} \cdot \boldsymbol{u}\,\mathrm{d}S = \iiint_V c_{ijkl}v_{k,l}u_{i,j}\,\mathrm{d}V$$

$$= \iiint_V c_{ijkl}v_{i,j}u_{k,l}\,\mathrm{d}V, \tag{6-13}$$

即 Betti 定理成立。

注意该定理不涉及 $\boldsymbol{u}(\boldsymbol{x},t)$ 和 $\boldsymbol{v}(\boldsymbol{x},t)$ 的初始条件,即使 $\boldsymbol{u}$、$\boldsymbol{T}$、$\boldsymbol{f}$ 是在 t_1 时赋值,而 $\boldsymbol{v}$、$\boldsymbol{H}$、$\boldsymbol{g}$ 是在 t_2 时赋值,(6-8)式仍然成立。若取 $t_1 = t, t_2 = \tau - t$;并设在参考时间原点之前,介质体处于静止状态,且无初应变,即

$$\boldsymbol{u}(\boldsymbol{x},t\leqslant 0) = \boldsymbol{v}(\boldsymbol{x},t\leqslant 0) = 0; \dot{\boldsymbol{u}}(\boldsymbol{x},t\leqslant 0) = \dot{\boldsymbol{v}}(\boldsymbol{x},t\leqslant 0) = 0, \tag{6-14}$$

则有

$$\int_{-\infty}^{+\infty} \rho\{\ddot{\boldsymbol{u}}(\boldsymbol{x},t) \cdot \boldsymbol{v}(\boldsymbol{x},\tau-t) - \boldsymbol{u}(\boldsymbol{x},t) \cdot \ddot{\boldsymbol{v}}(\boldsymbol{x},\tau-t)\}\mathrm{d}t$$

$$= \int_0^\tau \rho\{\ddot{\boldsymbol{u}}(\boldsymbol{x},t) \cdot \boldsymbol{v}(\boldsymbol{x},\tau-t) - \boldsymbol{u}(\boldsymbol{x},t) \cdot \ddot{\boldsymbol{v}}(\boldsymbol{x},\tau-t)\}\mathrm{d}t$$

$$= \rho\int_0^\tau \frac{\partial}{\partial t}\{\dot{\boldsymbol{u}}(\boldsymbol{x},t) \cdot \boldsymbol{v}(\boldsymbol{x},\tau-t) + \boldsymbol{u}(\boldsymbol{x},t) \cdot \dot{\boldsymbol{v}}(\boldsymbol{x},\tau-t)\}\mathrm{d}t$$

$$= \rho\{\dot{\boldsymbol{u}}(\tau) \cdot \boldsymbol{v}(0) - \dot{\boldsymbol{u}}(0) \cdot \boldsymbol{v}(\tau) + \boldsymbol{u}(\tau) \cdot \dot{\boldsymbol{v}}(0) - \boldsymbol{u}(0) \cdot \dot{\boldsymbol{v}}(\tau)\} = 0. \tag{6-15}$$

对(6-8)式两端在时间范围 $(-\infty, +\infty)$ 作积分,并考虑(6-15)式的结果,有

$$\int_{-\infty}^{+\infty}\mathrm{d}t \iiint_V \{\boldsymbol{u}(\boldsymbol{x},t) \cdot \boldsymbol{g}(\boldsymbol{x},\tau-t) - \boldsymbol{v}(\boldsymbol{x},\tau-t) \cdot \boldsymbol{f}(\boldsymbol{x},t)\}\mathrm{d}V$$

$$\tag{6-16}$$

$$= \int_{-\infty}^{+\infty}\mathrm{d}t \iint_S \{\boldsymbol{T}(\boldsymbol{x},t) \cdot \boldsymbol{v}(\boldsymbol{x},\tau-t) - \boldsymbol{H}(\boldsymbol{x},\tau-t) \cdot \boldsymbol{u}(\boldsymbol{x},t)\}\mathrm{d}S.$$

6.2.3 格林函数与等效源理论

格林函数定义:单位脉冲、点力源所激发的地震波场函数,称为格林函数,记为 $\boldsymbol{G}(\boldsymbol{x},t;\boldsymbol{\xi},\tau)$,其中 $(\boldsymbol{\xi},\tau)$ 分别代表的是脉冲点源的位置坐标与发生时间;$(\boldsymbol{x},t)$ 是观测场点的位置坐标与观测时间。

令(6-16)式中体力 $\boldsymbol{g}$ 为在 $\boldsymbol{n}$ 方向作用的集中脉冲力:

$$g_i = \delta(\boldsymbol{x}-\boldsymbol{\xi})\delta(t-\tau)\delta_{in}, \tag{6-17}$$

取

$$v_i = G_{in}(\boldsymbol{x},t;\boldsymbol{\xi},\tau), \tag{6-18}$$

将(6-17)和(6-18)代入(6-16)式,可得到:

$$u_n(\boldsymbol{x},t) = \int_{-\infty}^{+\infty}\mathrm{d}\tau \iiint_V f_i(\boldsymbol{\xi},\tau)G_{in}(\boldsymbol{\xi},t-\tau;\boldsymbol{x},0)\mathrm{d}V(\boldsymbol{\xi})$$

$$+\int_{-\infty}^{+\infty}\mathrm{d}\tau\iint_{S}\{G_{in}(\boldsymbol{\xi},t-\tau;\boldsymbol{x},0)\cdot T_i(\boldsymbol{\xi},\tau)$$

$$-u_i(\boldsymbol{\xi},\tau)\cdot c_{ijkl}(\boldsymbol{\xi})\cdot n_j\cdot G_{kn,l}(\boldsymbol{\xi},t-\tau;\boldsymbol{x},0)\}\mathrm{d}S(\boldsymbol{\xi}),\qquad(6\text{-}19)$$

式中
$$G_{kn,l}(\boldsymbol{\xi},t-\tau;\boldsymbol{x},0)=G_{kn,l}(\boldsymbol{x},t-\tau;\boldsymbol{\xi},0)=\frac{\partial G_{kn}(\boldsymbol{x},t-\tau;\boldsymbol{\xi},0)}{\partial\xi_l}.$$

(6-19)式称为震源表示定理,它阐述了介质中某点的位移 $\boldsymbol{u}(\boldsymbol{x},t)$,是由整个 V 内所有体力源 $\boldsymbol{f}$ 对激发波动位移的贡献,加上所有 S 上的牵引力 $\boldsymbol{T}$ 和位移 $\boldsymbol{u}$ 对波动位移的贡献。

对实际地震的震源,应该用一个什么样的力函数来适当描述震源的力学过程呢?里德 (H. F. Reid)1910 年发表的有关构造地震成因的断层弹性回跳理论,认为地震是由活动断层的瞬时滑动引起的,这种突然滑动将激发地震波向外传播。现在的问题是,能否用表示定理描述这种断层间的相互错动(位错,dislocation)所激发的地震波场。

如图 6.1 所示,断层面在介质体内实际切割出两个内表面,分别记为 Σ^+ 和 Σ^-。现取由外表面和两个内表面所围成的区域作为连续介质体区域 V,即该连续介质体包括一个外表面 S 和两个内表面 Σ^+ 和 Σ^-。这两个内表面是断层的相对两面,位移场在这里是间断的,运动方程在 S 面包围的介质体内不是处处满足的,但在 $(S+\Sigma^++\Sigma^-)$ 所包围的介质体 V 内部是完全

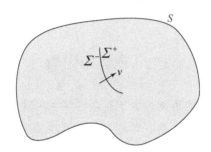

图 6.1　外表面 S 所包围的连续介质内部存在断层面 Σ

满足的,所以表示定理在 V 内部是适用的。表面 S 的形状及其上的边界条件是根据实际问题选取的,我们可选取这样的虚拟 S 面,使 $\boldsymbol{u}$ 和 $\boldsymbol{G}$ 在 S 上都满足齐次边界条件。在 $(S+\Sigma^++\Sigma^-)$ 所包围的介质体内无其他震源,体力项仅有重力,可以忽略。则由(6-19)式有

$$u_n(\boldsymbol{x},t)=\int_{-\infty}^{+\infty}\mathrm{d}\tau\iint_{S+\Sigma^++\Sigma^-}\{G_{in}(\boldsymbol{\xi},t-\tau;\boldsymbol{x},0)T_i(\boldsymbol{\xi},\tau)-u_i(\boldsymbol{\xi},\tau)c_{ijkl}n_jG_{kn,l}(\boldsymbol{\xi},t-\tau;\boldsymbol{x},0)\}\mathrm{d}S(\boldsymbol{\xi})$$

$$=\int_{-\infty}^{+\infty}\mathrm{d}\tau\iint_{\Sigma^+}\{G_{in}(\boldsymbol{\xi},t-\tau;\boldsymbol{x},0)T_i(\boldsymbol{\xi},\tau)-u_i(\boldsymbol{\xi},\tau)c_{ijkl}G_{kn,l}(\boldsymbol{\xi},t-\tau;\boldsymbol{x},0)n_j^+\}\mathrm{d}\Sigma(\boldsymbol{\xi})$$

$$+\int_{-\infty}^{+\infty}\mathrm{d}\tau\iint_{\Sigma^-}\{-G_{in}(\boldsymbol{\xi},t-\tau;\boldsymbol{x},0)T_i(\boldsymbol{\xi},\tau)-u_i(\boldsymbol{\xi},\tau)c_{ijkl}G_{kn,l}(\boldsymbol{\xi},t-\tau;\boldsymbol{x},0)n_j^-\}\mathrm{d}\Sigma(\boldsymbol{\xi})$$

$$=\int_{-\infty}^{+\infty}\mathrm{d}\tau\iint_{\Sigma}\{[u_i(\boldsymbol{\xi},\tau)]c_{ijkl}n_j\partial G_{nk}(\boldsymbol{x},t-\tau;\boldsymbol{\xi},0)/\partial\xi_l\}\mathrm{d}\Sigma(\boldsymbol{\xi}),\qquad(6\text{-}20)$$

式中
$$[u_i(\boldsymbol{\xi},\tau)]\equiv u_i(\boldsymbol{\xi},\tau)\mid_{\Sigma^+}-u_i(\boldsymbol{\xi},\tau)\mid_{\Sigma^-}\qquad(6\text{-}21)$$

$$n_j^+=-n_j^-=-n_j\qquad(6\text{-}22)$$

(6-20)式说明,在介质的外边界上无震动的条件下(例如,外边界在无穷远处),地震所激发的地震波场,由断层面上的位错分布唯一确定。

令
$$m_{kl} = [u_i]n_j c_{ijkl}. \tag{6-23}$$

由(2-25)式,对各向同性体
$$c_{ijkl} = \lambda\delta_{ij}\delta_{kl} + \mu(\delta_{ik}\delta_{jl} + \delta_{il}\delta_{jk}),$$

则各向同性介质中,(6-23)式可进一步简化为
$$m_{kl} = \lambda[u_i]n_i\delta_{kl} + \mu\{[u_k]n_l + [u_l]n_k\}. \tag{6-24}$$

对纯剪切源,只存在沿断层面的位错,则(6-24)可进一步化简为
$$m_{kl} = \mu\{[u_k]n_l + [u_l]n_k\} \tag{6-25}$$

(6-20)式可以进一步写为
$$u_n(\boldsymbol{x},t) = \iint_\Sigma \{[u_i(\boldsymbol{\xi},t)]c_{ijkl}n_j\} * \left\{ \frac{\partial G_{nk}(\boldsymbol{x},t;\boldsymbol{\xi},0)}{\partial \xi_l} \right\} \mathrm{d}\Sigma(\boldsymbol{\xi})$$
$$= \iint_\Sigma m_{kl}(\boldsymbol{\xi},t) * \frac{\partial G_{nk}(\boldsymbol{x},t;\boldsymbol{\xi},0)}{\partial \xi_l} \mathrm{d}\Sigma(\boldsymbol{\xi}), \tag{6-26}$$

式中星号表示两个时间函数的褶积运算。

(6-26)式中积分号下的前一项是震源项,后一项是介质响应项。由(6-23)~(6-25)式可以清楚地看到,$\boldsymbol{m}$ 代表的是一个张量,$(m_{kl}\mathrm{d}\Sigma)$ 具有力矩的量纲,可将 $\boldsymbol{m}$ 称为地震矩(面)密度。

6.3 地震矩张量

在远场,即当震源至观测点的距离远大于有限的震源尺度,并且地震波长也远大于震源尺度时,可将震源近似看成一个点源。当波长远大于震源尺度时,可认为断层上不同面元 $\mathrm{d}\Sigma$ 上激发的地震波都近似是同相位的,整个断层面源可以近似成一个点(如断层的中心点)上的力偶和偶极力系,其地震矩张量等于断层面上矩密度在断层面上的积分。因此,点源近似下,(6-26)式可简化为
$$u_n(\boldsymbol{x},t) = M_{kl} * G_{nk,l}, \tag{6-27}$$

式中星号表示两个时间函数的褶积运算,其中
$$M_{kl}(t) = \iint_\Sigma m_{kl}(\boldsymbol{\xi},t)\mathrm{d}\Sigma(\boldsymbol{\xi}). \tag{6-28}$$

M_{kl} 称为地震矩张量,它应该有 6 个独立的分量。但对纯平面剪切错动源,由于其迹为零,因此仅有 5 个独立的分量。

如果忽略震源破裂的时间细节过程,现考虑地震发生前后断层错动这一简化情形。设断层面的法线方向为 $\boldsymbol{n}=(1,0,0)$,断层面面积为 A,位错在断层面上均匀分布,位错矢量为 $[\boldsymbol{u}]=(0,D,0)$,介质各向同性。由(6-25)式及(6-28)式不难导出:
$$\boldsymbol{M} = \begin{bmatrix} 0 & M_0 & 0 \\ M_0 & 0 & 0 \\ 0 & 0 & 0 \end{bmatrix}, \tag{6-29}$$

式中
$$M_0 = \mu DA. \tag{6-30}$$

M_0 称为标量地震矩,是表示震源强度的科学量度,单位是 N·m(牛[顿]·米)。

6.4 均匀弹性介质中静位错源产生的位移场

前面已经导出弹性介质中的位错震源产生的地震波等效于地震矩产生的地震波,即位错源与矩张量源等效。本节讨论静力学位错源在弹性介质中产生的位移场特征。

为后面叙述方便,现定义集中作用的点源体力如下:

$$\boldsymbol{F} = \lim_{\substack{\delta V \to 0 \\ |f| \to \infty}} (\boldsymbol{f} \delta V), \tag{6-31}$$

即集中力 $\boldsymbol{F}$ 的作用,表示的是受体力作用的体积趋于零、而单位体积的体力 $\boldsymbol{f}$ 的大小趋于无穷时的极限情况。在此极限情况下的特殊的单位体积的体力 $\boldsymbol{f}$ 也可表示成

$$\boldsymbol{f} = \boldsymbol{F}\delta(\boldsymbol{r} - \boldsymbol{\xi}), \tag{6-32}$$

式中 $\boldsymbol{\xi}$ 是集中力作用点的位置矢量,

$$\delta(\boldsymbol{r}) = \begin{cases} 0, & r \neq 0, \\ \infty, & r = 0, \end{cases}$$

$$\int_V \delta(\boldsymbol{r}) \mathrm{d}V = 1, \quad V \text{ 包含 } r = 0 \text{ 的点},$$

这里用的是三维 δ 函数:

$$\delta(\boldsymbol{r} - \boldsymbol{\xi}) = \delta(x_1 - \xi_1)\delta(x_2 - \xi_2)\delta(x_3 - \xi_3).$$

由场论数学的高斯定理可得到在球坐标下有

$$\delta(\boldsymbol{r}) = \frac{-1}{4\pi} \nabla^2 \left(\frac{1}{|\boldsymbol{r}|} \right). \tag{6-33}$$

6.4.1 点源单力产生的静态位移场

考虑一点源力

$$\boldsymbol{f} = X_0 \delta(\boldsymbol{x} - \boldsymbol{\xi})\hat{\boldsymbol{a}} = -\frac{X_0}{4\pi} \nabla^2 \left(\frac{\hat{\boldsymbol{a}}}{|\boldsymbol{x} - \boldsymbol{\xi}|} \right)$$
$$= -\frac{X_0}{4\pi} \left\{ \nabla \left(\nabla \cdot \frac{\hat{\boldsymbol{a}}}{|\boldsymbol{x} - \boldsymbol{\xi}|} \right) - \nabla \times \nabla \times \frac{\hat{\boldsymbol{a}}}{|\boldsymbol{x} - \boldsymbol{\xi}|} \right\}, \tag{6-34}$$

式中 $\hat{\boldsymbol{a}}$ 为集中力作用方向的单位矢量。应用第 2 章介绍的均匀弹性介质中的波动方程 (2-47) 式

$$\rho \frac{\partial^2 \boldsymbol{u}}{\partial t^2} = (\lambda + 2\mu) \nabla (\nabla \cdot \boldsymbol{u}) - \mu \nabla \times \nabla \times \boldsymbol{u} + \boldsymbol{f},$$

如果只研究力源产生的静位移场,可令上式中的 $\frac{\partial^2 \boldsymbol{u}}{\partial t^2} = 0$,则有

$$(\lambda + 2\mu) \nabla (\nabla \cdot \boldsymbol{u}) - \mu \nabla \times \nabla \times \boldsymbol{u} + \boldsymbol{f} = 0. \tag{6-35}$$

用亥姆霍兹(Helmholtz)势表示法,可令位移

$$\boldsymbol{u} = \nabla (\nabla \cdot \boldsymbol{A}_P) - \nabla \times \nabla \times \boldsymbol{A}_S, \tag{6-36}$$

即有

$$\begin{cases} \boldsymbol{u}_P = \nabla (\nabla \cdot \boldsymbol{A}_P), \\ \boldsymbol{u}_S = -\nabla \times \nabla \times \boldsymbol{A}_S. \end{cases} \tag{6-37}$$

将 (6-34)、(6-36) 式代入方程 (6-35),略去无意义的常数后,可得

$$(\lambda + 2\mu)\,\nabla^2 \boldsymbol{A}_\mathrm{P} = \frac{X_0 \hat{\boldsymbol{a}}}{4\pi|\boldsymbol{x}-\boldsymbol{\xi}|}, \quad \mu\nabla^2 \boldsymbol{A}_\mathrm{S} = \frac{X_0 \hat{\boldsymbol{a}}}{4\pi|\boldsymbol{x}-\boldsymbol{\xi}|}.$$

如果取 $\boldsymbol{A}_\mathrm{P} = A_\mathrm{P}\hat{\boldsymbol{a}}, \boldsymbol{A}_\mathrm{S} = A_\mathrm{S}\hat{\boldsymbol{a}}$，则有

$$(\lambda + 2\mu)\,\nabla^2 A_\mathrm{P} = \frac{X_0}{4\pi|\boldsymbol{x}-\boldsymbol{\xi}|}, \tag{6-38}$$

$$\mu\nabla^2 A_\mathrm{S} = \frac{X_0}{4\pi|\boldsymbol{x}-\boldsymbol{\xi}|}. \tag{6-39}$$

如果利用 $\nabla^2 \boldsymbol{r} = \nabla \cdot \nabla r = \nabla \cdot \dfrac{\boldsymbol{r}}{r} = \dfrac{2}{r}$，这里 $r = |\boldsymbol{x}-\boldsymbol{\xi}|$，在略去无意义的常数差异后可得

$$A_\mathrm{P} = \frac{X_0|\boldsymbol{x}-\boldsymbol{\xi}|}{8\pi(\lambda+2\mu)}, \quad A_\mathrm{S} = \frac{X_0|\boldsymbol{x}-\boldsymbol{\xi}|}{8\pi\mu}, \tag{6-40}$$

或 $$\boldsymbol{A}_\mathrm{P} = \frac{X_0|\boldsymbol{x}-\boldsymbol{\xi}|}{8\pi(\lambda+2\mu)}\hat{\boldsymbol{a}}, \quad \boldsymbol{A}_\mathrm{S} = \frac{X_0|\boldsymbol{x}-\boldsymbol{\xi}|}{8\pi\mu}\hat{\boldsymbol{a}}. \tag{6-41}$$

可以进一步讨论不同 j 方向的力所引起的静态位移场 i 分量的值，即分别取 $\hat{\boldsymbol{a}} = (1,0,0)$，或 $(0,1,0)$，或 $(0,0,1)$，再分别确定集中力引起的三个方向的位移。将 $(6\text{-}41)$ 代入 $(6\text{-}37)$ 式，有

$$u_{\mathrm{P}i}^j = \frac{X_0}{8\pi(\lambda+2\mu)}\frac{\partial}{\partial x_i}\left(\frac{\partial r}{\partial x_j}\right), \tag{6-42}$$

$$u_{\mathrm{S}i}^j = -\frac{X_0}{8\pi\mu}\frac{\partial}{\partial x_i}\left(\frac{\partial r}{\partial x_j}\right) + \delta_{ij}\frac{X_0}{8\pi\mu}\nabla^2 r, \tag{6-43}$$

式中 $$r = |\boldsymbol{x}-\boldsymbol{\xi}| = [(x_1-\xi_1)^2 + (x_2-\xi_2)^2 + (x_3-\xi_3)^2]^{1/2}, \tag{6-44}$$

或表示为 $$u_i^j = \frac{X_0}{8\pi\mu}(\delta_{ij}r_{,kk} - \Gamma \cdot r_{,ij}), \tag{6-45}$$

式中 $\Gamma = \dfrac{\lambda+\mu}{\lambda+2\mu}$。对泊松固体，$\lambda=\mu$，$\Gamma=2/3$。$(6\text{-}45)$ 式显示

$$u_i^j = u_j^i, \tag{6-46}$$

$$u_1^1 = \frac{X_0}{8\pi\mu}\left[\frac{2}{r} - \Gamma\left(\frac{1}{r} - \frac{x_1^2}{r^3}\right)\right],$$

$$u_2^1 = \frac{X_0}{8\pi\mu}\left[\Gamma\frac{x_1 x_2}{r^3}\right],$$

$$u_3^1 = \frac{X_0}{8\pi\mu}\left[\Gamma\frac{x_1 x_3}{r^3}\right],$$

$$u_2^2 = \frac{X_0}{8\pi\mu}\left[\frac{2}{r} - \Gamma\left(\frac{1}{r} - \frac{x_2^2}{r^3}\right)\right], \tag{6-47}$$

$$u_2^3 = \frac{X_0}{8\pi\mu}\left[\Gamma\left(\frac{x_2 x_3}{r^3}\right)\right],$$

$$u_3^3 = \frac{X_0}{8\pi\mu}\left[\frac{2}{r} - \Gamma\left(\frac{1}{r} - \frac{x_3^2}{r^3}\right)\right].$$

为了进一步认识点源单力产生的静态位移场的空间特征，下面讨论单力方向 $\hat{\boldsymbol{a}} = (1,0,0)$ 时，位移场在如图 6.2(左)球极坐标系下的表达：

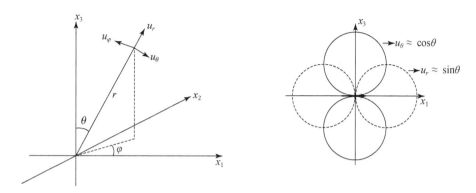

图 6.2　球极坐标与沿 x_1 轴的点源单力产生的静态位移场的空间特征

$$\begin{bmatrix} u_r \\ u_\theta \\ u_\varphi \end{bmatrix} = \begin{bmatrix} \sin\theta\cos\varphi & \sin\theta\sin\varphi & \cos\theta \\ \cos\theta\cos\varphi & \cos\theta\sin\varphi & -\sin\theta \\ -\sin\varphi & \cos\varphi & 0 \end{bmatrix} \begin{bmatrix} u_1^1 \\ u_2^1 \\ u_3^1 \end{bmatrix}. \tag{6-48}$$

在 x_1x_3 平面上，$\varphi=0$，则可以绘出 x_1x_3 平面上单力源产生的静位移场图像如图 6.2(右)，其中：

$$\begin{aligned} u_r &= \frac{X_0}{4\pi\mu r}\sin\theta, \\ u_\theta &= \frac{X_0}{4\pi\mu r}\left(1-\frac{\Gamma}{2}\right)\cos\theta. \end{aligned} \tag{6-49}$$

6.4.2　力偶源产生的静位移场

定义力偶源如图 6.3 所示，其中，M_{kl} 表达的是 x_kx_l 平面上的一个力偶，下标 k 代表的是力的方向，l 代表力臂轴的方向，它们在观测点 $\boldsymbol{x}$ 分量 i 的位移，记为 u_i^c。

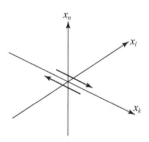

图 6.3　位于坐标原点、力和力臂在 x_kx_l 平面内的力偶

根据位移场的可叠加性质，可导出力偶引起的位移场为

$$u_i^c(\boldsymbol{x};\boldsymbol{\xi})=u_i^k\left[\boldsymbol{x};\left(0,\frac{\Delta\xi_l}{2},0\right)\right]-u_i^k\left[\boldsymbol{x};\left(0,-\frac{\Delta\xi_l}{2},0\right)\right]=\frac{\partial u_i^k(\boldsymbol{x};\boldsymbol{\xi})}{\partial\xi_l}\Delta\xi_l+o(\Delta\xi_l)^2. \tag{6-50}$$

因为 $\dfrac{\partial r}{\partial\xi_i}=-\dfrac{\partial r}{\partial x_i}$，所以有

$$\frac{\partial u}{\partial\xi_i}=\frac{\mathrm{d}u}{\mathrm{d}r}\cdot\frac{\partial r}{\partial\xi_i}=-\frac{\mathrm{d}u}{\mathrm{d}r}\cdot\frac{\partial r}{\partial x_i}=-\frac{\partial u}{\partial x_i}. \tag{6-51}$$

考虑 $\Delta\xi_k\to 0$ 同时 $X_0\to\infty$，但 $X_0\Delta\xi_k\to M$ 的极限情况，由(6-47)和(6-50)式可导出

$$u_1^{(12)}(\boldsymbol{x}) = -\frac{\partial u_1^1(\boldsymbol{x};\boldsymbol{\xi})}{\partial x_2}\Delta\xi_2 = -\frac{M}{8\pi\mu}\left[-\frac{2x_2}{r^3} - \Gamma\left(\frac{-x_2}{r^3} + 3\frac{x_1^2 x_2}{r^5}\right)\right],$$

$$u_2^{(12)}(\boldsymbol{x}) = -\frac{\partial u_2^1(\boldsymbol{x};\boldsymbol{\xi})}{\partial x_2}\Delta\xi_2 = -\frac{M}{8\pi\mu}\Gamma\left(\frac{x_1}{r^3} - 3\frac{x_1 x_2^2}{r^5}\right),\tag{6-52}$$

$$u_3^{(12)}(\boldsymbol{x}) = -\frac{\partial u_3^1(\boldsymbol{x};\boldsymbol{\xi})}{\partial x_2}\Delta\xi_2 = -\frac{M}{8\pi\mu}\Gamma\left(-3\frac{x_1 x_2 x_3}{r^5}\right).$$

位移分量上角标(12)表示力在 x_1 方向、力臂在 x_2 方向。同样,我们可以推导出:

$$u_1^{(21)}(\boldsymbol{x}) = -\frac{\partial u_1^2(\boldsymbol{x};\boldsymbol{\xi})}{\partial x_1}\Delta\xi_1 = -\frac{M}{8\pi\mu}\Gamma\left(\frac{x_2}{r^3} - 3\frac{x_1^2 x_2}{r^5}\right),$$

$$u_2^{(21)}(\boldsymbol{x}) = -\frac{\partial u_2^2(\boldsymbol{x};\boldsymbol{\xi})}{\partial x_1}\Delta\xi_1 = -\frac{M}{8\pi\mu}\left[-\frac{2x_1}{r^3} - \Gamma\left(\frac{-x_1}{r^3} + 3\frac{x_1 x_2^2}{r^5}\right)\right],\tag{6-53}$$

$$u_3^{(21)}(\boldsymbol{x}) = -\frac{\partial u_3^2(\boldsymbol{x};\boldsymbol{\xi})}{\partial x_1}\Delta\xi_1 = -\frac{M}{8\pi\mu}\Gamma\left(-3\frac{x_1 x_2 x_3}{r^5}\right).$$

6.4.3 无矩双力偶产生的位移场

考虑 $x_1 x_2$ 平面上的一对无矩双力偶源如图 6.4 所示。

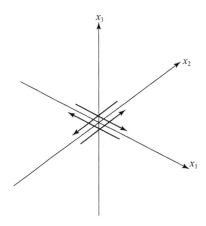

图 6.4 位于 $x_1 x_2$ 平面内的无矩双力偶模型

根据位移场可线性叠加的性质,可导出无矩双力偶源引起的静态位移场:

$$u_i(\boldsymbol{x}) = u_i^{(12)}(\boldsymbol{x}) + u_i^{(21)}(\boldsymbol{x})\tag{6-54}$$

将(6-52)、(6-53)式代入(6-54)式,则得位于 $x_1 x_2$ 平面内的双力偶产生的静位移场为

$$u_1(\boldsymbol{x}) = \frac{M}{4\pi\mu}\frac{x_2}{r^3}\left[1 - \Gamma\left(1 - \frac{3x_1^2}{r^2}\right)\right],$$

$$u_2(\boldsymbol{x}) = \frac{M}{4\pi\mu}\frac{x_1}{r^3}\left[1 - \Gamma\left(1 - \frac{3x_2^2}{r^2}\right)\right],\tag{6-55}$$

$$u_3(\boldsymbol{x}) = \frac{M}{4\pi\mu r^2}3\Gamma\frac{x_1 x_2 x_3}{r^3}.$$

由(6-48)式,可以得到球坐标(图 6.2 左)中的位移表达式为

$$u_r = \frac{M}{4\pi\mu r^2}\left(1 + \frac{\Gamma}{2}\right)\sin^2\theta\sin2\varphi,$$

$$u_\theta = \frac{M}{4\pi\mu r^2}\left(\frac{1}{2}-\frac{\Gamma}{2}\right)\sin2\theta\sin2\varphi, \tag{6-56}$$

$$u_\varphi = \frac{M}{4\pi\mu r^2}(1-\Gamma)\sin\theta\cos2\varphi.$$

在 x_1x_2 平面上，$\theta=\pi/2$，则有

$$u_r = \frac{M}{4\pi\mu r^2}\left(1+\frac{\Gamma}{2}\right)\sin2\varphi,$$

$$u_\theta = 0, \tag{6-57}$$

$$u_\varphi = \frac{M}{4\pi\mu r^2}(1-\Gamma)\cos2\varphi.$$

图 6.5 表示的是位于 x_1x_2 平面内的无矩双力偶源产生的 x_1x_2 平面内的静态位移幅值的方位分布，由图可看到径向位移及横向位移的大小呈四象限对称分布的图像。

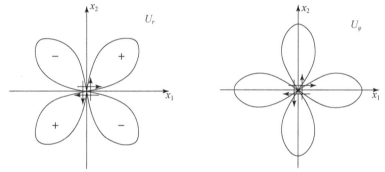

图 6.5　位于 x_1x_2 平面内的无矩双力偶源产生的静态位移幅值的方位分布
左图为径向位移 U_r，右图为横向位移 U_φ；从坐标原点至玫瑰线上任一点连线的长度表示该方向上位移幅度的相对大小

图 6.6 是计算的二维垂直断层模型发生走滑错动产生的应力变化，我们可以看到清晰的形变的四象限分布图像。

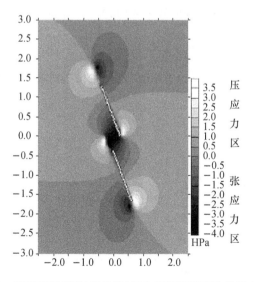

图 6.6　垂直断层模型(斜纹棒)发生走滑破裂产生的应力图像

6.5 震源在均匀弹性介质中激发的动态位移场

根据(2-47)式均匀线弹性介质中的有源波动方程为

$$\rho \frac{\partial^2 \boldsymbol{u}}{\partial t^2} = (\lambda + 2\mu) \nabla (\nabla \cdot \boldsymbol{u}) - \mu \nabla \times \nabla \times \boldsymbol{u} + \boldsymbol{f}.$$

用赫姆霍兹势表示位移和体力:

$$\begin{aligned} \boldsymbol{u} &= \nabla \Phi + \nabla \times \boldsymbol{\Psi}, \\ \boldsymbol{f} &= \rho \nabla F + \rho \nabla \times \boldsymbol{g}, \end{aligned} \tag{6-58}$$

则势函数分别遵从以下波动方程:

$$\begin{aligned} \frac{\partial^2 \Phi}{\partial t^2} &= F(\boldsymbol{x},t) + \alpha^2 \nabla^2 \Phi, \\ \frac{\partial^2 \boldsymbol{\Psi}}{\partial t^2} &= \boldsymbol{g}(\boldsymbol{x},t) + \beta^2 \nabla^2 \boldsymbol{\Psi}. \end{aligned} \tag{6-59}$$

数学物理偏微分方程的理论给出(6-59)式的解的形式为

$$\begin{aligned} \Phi(\boldsymbol{x},t) &= \frac{1}{4\pi\alpha^2} \iiint\limits_V \frac{F\left(\boldsymbol{\xi},t - \dfrac{|\boldsymbol{x}-\boldsymbol{\xi}|}{\alpha}\right)}{|\boldsymbol{x}-\boldsymbol{\xi}|} \mathrm{d}V(\boldsymbol{\xi}), \\ \boldsymbol{\Psi}(\boldsymbol{x},t) &= \frac{1}{4\pi\beta^2} \iiint\limits_V \frac{\boldsymbol{g}\left(\boldsymbol{\xi},t - \dfrac{|\boldsymbol{x}-\boldsymbol{\xi}|}{\beta}\right)}{|\boldsymbol{x}-\boldsymbol{\xi}|} \mathrm{d}V(\boldsymbol{\xi}). \end{aligned} \tag{6-60}$$

6.5.1 点源单力产生的地震波动态位移场

考虑一作用在坐标原点、沿 x_1 方向的点源单力,表达如下:

$$\boldsymbol{f}(\boldsymbol{x},t) = X_0(t)\delta(\boldsymbol{x})\,\hat{\boldsymbol{x}}_1, \tag{6-61}$$

式中 $\hat{\boldsymbol{x}}_1$ 为 x_1 方向的单位向量,$\boldsymbol{f}$ 是单位体积的力,X_0 具有力的量纲,注意 $\delta(\boldsymbol{x})$ 函数具有体积倒数的量纲。令

$$\boldsymbol{f}(\boldsymbol{x},t) = \nabla^2 \boldsymbol{W}(\boldsymbol{x},t), \tag{6-62}$$

$\boldsymbol{W}(\boldsymbol{x},t)$ 称为函数 $\boldsymbol{f}$ 的势函数。(6-62)式为泊松方程,由其通解公式并考虑(6-61)式,可得

$$\begin{aligned} \boldsymbol{W}(\boldsymbol{x},t) &= \frac{-X_0(t)}{4\pi} \iiint\limits_V (1,0,0)\, \frac{\delta(\boldsymbol{\xi})}{|\boldsymbol{x}-\boldsymbol{\xi}|} \mathrm{d}V(\boldsymbol{\xi}) \\ &= \frac{-X_0(t)}{4\pi} \frac{\hat{\boldsymbol{x}}_1}{|\boldsymbol{x}|}. \end{aligned} \tag{6-63}$$

因为 $$\boldsymbol{f} = \rho\nabla F + \rho\nabla \times \boldsymbol{g} = \nabla^2 \boldsymbol{W} = \nabla(\nabla \cdot \boldsymbol{W}) - \nabla \times \nabla \times \boldsymbol{W}, \tag{6-64}$$

可导出

$$\begin{aligned} F &= \frac{\nabla \cdot \boldsymbol{W}}{\rho} = -\frac{X_0(t)}{4\pi\rho} \frac{\partial}{\partial x_1} \frac{1}{|\boldsymbol{x}|}, \\ \boldsymbol{g} &= -\frac{\nabla \times \boldsymbol{W}}{\rho} = \frac{X_0(t)}{4\pi\rho} \left(0, \frac{\partial}{\partial x_3} \frac{1}{|\boldsymbol{x}|}, -\frac{\partial}{\partial x_2} \frac{1}{|\boldsymbol{x}|}\right), \end{aligned} \tag{6-65}$$

代入(6-60)式,有

$$\Phi(\boldsymbol{x},t) = \frac{-1}{(4\pi\alpha)^2\rho}\iiint\limits_{V}\frac{X_0\left(t-\dfrac{|\boldsymbol{x}-\boldsymbol{\xi}|}{\alpha}\right)}{|\boldsymbol{x}-\boldsymbol{\xi}|}\frac{\partial}{\partial\xi_1}\frac{1}{|\boldsymbol{\xi}|}\mathrm{d}V(\boldsymbol{\xi}),$$

(6-66)

$$\boldsymbol{\Psi}(\boldsymbol{x},t) = \frac{1}{(4\pi\beta)^2\rho}\iiint\limits_{V}\frac{X_0\left(t-\dfrac{|\boldsymbol{x}-\boldsymbol{\xi}|}{\beta}\right)}{|\boldsymbol{x}-\boldsymbol{\xi}|}\left(0,\frac{\partial}{\partial\xi_3}\frac{1}{|\boldsymbol{\xi}|},-\frac{\partial}{\partial\xi_2}\frac{1}{|\boldsymbol{\xi}|}\right)\mathrm{d}V(\boldsymbol{\xi}).$$

通过对以 $\boldsymbol{x}$ 为球心的一系列同心球壳的积分可使上式的体积分简化。如果 $\alpha\tau$ 是某一球壳 S 的半径,因而

$$|\boldsymbol{x}-\boldsymbol{\xi}| = \alpha\tau,$$

(6-67)

壳的厚度为 $\alpha\,\mathrm{d}\tau$,则有

$$\Phi(\boldsymbol{x},t) = \frac{-1}{(4\pi\alpha)^2\rho}\int_0^{+\infty}\frac{X_0(t-\tau)}{\alpha\tau}\left(\iint\limits_{S}\frac{\partial}{\partial\xi_1}\frac{1}{|\boldsymbol{\xi}|}\mathrm{d}S\right)\mathrm{d}\tau$$

(6-68)

$$= \frac{-1}{4\pi\rho}\left(\frac{\partial}{\partial x_1}\frac{1}{|\boldsymbol{x}|}\right)\int_0^{|\boldsymbol{x}|/\alpha}\tau X_0(t-\tau)\mathrm{d}\tau.$$

(6-68)式中涉及的表面积分的实现是震源理论的难点之一,也是要点之一,表面积分的具体求值过程,《定量地震学》第一卷中"补充 4.3"中有详细描述,感兴趣的读者可参阅。

同样有

$$\boldsymbol{\Psi}(\boldsymbol{x},t) = \frac{1}{4\pi\rho}\left(0,\frac{\partial}{\partial x_3}\frac{1}{|\boldsymbol{x}|},-\frac{\partial}{\partial x_2}\frac{1}{|\boldsymbol{x}|}\right)\int_0^{|\boldsymbol{x}|/\beta}\tau X_0(t-\tau)\mathrm{d}\tau.$$

(6-69)

将(6-68)、(6-69)式代入(6-58)式的 $\boldsymbol{u}=\nabla\Phi+\nabla\times\boldsymbol{\Psi}$,可得

$$u_i(\boldsymbol{x},t) = \frac{1}{4\pi\rho}\left(\frac{\partial^2}{\partial x_i\partial x_1}\frac{1}{r}\right)\int_{r/\alpha}^{r/\beta}\tau X_0(t-\tau)\mathrm{d}\tau + \frac{1}{4\pi\rho\alpha^2 r}\left(\frac{\partial r}{\partial x_i}\frac{\partial r}{\partial x_1}\right)X_0\left(t-\frac{r}{\alpha}\right)$$

$$+ \frac{1}{4\pi\rho\beta^2 r}\left(\delta_{i1}-\frac{\partial r}{\partial x_i}\frac{\partial r}{\partial x_1}\right)X_0\left(t-\frac{r}{\beta}\right).$$

(6-70)

观测点位置矢量 $\boldsymbol{x}$ 的方向余弦为

$$\gamma_i = \frac{x_i}{r} = \frac{\partial r}{\partial x_i},$$

(6-71)

则有

$$\frac{\partial^2}{\partial x_i\partial x_j}\left(\frac{1}{r}\right) = \frac{3\gamma_i\gamma_j-\delta_{ij}}{r^3},$$

(6-72)

因而有

$$u_i(\boldsymbol{x},t) = \frac{1}{4\pi\rho}(3\gamma_i\gamma_1-\delta_{i1})\frac{1}{r^3}\int_{r/\alpha}^{r/\beta}\tau X_0(t-\tau)\mathrm{d}\tau + \frac{1}{4\pi\rho\alpha^2}\gamma_i\gamma_1\frac{1}{r}X_0(t-r/\alpha)$$

$$+ \frac{1}{4\pi\rho\beta^2}(\delta_{i1}-\gamma_i\gamma_1)\frac{1}{r}X_0(t-r/\beta).$$

(6-73)

同理,可以推导对沿 x_j 方向的点源单力产生的动态位移场,有

$$u_i(\boldsymbol{x},t) = \frac{1}{4\pi\rho}(3\gamma_i\gamma_j-\delta_{ij})\frac{1}{r^3}\int_{r/\alpha}^{r/\beta}\tau X_0(t-\tau)\mathrm{d}\tau$$

$$+ \frac{1}{4\pi\rho\alpha^2}\gamma_i\gamma_j\frac{1}{r}X_0(t-r/\alpha)$$

(6-74)

$$+ \frac{1}{4\pi\rho\beta^2}(\delta_{ij}-\gamma_i\gamma_j)\frac{1}{r}X_0(t-r/\beta).$$

该位移场表达式是弹性波辐射理论中最重要的公式之一,它的等效形式首先是 Stokes 于 1849 年给出的。该式中各项的相对大小,依赖于源点至接收点的距离 r。对于 $X_0(t)$ 在 $(r/\alpha,$ $r/\beta)$ 区间内不为零的源,(6-74)式第一项中的因子 $r^{-3}\int_{r/\alpha}^{r/\beta}\tau\cdot X_0(t-\tau)\mathrm{d}\tau$ 随 r 的变化与 r^{-2} 相似,而另两项随 r 的变化则与 r^{-1} 相似。由于在近场$(r\to 0)$时,r^{-2} 较 r^{-1} 占优势,因而集中力源的近场位移以(6-74)式中的第一项贡献为主,遂将第一项称为震源的近场项。而当 $r\to\infty$ 时,r^{-2} 较 r^{-1} 衰减快,因此(6-74)式的后两项占优势,后两项就称为震源位移场的远场项。显然两个远场项对应的分别是以 P 波和 S 波速度传播的两种波。

(6-74)式还表明,在近场,P 波和 S 波波场可能是混在一起的,很难分辨。而在远场,由于近场项基本衰减,P 波与 S 波具有明显不同的传播速度,可以分辨出 P 波和 S 波的不同到时。

当 $X_0(t)=X_0\cdot\delta(t)$ 时,即 $\boldsymbol{f}(\boldsymbol{x},t)=X_0\delta(t)\delta(\boldsymbol{x})\hat{\boldsymbol{x}}_j$,根据格林函数的定义,有

$$G_{ij}(\boldsymbol{x},t;0,0)=\begin{cases}\dfrac{1}{4\pi\rho r^3}(3\gamma_i\gamma_j-\delta_{ij})t, & \text{当}\dfrac{r}{\alpha}<t<\dfrac{r}{\beta},\\ \dfrac{\gamma_i\gamma_j}{4\pi\rho\alpha^2 r}\delta\left(t-\dfrac{r}{\alpha}\right)+\dfrac{(\delta_{ij}-\gamma_i\gamma_j)}{4\pi\rho\beta^2 r}\delta\left(t-\dfrac{r}{\beta}\right), & \text{当}t\leqslant\dfrac{r}{\alpha}\text{ 或 }t\geqslant\dfrac{r}{\beta}.\end{cases}$$
(6-75)

对一般的震源时间函数 $X_0(t)$ 激发的地震波场,将有

$$u_i(\boldsymbol{x},t)=X_0(t)*G_{ij}(\boldsymbol{x},t;0,0).$$
(6-76)

下面我们再进一步分析(6-74)位移场解中远场 P 波和 S 波及近场项的性质:

1. 远场 P 波的性质

$$u_i^{\mathrm{P}}(\boldsymbol{x},t)=\frac{1}{4\pi\rho\alpha^2 r}\gamma_i\gamma_j X_0\left(t-\frac{r}{\alpha}\right)$$
(6-77)

(1) 在无限均匀介质中,振幅随 r^{-1} 衰减。

(2) 传播速度为 α,波形形状由加传播时间延迟的力函数 $X_0\left(t-\dfrac{r}{\alpha}\right)$ 形状决定。

(3) 由于 $\boldsymbol{u}^{\mathrm{P}}\times\boldsymbol{\gamma}\propto(\gamma_1\gamma_j,\gamma_2\gamma_j,\gamma_3\gamma_j)\times(\gamma_1,\gamma_2,\gamma_3)=0$,表明远场 P 波位移的偏振方向平行于传播方向。这里 $\boldsymbol{\gamma}$ 是波传播方向的单位矢量(见 6-71 式)。

2. 远场 S 波的性质

$$u_i^{\mathrm{S}}(\boldsymbol{x},t)=\frac{1}{4\pi\rho\beta^2 r}(\delta_{ij}-\gamma_i\gamma_j)X_0\left(t-\frac{r}{\beta}\right)$$
(6-78)

(1) 振幅随 r^{-1} 衰减。

(2) 传播速度为 β,波形形状由加传播时间延迟的力函数 $X_0\left(t-\dfrac{r}{\beta}\right)$ 形状决定。

(3) 由于 $\boldsymbol{u}^{\mathrm{S}}\cdot\boldsymbol{\gamma}\propto(\delta_{1j}-\gamma_1\gamma_j,\delta_{1j}-\gamma_2\gamma_j,\delta_{1j}-\gamma_3\gamma_j)\cdot(\gamma_1,\gamma_2,\gamma_3)=0$,表明远场 S 波位移的偏振方向垂直于波传播方向。

图 6.7 给出了 P 波远场项和 S 波远场项的辐射图像。

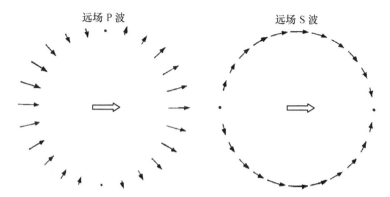

图 6.7 点源单力在无限、均匀、各向同性介质中的 P 波远场项(左)和 S 波远场项(右)的辐射图像

3. 近场项的性质

$$u_i^N(\boldsymbol{x},t) = \frac{1}{4\pi\rho r^3}(3\gamma_i\gamma_j - \delta_{ij})\int_{r/\alpha}^{r/\beta} \tau \cdot X_0(t-\tau)\mathrm{d}\tau \qquad (6\text{-}79)$$

(1) $\boldsymbol{u}^N \times \boldsymbol{\gamma} \neq 0$；$\boldsymbol{u}^N \cdot \boldsymbol{\gamma} \neq 0$。说明近场项既不是无旋的 P 波,也不是无散的 S 波;还说明并不总是能将地震波场分解为 P 波和 S 波的。

(2) 如图 6.8 所示,近场项的波形形状是力源的时间函数的畸变形式,不能从中提取出力源时间函数。

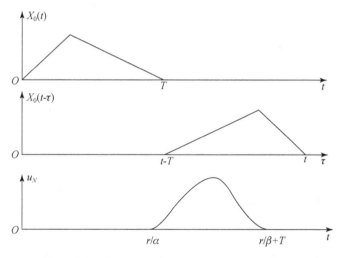

图 6.8 近场波形与震源函数形态的关系(上、中图是震源函数,下图是近场位移)

6.5.2 一般点源地震矩张量产生的波动位移场

与前节图 6.3 类似,考虑过原点、位于 $x_1 x_2$ 平面内的力偶,力的方向平行于 x_1 轴,力臂方向沿 x_2 轴。由(6-74)式可导出该力偶产生的位移场为

$$u_i^{12}(\boldsymbol{x},t) = u_i^1\left(\boldsymbol{x},t;0,\frac{\Delta\xi_2}{2},0\right) - u_i^1\left(\boldsymbol{x},t;0,\frac{-\Delta\xi_2}{2},0\right) = -\frac{\partial u_i^1}{\partial x_2}\Delta\xi_2 + o(\Delta\xi_2)^2. \quad (6\text{-}80)$$

定义
$$M_{pq}(t) = -\lim_{\substack{\Delta\xi_q \to 0 \\ X_p \to \infty}}(X_p(t)\Delta\xi_q), \qquad (6\text{-}81)$$

式中,角标 p 代表力的方向,q 代表力臂的方向。由(6-76)式,有

$$u_i^{12}(\boldsymbol{x},t) = X_0(t)\Delta\xi_2 * \frac{\partial G_{i1}}{\partial x_2} = M_{12}(t) * G_{i1,2}. \tag{6-82}$$

由于力的方向 p 和力臂方向 q 都可以交替取 1,2,3 的三个方向,则(6-81)式所定义的力偶(含偶极力)可包括如图 6.13(见第 145 页)所示的 9 种力系,在弹性介质中激发地震波的一个一般性的内震源,其等效力系可含有一定坐标系下的 9 个分量。这种震源产生的地震波位移场可表示为 9 个力偶产生的位移场的叠加:

$$u_i(\boldsymbol{x},t) = M_{pq}(t) * G_{ip,q}(\boldsymbol{x},t;\boldsymbol{\xi},0) = \int_{-\infty}^{+\infty} M_{pq}(\tau) G_{ip,q}(\boldsymbol{x},t-\tau;\boldsymbol{\xi},0)\mathrm{d}\tau. \tag{6-83}$$

将(6-75)式代入上式,并注意 $\quad r = \boldsymbol{x}-\boldsymbol{\xi},\ r=|\boldsymbol{r}|,$

$$\gamma_i = \frac{x_i-\xi_i}{r} = \frac{\partial r}{\partial x_i} = -\frac{\partial r}{\partial \xi_i}, \quad \frac{\partial \gamma_i}{\partial x_q} = \frac{\delta_{iq}-\gamma_i\gamma_q}{r} = -\frac{\partial \gamma_i}{\partial \xi_q},$$

则位于坐标原点的一般力偶系(图 6.13)激发的地震波的位移场为

$$
\begin{aligned}
u_i(\boldsymbol{x},t) &= M_{pq}(t) * G_{ip,q}(\boldsymbol{x},t;0,0) \\
&= \left(\frac{15\gamma_i\gamma_p\gamma_q - 3\gamma_i\delta_{pq} - 3\gamma_p\delta_{iq} - 3\gamma_q\delta_{ip}}{4\pi\rho}\right)\frac{1}{r^4}\int_{r/\alpha}^{r/\beta}\tau M_{pq}(t-\tau)\mathrm{d}\tau \\
&\quad + \left(\frac{6\gamma_i\gamma_p\gamma_q - \gamma_i\delta_{pq} - \gamma_p\delta_{iq} - \gamma_q\delta_{ip}}{4\pi\rho\alpha^2}\right)\frac{1}{r^2}M_{pq}\left(t-\frac{r}{\alpha}\right) \\
&\quad - \left(\frac{6\gamma_i\gamma_p\gamma_q - \gamma_i\delta_{pq} - \gamma_p\delta_{iq} - 2\gamma_q\delta_{ip}}{4\pi\rho\beta^2}\right)\frac{1}{r^2}M_{pq}\left(t-\frac{r}{\beta}\right) \\
&\quad + \frac{\gamma_i\gamma_p\gamma_q}{4\pi\rho\alpha^3}\frac{1}{r}\dot{M}_{pq}\left(t-\frac{r}{\alpha}\right) - \left(\frac{\gamma_i\gamma_p-\delta_{ip}}{4\pi\rho\beta^3}\right)\frac{\gamma_q}{r}\dot{M}_{pq}\left(t-\frac{r}{\beta}\right).
\end{aligned}
\tag{6-84}
$$

这是由(6-81)式定义分量的地震矩张量

$$\boldsymbol{M} = \begin{vmatrix} M_{11} & M_{12} & M_{13} \\ M_{21} & M_{22} & M_{23} \\ M_{31} & M_{32} & M_{33} \end{vmatrix} \tag{6-85}$$

所激发的地震波位移场的一般表达式。该式显示,近场波形非常复杂,随距离衰减很快;而远场位移随距离衰减慢得多,并且远场体波的波形是由震源时间函数的时间导数决定的。

6.5.3 双力偶点源产生的波动位移场

(6-84)式表示的是由一般的地震矩张量(6-85)产生的地震波的位移场,震源既可含有体积变形成分,又可含有形状变形成分。现在考虑特定的迹为零的地震矩张量 $\boldsymbol{M}$ 的情况,即 $M_{11}+M_{22}+M_{33}=0$ 的情况。这种地震矩张量在震源区不产生任何体积的变化,通常由纯剪切位错断层构成,这种断层的位移间断 $\overline{D}$ 平行于断层面,即 $\overline{\boldsymbol{D}}\cdot\boldsymbol{v}=0$,这里 $\boldsymbol{v}$ 是断层面的法线方向单位矢量。设断层元面积为 A,这种情况下的地震矩分量可表示为

$$M_{pq} = \mu(\overline{D}_p v_q + \overline{D}_q v_p)A. \tag{6-86}$$

这种剪切位错源产生的地震波位移为 $\mu(\overline{D}_p v_q + \overline{D}_q v_p)A * G_{ip,q}$,其中远场的位移是

$$
\begin{aligned}
u_i^F(\boldsymbol{x},t) &= \frac{2\gamma_i\gamma_p\gamma_q v_q}{4\pi\rho\alpha^3}\frac{1}{r}\mu A\,\dot{\overline{D}}_p\left(t-\frac{r}{\alpha}\right) \\
&\quad - \left(\frac{2\gamma_i\gamma_p\gamma_q v_q - v_i\gamma_p - \delta_{ip}\gamma_q v_q}{4\pi\rho\beta^3}\right)\frac{1}{r}\mu A\,\dot{\overline{D}}_p\left(t-\frac{r}{\beta}\right).
\end{aligned}
\tag{6-87}
$$

式中 $r=|\boldsymbol{x}-\boldsymbol{\xi}|$ 是震源点至接收点的距离,方向余弦 $\gamma_i=(x_i-\xi_i)/r$ 是相对于源点 $\boldsymbol{\xi}$ 处的值,位移的上标 F 表示远场位移。(6-87)式是在直角坐标系下表示的沿任意方向的断层面发生的纯剪切错动(错动可沿面内的任意方向)产生的远场波动的位移表达式,该式右端表示的是对角标 p 和 q 哑元求和的式子($p=1,2,3$; $q=1,2,3$)。

　　现在考虑一个特定的很小的纯剪切断层面:其法向单位矢量指向 x_3 轴方向,即 $\boldsymbol{v}=(0,0,1)$,这实际是一个"躺在" x_1x_2 平面内的断层(图 6.9(a));其位错间断矢量指向 x_1 轴方向,即 $\overline{\boldsymbol{D}}=(\overline{D},0,0)$ 。根据(6-86)式,这时的地震矩张量只有 M_{13} 和 M_{31} 两个分量,它们的大小都等于 $\mu\overline{D}A$ 。由于 M_{13} 和 M_{31} 表示的是两个力偶(双力偶),其力的作用方向分别平行于 x_1 和 x_3 的方向,而相应力臂的方向则分别平行于 x_3 和 x_1 方向,如图 6.9(b)所示。这里的分析说明,在点震源近似成立的条件下,一个很小的剪切位错震源与一个双力偶震源,在产生远场地震波的意义上,二者是等价的。

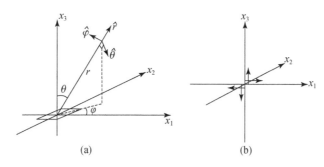

图 6.9　表示双力偶(右)产生的位移场的球坐标(a)和直角坐标(b)

　　在实际中常需要将双力偶震源的位移场表达式,用观测点的 $\hat{\boldsymbol{r}}$ 、 $\hat{\boldsymbol{\theta}}$ 、 $\hat{\boldsymbol{\varphi}}$ 坐标系[图 6.9(a)]来表示,因为这样更易分别显示出 P 波和 S 波的特征。用图 6.9(a)中所示的角度 θ 和 φ 可以表示出 3 个单位矢量 $\hat{\boldsymbol{r}}$ 、 $\hat{\boldsymbol{\theta}}$ 、 $\hat{\boldsymbol{\varphi}}$ 在原直角坐标系中的方向余弦如下:

$$\hat{\boldsymbol{r}}=(\sin\theta\cos\varphi,\sin\theta\sin\varphi,\cos\theta),$$
$$\hat{\boldsymbol{\theta}}=(\cos\theta\cos\varphi,\cos\theta\sin\varphi,-\sin\theta),\qquad(6\text{-}88)$$
$$\hat{\boldsymbol{\varphi}}=(-\sin\varphi,\cos\varphi,0).$$

利用此关系式,通过坐标旋转,就可将在直角坐标系中表示的远场位移(6-87)式转换为在 $\hat{\boldsymbol{r}}$ 、 $\hat{\boldsymbol{\theta}}$ 、 $\hat{\boldsymbol{\varphi}}$ 坐标系中的表示如下:

$$\boldsymbol{u}^F(\boldsymbol{x},t)=\frac{1}{4\pi\rho\alpha^3}\boldsymbol{A}^{\mathrm{FP}}\frac{1}{r}\dot{M}_0\left(t-\frac{r}{\alpha}\right)+\frac{1}{4\pi\rho\beta^3}\boldsymbol{A}^{\mathrm{FS}}\frac{1}{r}\dot{M}_0\left(t-\frac{r}{\beta}\right),$$

$$\boldsymbol{A}^{\mathrm{FP}}=\sin2\theta\cos\varphi\,\hat{\boldsymbol{r}},\qquad(6\text{-}89)$$

$$\boldsymbol{A}^{\mathrm{FS}}=\cos2\theta\cos\varphi\,\hat{\boldsymbol{\theta}}-\cos\theta\sin\varphi\,\hat{\boldsymbol{\varphi}},$$

式中 $M_0(t)=\mu\overline{D}(t)A$ 是表示双力偶强度的标量地震矩, $\boldsymbol{A}^{\mathrm{FP}}$ 是远场 P 波的辐射花样矢量, $\boldsymbol{A}^{\mathrm{FS}}$ 是远场 S 波的辐射花样矢量。由(6-89)式可见,P 波位移是在矢径 $\boldsymbol{r}$ 的方向上振动,S 波的位移在垂直于矢径 $\boldsymbol{r}$ 的平面内振动,即 P 波和 S 波的位移方向是互相垂直的。S 波位移含 $\hat{\boldsymbol{\theta}}$ 和 $\hat{\boldsymbol{\varphi}}$ 两个方向上的振动,这两种振动分别构成 SV 波分量和 SH 波分量,二者在介质中有不同的传播特性。注意,P 波和 S 波位移的大小都是与地震矩的时间变化率成正比。

图 6.10 绘出在 $\varphi = 0°$ 时,即在双力偶所躺的 $x_1 x_3$ 平面内 P 波(左图)和 S 波(右图)的辐射花样图,箭头示意绘出了初始振动位移的方向。

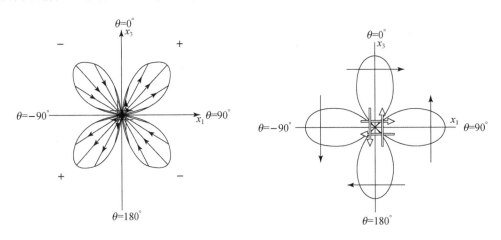

图 6.10 双力偶点源远场辐射的 P 波(左图)和 S 波(右图)在力偶所在平面内的辐射图像

图 6.11 是爆炸源和双力偶源立体辐射花样图像,可以看到双力偶源立体辐射花样图像在力偶平面上的投影与图 6.10 是一致的。

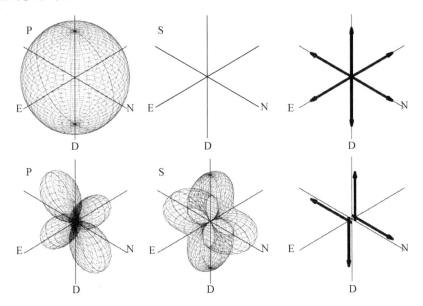

图 6.11 爆炸源和双力偶源立体辐射花样图(引自 RSES,ANU,2007)

6.5.4 震源时间函数

由于在地震发生过程中,震源断层上的位错滑动有一个随时间变化的过程,这个过程在震源模型中常用震源时间函数来描述。为简便起见,假设地震矩张量的各个分量随时间的变化是同步的(即同步震源假设),于是可写出

$$M_{pq}(t) = M_{pq} \cdot S(t), \tag{6-90}$$

式中，$S(t)$称为震源时间函数。对于沿面积为 A 的平面断层发生的均匀纯剪切错动 D 将有 $M(t) = \mu \cdot D(t) \cdot A$，$\mu$ 是震源区岩石的剪切模量，(6-90)式中的 $S(t)$ 与 $D(t)$ 的变化是一致的，$S(t)$ 常称为位移(位错)震源时间函数。当然，还可定义位错速度震源时间函数。如果用平均位错 $\overline{D}$ 表示震源整体的错动量，则 $M_0 = \mu\overline{D}A$ 就称作地震的标量地震矩。对于不是纯剪切错动的一般震源(含震源各向同性的体积变化成分和张裂或挤压变化成分)，需用地震矩张量来描述震源激发地震波的力学机制；这时地震的标量地震矩 M_0 则是指地震矩张量分解出来的最佳双力偶成分的标量地震矩强度。

实际上震源时间函数是复杂的，目前关于震源时间函数的某些认识是来自岩石破裂实验结果。图 6.12 就是一种在岩石破裂实验基础上猜测的位移震源时间函数，其最明显的特征是存在一个破裂起始阶段，又称成核阶段，其中 t_N、t_R 分别称为成核时间(nucleation time)和破裂持续(或上升)时间(rise time)。震源时间函数应该是什么样的形态，震源持续(或上升)时间由什么决定一直是震源研究的重要问题之一。

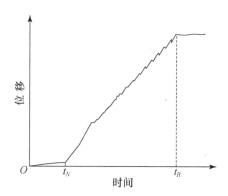

图 6.12　位移震源时间函数的一种模型

6.6　地震矩与断层面解

前面我们推导了任意的地震矩张量元在均匀弹性空间激发的位移场(静态的和动态的)的一般表达式。地震矩张量的一般表达式如(6-91)式，其中各元素的意义如图 6.13 所示，

$$\boldsymbol{M} = \begin{vmatrix} M_{11} & M_{12} & M_{13} \\ M_{21} & M_{22} & M_{23} \\ M_{31} & M_{32} & M_{33} \end{vmatrix}. \tag{6-91}$$

由(6-24)式，可以推导在各向同性介质中法向单位矢量为 $\boldsymbol{n}$、面积为 A 的断层面上，发生的滑动(位错矢量)$\boldsymbol{D}$ 的位错源所相应的地震矩为

$$M_{kl} = \{\lambda \boldsymbol{D} \cdot \boldsymbol{n}\delta_{kl} + \mu[D_l n_k + D_k n_l]\}A \tag{6-92}$$

如果假设地震为纯剪切源，即 $\boldsymbol{D}$ 矢量限定在沿断层面任意方向，并设断层面的走向、倾角及滑动角(定义如图 6.14 所示)分别为 φ_s、δ 和 λ，则有

$$\boldsymbol{n} = (-\sin\delta\sin\varphi_s, \sin\delta\cos\varphi_s, -\cos\delta), \tag{6-93}$$

$$\boldsymbol{D} = \overline{D}(\cos\lambda\cos\varphi_s + \cos\delta\sin\lambda\sin\varphi_s, \cos\lambda\sin\varphi_s - \cos\delta\sin\lambda\cos\varphi_s, -\sin\delta\sin\lambda). \tag{6-94}$$

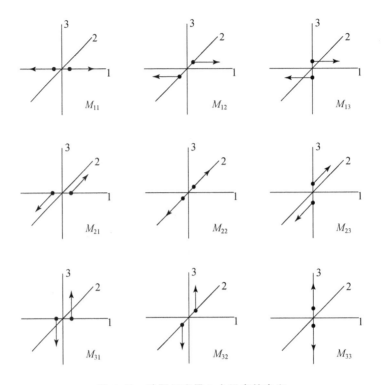

图 6.13　地震矩张量 9 个元素的意义

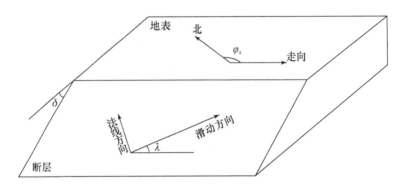

图 6.14　断层面的走向、倾角及滑动角定义

将(6-94)、(6-93)式代入(6-92)式,即可得到矩张量与断层面解参数关系的一般表达式。因为当位错方向沿断层面(纯剪切源)时,有 $M_{kl} = \mu[D_l n_k + D_k n_l]A$,则

$$M_{11} = -M_0(\sin\delta\cos\lambda\sin2\varphi_s + \sin2\delta\sin\lambda\sin^2\varphi_s),$$
$$M_{22} = M_0(\sin\delta\cos\lambda\sin2\varphi_s - \sin2\delta\sin\lambda\cos^2\varphi_s),$$
$$M_{33} = M_0\sin2\delta\sin\lambda = -(M_{11}+M_{22}),$$
$$M_{12} = M_0\left(\sin\delta\cos\lambda\cos2\varphi_s + \frac{1}{2}\sin2\delta\sin\lambda\sin2\varphi_s\right), \quad (6\text{-}95)$$
$$M_{13} = -M_0(\cos\delta\cos\lambda\cos\varphi_s + \cos2\delta\sin\lambda\sin\varphi_s),$$
$$M_{23} = -M_0(\cos\delta\cos\lambda\sin\varphi_s - \cos2\delta\sin\lambda\cos\varphi_s).$$

$$\begin{vmatrix} M_{11} & M_{12} & M_{13} \\ M_{21} & M_{22} & M_{23} \\ M_{31} & M_{32} & M_{33} \end{vmatrix} = 0$$

$$M_0 = \frac{1}{\sqrt{2}}\sqrt{M_{ij}M_{ij}} = \mu \overline{D}A \tag{6-95'}$$

根据前节推导的公式 $u_n(\boldsymbol{x},t) = M_{kl} * G_{nk,l}$，我们可以建立目标函数，通过理论地震图与实际观测地震图的拟合，开展地震矩张量（假设已知介质结构及相应格林函数）或介质结构（假设已知源）的反演。实际上，由大地震的地震波数字记录反演地震矩张量解的工作几乎已成了常规分析工作。

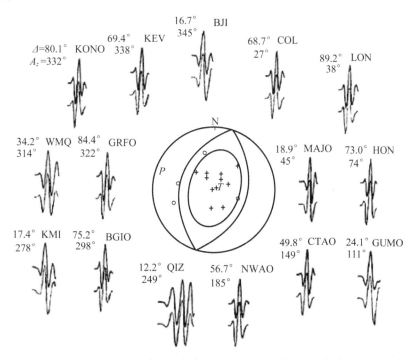

图 6.15　用全矩张量反演法反演长周期 P 波波形记录得到的 1986 年 11 月 15 日
台湾花莲 $M_S 7.3$ 地震的地震矩张量解下半球投影图

投影图中粗线表示矩张量解的节面，细线表示最佳双力偶的节面，＋号表示挤压波初动方向，o 表示膨胀波。每组波形曲线中粗线（上）为记录，细线（下）为理论波形；波形上方给出台站代码、震中距 Δ 和方位角 A_z。（引自郑天愉，姚振兴. 1994.地球物理学报，37(4)：478—486）

6.7　矩张量的分解

地震矩张量是个二阶对称张量，与应力张量一样，我们可以通过坐标旋转，在其主坐标系上表征它。将地震矩张量从原坐标系旋转至以其主轴方向 t,b,p 为坐标轴的坐标系中，矩张量在这三个主轴方向的分量的模分别记为 M_1, M_2, M_3，其他分量值则为 0。即在主轴坐标系上有

$$M_{jk} = M_j\delta_{jk} \tag{6-96}$$

矩张量可以如图 6.16 分解为

$$\boldsymbol{M} = \frac{1}{3}(M_1 + M_2 + M_3)\boldsymbol{I} + \frac{1}{6}(2M_2 - M_3 - M_1)(2\boldsymbol{bb} - \boldsymbol{pp} - \boldsymbol{tt}) + \frac{1}{2}(M_1 - M_3)(\boldsymbol{tt} - \boldsymbol{pp})$$

$$\tag{6-97}$$

上式右端三项依次称为膨胀源分量(EP),补偿线性矢量偶极源分量(CVLD)与无矩双力偶源分量(DC)。须指出的是,(6-95)式表征的是沿断层面发生的纯剪切错动对应的矩张量,等效的是无矩双力偶源(DC),其矩张量是没有膨胀源分量(EP)和补偿线性矢量偶极源分量(CVLD)的。而图 6.16 显出的是通过波形拟合所获得的矩张量解,同时包含了膨胀源分量(EP),补偿线性矢量偶极源分量(CVLD)与无矩双力偶源分量(DC),是在反演中没对源作任何约束的一般矩张量解的反演形式。

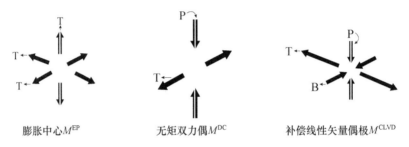

膨胀中心M^{EP} 无矩双力偶M^{DC} 补偿线性矢量偶极M^{CLVD}

图 6.16 矩张量分解示意图

6.8 有限尺度震源产生的地震波

在前面的地震震源研究中,将震源近似看成一个点源,忽略了震源破裂的传播效应,这样可使问题大大简化。实际地震震源是有一定尺度的断层的破裂过程(图 6.17),为了得到震源辐射的地震波场,应当对移动着的点源引起的位移场作连续的叠加。

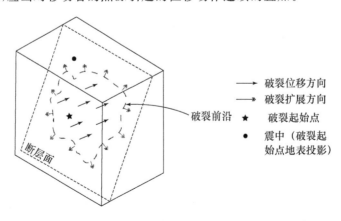

→ 破裂位移方向
⇒ 破裂扩展方向
★ 破裂起始点
● 震中(破裂起始点地表投影)
破裂前沿
断层面

图 6.17 实际地震震源破裂面示意图

最简单的一种有限尺度破裂震源模型是单侧破裂的矩形断层,设断层面是长为 L、宽为 W 的矩形面,且 $L \gg W$。设断层面位于 $x_1 x_2$ 平面内,即法线矢量 $\boldsymbol{v}$ 与 x_3 轴一致,并设位错矢量 $\boldsymbol{D}$ 的方向沿 x_1 轴方向。如果破裂过程从断层的一端开始,以有限的常速度 V_f 传播到另一端 (图 6.18),这种震源称为单侧破裂的有限移动源,或称 Haskell 震源模型。

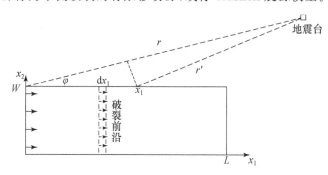

图 6.18　Haskell 有限移动震源模型

由 (6-89) 式可求得,在时间域里,断层破裂过程中,断层面 $(x_1, x_1 + \mathrm{d} x_1)$ 局域中的子破裂源所辐射的远场地震波位移为

$$\mathrm{d}\boldsymbol{u}(\boldsymbol{x}, t) = \frac{\boldsymbol{R}}{4\pi\rho c^3} \frac{\mu W \mathrm{d} x_1}{r} \dot{d}\left(t - \frac{x_1}{V_f} - \frac{r'}{c}\right), \tag{6-98}$$

式中 $d(t)$ 为震源破裂的位移时间函数,$\boldsymbol{R}$ 为辐射花样矢量因子,由 (6-89) 式确定;c 为波速,r 为断层破裂端点至记录台的距离。当 $r \gg L$ 时,由图 6.18 可推得

$$r' = r - x_1 \cos\varphi, \tag{6-99}$$

则该单侧破裂源产生的远场位移为

$$\boldsymbol{u}(\boldsymbol{x}, t) = \frac{\boldsymbol{R}\mu W}{4\pi\rho c^3 r} \int_0^L \dot{d}\left(t - \frac{x_1}{V_f} - \frac{r - x_1 \cos\varphi}{c}\right) \mathrm{d} x_1, \tag{6-100}$$

式中 $d(t)$ 为震源破裂的位移时间函数,记其 Fourier 变换为 $D(\omega)$。

对 (6-100) 式作 Fourier 变换,得

$$\boldsymbol{U}(\boldsymbol{x}, \omega) = -\mathrm{i}\omega \frac{\boldsymbol{R}\mu W}{4\pi\rho c^3 r} D(\omega) \mathrm{e}^{\frac{\mathrm{i}\omega r}{c}} \cdot \int_0^L \exp\left[\mathrm{i}\omega\left(\frac{x_1}{V_f} - \frac{x_1 \cos\varphi}{c}\right)\right] \mathrm{d} x_1$$

$$= \omega D(\omega) \frac{\boldsymbol{R}\mu W}{4\pi\rho c^3 r} \frac{\sin X}{X} \exp\left[\mathrm{i}\left(\frac{\omega r}{c} - \frac{\pi}{2} + X\right)\right], \tag{6-101}$$

式中

$$X = (\omega L / 2)\left[\frac{1}{V_f} - \frac{\cos\varphi}{c}\right]. \tag{6-102}$$

描述断层的有限性对振幅辐射花样影响的调制因子是 $\sin X / X$,图 6.19 显示该调制因子绝对值的变化图。可以看到,这种影响在 $X = \pi, 2\pi, 3\pi, \cdots$ 时产生节点,Ben-Menahem(1961) 对此首先进行了讨论。由 (6-102) 式不难推导节点 n 所相应的周期为

$$T_n = \frac{2\pi}{\omega_n} = \frac{L}{n}\left[\frac{1}{V_f} - \frac{\cos\varphi}{c}\right], \quad n = 1, 2, 3\cdots \tag{6-103}$$

用同样的方法,可以推导双侧破裂或圆形扩展破裂有限尺度源所相应的震源辐射花样的调制因子公式。当频率较高时,调制因子 $(\sin X / X)$ 的包络正比于 X^{-1}。由 (6-102) 式可知这种平滑 (低频滤波) 的效果,在破裂传播方向上 ($\varphi = 0$) 最弱,但在其反方向 ($\varphi = \pi$) 最强。因此

在破裂传播方向上观测的高频波较背向破裂传播方向上要强。这个效果与声学中的 Doppler 效应很类似。但必须认识到 Doppler 效应与($\sin X/X$)的平滑效应的区别,后者的影响是由于来自不同频率的波之间的相对消长而引起的,并且以平滑掉高频成分为特征。而前者并无这样的平滑效果,因为那里只有一个单频振荡器。

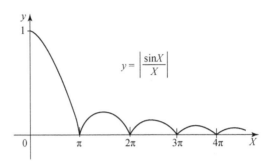

图 6.19 调制因子 $|\sin X/X|$ 的幅度变化

由(6-101)式可以看到,由于调制因子($\sin X/X$)的存在,有限尺度震源的辐射花样因子改为 $R(\sin X/X)$,原来点源所表现的四象限对称的辐射图像将会改变。由(6-102)式可以看到,在传播方向振幅会增大,在其反方向振幅会减小。图 6.20 显示的是点源、单侧破裂源和双侧破裂源的 P 波和 S 波辐射花样。

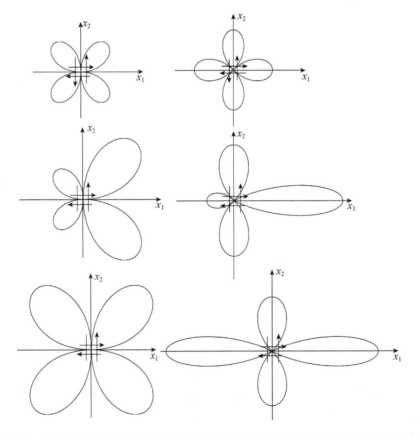

图 6.20 点源(上),单侧破裂源(中)及双侧破裂源(下)的 P 波(左)和 S 波(右)辐射花样

图 6.20 显示的辐射花样告诉我们,点源模型,由辐射花样反演破裂面参数存在 2 个可能解。由有限尺度破裂源模型,是可以从辐射花样图像中找到唯一的断层面解的。由此可以预期,地震的辐射花样图像可以作为反演震源破裂面参数的基本资料。

思　考　题

1. 在无限、均匀、各向同性介质(介质 P 波、S 波速度分别为 8 km/s 和 5 km/s)的原点作用有一力 $f(x,t)=[0,\rho \mathrm{Box}(t;2s),0]\delta(x)$($\mathrm{Box}(t;a)$ 为盒子函数,其定义为: $t=0\sim a$ 之间函数值为 1,其余为 0),试应用(6-74)式编写程序分别计算(1 km,1 km,0),(10 km,10 km,0),(100 km,100 km,0),(1000 km,1000 km,0)处三分量理论地震图,将这些地震图与震源时间函数比较,说明你的比较结论。

2. 点震源地震矩张量在直角坐标下的一般表达式是

$$M_{pq} = [\lambda n_k s_k \delta_{pq} + \mu(n_p s_q + n_q s_p)]AD$$

式中 λ、μ 是拉梅弹性常数,n 是断层面法向单位矢量,s 是断层滑动方向单位矢量,A 是断层面积,D 是断层平均位错量。若震源是法线在 $\hat{x}_3$ 方向的断层面发生的纯张裂运动(位错矢量沿 $\hat{x}_3$ 方向),试写出描述这一具体震源的地震矩张量的具体表达式(给出每个分量的具体表达式)。

3. 某地震震源是一法线沿 $\hat{x}_1$ 方向、面积为 100 km² 断层上平均匀发生了方向沿 $\hat{x}_2$ 的 1 m 位错,请:

(1) 计算该地震的标量地震矩;

(2) 写出该位错源的地震矩张量;

(3) 在 $\hat{x}_1\hat{x}_2$ 上画出断层投影、等效力偶、P 波辐射花样和 S 波辐射花样图(设 $\lambda=\mu=10^{10}$ Pa)。

4. 证明无矩双力偶产生的远场 P 波波场 2 倍于其中一个单力偶产生的远场 P 波波场,并回答:

(1) 如果断层法线沿 $\hat{x}_2$ 方向,位错沿 $\hat{x}_1$,其余与上题同,在 $\hat{x}_1\hat{x}_2$ 上画断层投影、等效力偶、P 波辐射花样和 S 波辐射花样图;

(2) 不考虑地震的动态传播效应,用上述辐射花样反演出的断层解是否唯一? 为什么?

5. 简述地震波场的格林函数的定义,格林函数表达的是震源的性质还是介质的性质? 它在地震波场模拟计算中有何意义?

参考文献

[1] [美]安艺敬一,P. G. 理查兹著. 定量地震学,第一卷,第二卷. 北京:地震出版社,1987.

[2] Benmenahem A. 1961. Radiation of seismic surface-waves from finite moving sources. Thesis—CALIFORNIA INSTITUTE OF TECHNOLOGY,51(3).

[3] Lay T,Wallace T. Modern Global Seismology. Academic Press Limited,London,1995.

第7章　地震运动学与动力学研究

7.1　震源谱研究

由前章学习知道,双力偶点源产生的远场 P 波和 S 波位移场可以表达为

$$u^{\mathrm{P}}(\boldsymbol{r},t) = \frac{1}{4\pi\rho\alpha^3}\frac{\boldsymbol{R}^{\mathrm{P}}}{r}\dot{M}(t-r/\alpha),$$
$$u^{\mathrm{S}}(\boldsymbol{r},t) = \frac{1}{4\pi\rho\beta^3}\frac{\boldsymbol{R}^{\mathrm{S}}}{r}\dot{M}(t-r/\beta). \tag{7-1}$$

对于有限尺度断层的破裂过程激发的地震波场,由线性叠加原理,可表示为断层面上的力偶强度的积分:

$$u^{\mathrm{P}}(\boldsymbol{r},t) = \frac{1}{4\pi\rho\alpha^3}\iint\limits_{\Sigma}\frac{\boldsymbol{R}^{\mathrm{P}}(\boldsymbol{\xi})}{r(\boldsymbol{\xi})}\dot{m}_i\left(t-\frac{r(\boldsymbol{\xi})}{\alpha}-\Delta t(\boldsymbol{\xi})\right)\mathrm{d}\Sigma(\boldsymbol{\xi}),$$
$$u^{\mathrm{S}}(\boldsymbol{r},t) = \frac{1}{4\pi\rho\beta^3}\iint\limits_{\Sigma}\frac{\boldsymbol{R}^{\mathrm{P}}(\boldsymbol{\xi})}{r(\boldsymbol{\xi})}\dot{m}_i\left(t-\frac{r(\boldsymbol{\xi})}{\beta}-\Delta t(\boldsymbol{\xi})\right)\mathrm{d}\Sigma(\boldsymbol{\xi}), \tag{7-2}$$

式中 Σ 为断层面,Δt 为 $\boldsymbol{\xi}$ 处开始破裂的时间相对于初始破裂时间的延迟。

在数值模拟中,可将断层面离散成 N 个子破裂面(图 7.1),每个子破裂面用点源双力偶近似成为一个子震源,则断层破裂激发的总地震波场可近似为这些子震源激发的地震波场之和。

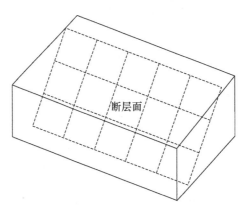

图 7.1　将断层面离散成 N 个子破裂源

由此有

$$u^{\mathrm{P}}(\boldsymbol{r},t) \cong \sum_{i=1}^{N}u_i^{\mathrm{P}}(\boldsymbol{r},t-\Delta t_i) = \frac{1}{4\pi\rho\alpha^3}\sum_{i=1}^{N}\frac{\boldsymbol{R}_i^{\mathrm{P}}}{r_i}\dot{M}_i\left(t-\frac{r_i}{\alpha}-\Delta t_i\right),$$
$$u^{\mathrm{S}}(\boldsymbol{r},t) \cong \sum_{i=1}^{N}u_i^{\mathrm{S}}(\boldsymbol{r},t-\Delta t_i) = \frac{1}{4\pi\rho\beta^3}\sum_{i=1}^{N}\frac{\boldsymbol{R}_i^{\mathrm{S}}}{r_i}\dot{M}_i\left(t-\frac{r_i}{\beta}-\Delta t_i\right), \tag{7-3}$$

式中下标 i 为子震源编号，Δt_i 为第 i 个子震源开始破裂的时间相对于初始破裂时间的延迟，r_i 为第 i 个子震源至场点的距离。

数值计算中，一般可将断层面离散成等面积的子破裂面，设子破裂面的面积为 ΔS，则有
$$\dot{M}_i = \mu \dot{D}_i \Delta S,$$
式中 μ 为震源区介质的剪切模量，$\dot{D}$ 为破裂面的位错速率。

若设断层破裂模式为单侧均匀破裂（Haskell 模型），并且场点距断层面足够远（$r \geqslant L$，图 7.2），以至于可以忽略传播距离及辐射花样因子在断层面上的变化，则(7-2)可以写为（为方便，

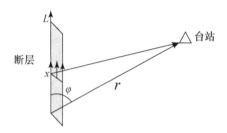

图 7.2　单侧断层破裂 Haskell 模型

以下只写出 $\boldsymbol{u}^{\mathrm{P}}$ 的表达式）：
$$\boldsymbol{u}^{\mathrm{P}}(\boldsymbol{r},t) = \frac{\mu W}{4\pi\rho\alpha^3}\frac{\boldsymbol{R}^{\mathrm{P}}}{r}\int_0^L \dot{D}\left(t-\frac{r}{\alpha}-\frac{x}{V_r}\right)\mathrm{d}x, \tag{7-4}$$
式中 V_r 为断层破裂传播速度，W 为断层宽度，L 为断层长度（见图 7.2），$r=|\boldsymbol{r}|$。

将 $\dot{D}\left(t-\frac{r}{\alpha}-\frac{x}{V_r}\right)$ 写为 $\dot{D}\left(t-\frac{r}{\alpha}\right)*\delta\left(t-\frac{x}{V_r}\right)$，再代入(7-4)式，则有
$$\boldsymbol{u}^{\mathrm{P}}(\boldsymbol{r},t) = \frac{\mu W}{4\pi\rho\alpha^3}\frac{\boldsymbol{R}^{\mathrm{P}}}{r}\dot{D}\left(t-\frac{r}{\alpha}\right)*\int_0^L\delta\left(t-\frac{x}{V_r}\right)\mathrm{d}x. \tag{7-5}$$

令
$$z=t-x/V_r,\quad 即：x=tV_r-zV_r,\ \mathrm{d}x=\frac{\mathrm{d}x}{\mathrm{d}z}\mathrm{d}z=-V_r\mathrm{d}z,$$
则有
$$\int_0^L\delta\left(t-\frac{x}{V_r}\right)\mathrm{d}x = \int_t^{t-L/V_r}-V_r\delta(z)\mathrm{d}z = V_rH(z)\ |_{t-L/V_r}^t, \tag{7-6}$$
式中 $H(z)$ 称为 Heaviside（阶跃）函数，其定义为
$$H(z)=\begin{cases}1,&z>0,\\ \frac{1}{2},&z=0\\ 0,&z<0,\end{cases} \tag{7-7}$$
由此有
$$\begin{aligned}\boldsymbol{u}^{\mathrm{P}}(\boldsymbol{r},t)&=\frac{\mu WV_r}{4\pi\rho\alpha^3}\frac{\boldsymbol{R}^{\mathrm{P}}}{r}\dot{D}\left(t-\frac{r}{\alpha}\right)*[H(t)-H(t-\tau_c)]\\ &=\frac{\mu WV_r}{4\pi\rho\alpha^3}\frac{\boldsymbol{R}^{\mathrm{P}}}{r}\dot{D}\left(t-\frac{r}{\alpha}\right)*B(t,\tau_c)\end{aligned} \tag{7-8}$$
式中 $\tau_c=L/V_r$ 为断层破裂持续时间；$B(t,\tau_c)$ 称为盒式（boxcar）函数，定义如下：
$$B(t,\tau_c)=\begin{cases}1,&t\in(0,\tau_c),\\ 0,&t\notin(0,\tau_c).\end{cases} \tag{7-9}$$

实际上随着地震台相对断层的方位角不同，观测到的断层破裂持续时间 τ_c 可能会出现差异。为简便起见，我们仍以图 7.2 的 Haskell 模型为例，讨论 $r\gg L$（震源距≫断层尺度）的情形。

如图 7.2 所示,设断层至地震台的方向和破裂传播方向的夹角为 φ,位于 x 点的破裂源激发的地震波到达地震台的时间(以断层开始破裂为零时)为

$$t_x \cong \frac{x}{V_r} + \frac{r - x\cos\varphi}{\alpha},\tag{7-10}$$

断层两端的破裂源激发的地震波到达地震台的走时延迟 τ_φ 为

$$\tau_\varphi = \frac{L}{V_r} + \frac{r - L\cos\varphi}{\alpha} - \frac{r}{\alpha} = \tau_c - \frac{L\cos\varphi}{\alpha}.\tag{7-11}$$

(7-11)式显示,地震台接收到的直达波震相的延迟时间 τ_φ 并不与断层破裂的持续时间 τ_c 完全相等,而是与台站相对断层破裂方向的方位角有关。破裂前方的地震台记录的震相持续时间会压短,而背向破裂传播方向的地震台记录的震相持续时间会拉长。这种破裂传播的调制效应在地震图上表现为 P 波初动半周期随台站方位角的变化,即:在破裂传播方向上,地震波的初动半周期变小;而相反方向上,地震波的初动半周期变大。如图 6.19 显示,地震波的辐射花样因子也将作相应调制,在破裂传播方向的地震台记录的地震波振幅大于背向破裂传播方向的地震台记录的振幅。

考虑破裂的调制效应,(7-8)式将修正为

$$\boldsymbol{u}^{\mathrm{P}}(\boldsymbol{r},t) = \frac{\mu W V_r}{4\pi\rho\alpha^3} \frac{\boldsymbol{R}_\varphi^{\mathrm{P}}}{r} \dot{D}\left(t - \frac{r}{\alpha}\right) * B(t,\tau_\varphi),\tag{7-12}$$

对 Haskell 模型,式中 $\boldsymbol{R}_\varphi^{\mathrm{P}} = \boldsymbol{R} \cdot \dfrac{\sin X}{X}$,$X$ 的定义见式(6-102)。

盒式函数的傅里叶变换为

$$F[B(t,\tau)] = \tau \mathrm{e}^{\mathrm{i}\omega\tau/2} \frac{\sin(\omega\tau/2)}{\omega\tau/2}.\tag{7-13}$$

设位错时间函数可以用上升时间为 τ_s 的斜坡(Ramp)函数近似,则相应的位错速率时间函数可以用盒式函数近似(如图 7.3 左上所示),即

$$\dot{D}(t) = V_d B(t,\tau_s),\tag{7-14}$$

式中 V_d 为位错速率,则

$$F[\dot{D}(t - r/\alpha)] = V_d \tau_s \mathrm{e}^{\mathrm{i}\omega\tau_s/2} \frac{\sin(\omega\tau_s/2)}{\omega\tau_s/2} \mathrm{e}^{\mathrm{i}\omega r/\alpha},$$

于是远场直达 P 波的地震波谱为

$$\boldsymbol{U}^{\mathrm{P}}(\boldsymbol{r},\omega) = \frac{\mu W V_r V_d}{\pi\rho\alpha^3} \frac{\boldsymbol{R}_\varphi^{\mathrm{P}}}{r} \frac{\sin(\omega\tau_\varphi/2)\sin(\omega\tau_s/2)}{\omega^2} \mathrm{e}^{\mathrm{i}\omega(\tau_\varphi+\tau_s)/2} \mathrm{e}^{\mathrm{i}\omega r/\alpha},\tag{7-15}$$

$$\left|\boldsymbol{U}^{\mathrm{P}}(\boldsymbol{r},\omega)\right| = U_0 \left|\frac{\sin(\omega\tau_\varphi/2)\sin(\omega\tau_s/2)}{\omega^2}\right|,\tag{7-16}$$

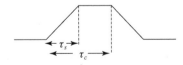

图 7.3 两个窗宽分别为 τ_s 和 τ_c 的盒式函数(上)的卷积(下)

式中
$$U_0 = \frac{\mu W V_r V_d}{\pi \rho \alpha^3} \frac{R_\varphi^P}{r}$$

$$\left| \frac{\sin X}{X} \right| \text{的上包络线可近似为} \begin{cases} 1, & X < 1, \\ \frac{1}{X}, & X > 1, \end{cases} \tag{7-17}$$

则有

$$\left| \boldsymbol{U}^{\mathrm{P}}(\boldsymbol{r}, \omega) \right| \approx \begin{cases} U_0, & \omega < \frac{2}{\tau_\varphi} = \omega_{cr}, \\ \dfrac{\tau_\varphi U_0}{2} \dfrac{1}{\omega}, & \dfrac{2}{\tau_\varphi} < \omega < \dfrac{2}{\tau_s} = \omega_{cs}, \\ \dfrac{\tau_s \tau_\varphi U_0}{4} \dfrac{1}{\omega^2}, & \omega > \dfrac{2}{\tau_s}. \end{cases} \tag{7-18}$$

由 S 波也可以推导出类似的结果。图 7.4 是一个实际记录的 P 波位移振幅谱图,我们可以清楚地看到(7-18)式所描述的震源位移振幅谱随频率的衰减特征。

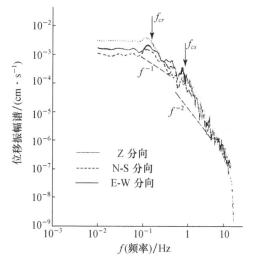

图 7.4　西安地震台记录的 1997 年 3 月发生在新疆伽师一次 6 级地震的 P 波位移振幅谱

我们将震源频谱变化的拐点所对应的频率与(7-18)式中的 ω_{cr} 和 ω_{cs} 相应的频率 f_{cr} 和 f_{cs} 称为拐角频率(corner frequency)。由(7-18)式可以看到,拐角频率对应了震源破裂中的某一特定时间参数,因此测定拐角频率可以提供震源破裂持续时间、震源破裂尺度和应力降等相关信息。

表 7.1 列出了对不同震源破裂模型,应力降、地震矩与震源破裂尺度及平均位错之间的关系。我们可以大体看到,对一定地震矩的地震,其应力降大体反比于震源破裂尺度的三次方。因而可以通过测定拐角频率来推算出震源破裂尺度,进而估计地震的应力降,但是这样估算的应力降的误差可能是很大的。

表 7.1　三种典型断层模型的应力降 $\Delta\sigma$ 和地震矩 M_0 与平均位错 $\overline{D}$ 和震源破裂尺度间的关系

	圆盘模型 （半径 r）	走滑破裂模型 （长 L，宽 W）	倾滑破裂模型 （长 L，宽 W）
$\Delta\sigma$	$\dfrac{7\pi}{16}\mu\left(\dfrac{\overline{D}}{r}\right)$	$\dfrac{2}{\pi}\mu\left(\dfrac{\overline{D}}{W}\right)$	$\dfrac{4(\lambda+\mu)}{\pi(\lambda+2\mu)}\mu\left(\dfrac{\overline{D}}{W}\right)$
M_0	$\dfrac{16}{7}\Delta\sigma\cdot r^3$	$\dfrac{\pi}{2}\Delta\sigma\cdot W^2 L$	$\dfrac{\pi(\lambda+2\mu)}{4(\lambda+\mu)}\Delta\sigma\cdot W^2 L$

7.2　理论地震图合成与震源破裂过程反演

由第 6 章的知识可知，台站记录的地震波场 $u(t)$ 可以写成震源时间函数 $s(t)$、传播响应 $g(t)$（也称为介质传递函数）及仪器响应 $i(t)$ 的卷积：

$$u(t) = s(t) * g(t) * i(t) \tag{7-19}$$

图 7.5 显示的是震源时间函数、有限尺度破裂效应及介质传播响应（实际介质响应可能更为复杂）、仪器响应对地震 P 波记录贡献的示意图。

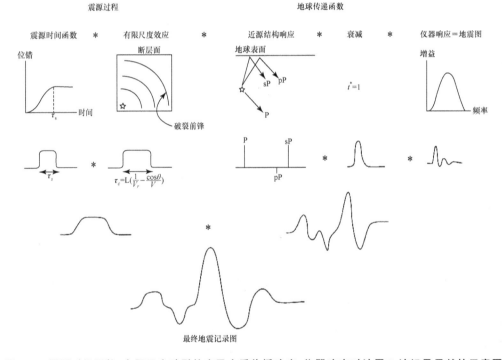

图 7.5　震源时间函数、有限尺度破裂效应及介质传播响应、仪器响应对地震 P 波记录贡献的示意图
图中" $*$ "表示褶积运算（据 Lay & Wallace,1995,Fig.10.2）

不考虑地震仪器的影响，地震产生的地面运动的波场，由第 6 章(6-83)式，可以写为

$$\boldsymbol{u}(\boldsymbol{x},t) = M_{pq}(t) * \boldsymbol{G}_{p,q}(\boldsymbol{x},t) \tag{7-20}$$

若考虑震源的有限破裂尺度效应，则(7-20)式可修改为

$$u(\boldsymbol{x},t) = \iint\limits_A m_{pq}(\boldsymbol{\xi},t) * \boldsymbol{G}_{p,q}(\boldsymbol{x},t;\boldsymbol{\xi},\tau)\mathrm{d}A(\boldsymbol{\xi}) \tag{7-21}$$

写成离散的形式,则有

$$u_i(\boldsymbol{x},t) = \sum_{k=1}^{N} m_{pq,k}(\boldsymbol{\xi}_k,t) * G_{ip,q}(\boldsymbol{x},t;\boldsymbol{\xi}_k,\tau_k)A_k \tag{7-22}$$

式中下标 k 为子破裂元的编号;$\boldsymbol{\xi}_k,\tau_k,A_k$ 分别为子破裂元 k 的位置坐标和破裂发生的时间和破裂面积。由(7-20)～(7-22)式可以看到,在地震波场的理论计算中,找到和计算出精确的格林函数是非常重要的。目前格林函数的获取途径有两种:

(1) 从实际记录中提取。

利用在所研究的地震震源附近的小地震记录,如果该小地震的震源机制与研究的地震的震源机制相同或相近,则可以将该小地震视为点源,将该地震的记录作为格林函数。这种利用小地震地震图作为格林函数的方法称为经验格林函数法(empirical green function)。经验格林函数的优点是:① 尽可能减小了复杂介质结构的影响和介质结构不确定性的影响;② 不用进行复杂的理论格林函数计算。缺点是:① 记录噪声对结果将产生影响;② 小地震与大地震间的震源位置差异和震源机制差异对结果将产生一定影响。

(2) 理论计算。

当已知地震波传播区域的介质结构时,计算脉冲点源产生的地震波场。这样获取的格林函数称为理论格林函数。优点:① 无噪声干扰;② 无震源位置或震源机制的不确定性的影响。缺点:① 介质结构的不确定性将对结果产生较大影响。这点对近场、高频记录的影响尤其突出;② 计算过程复杂,尤其在使用三维速度结构模型时,只能采用如有限差分、有限元或谱元法等数值计算方法。

地震波场的模拟计算,目前主要应用于:① 近场强地面运动模拟,为抗震设计提供地震动参数;② 地震矩张量反演及地震破裂过程反演;③ 速度结构反演。

第一项内容,受益于计算机技术的高速发展及并行计算技术的发展,近年来取得了快速的进步,目前仍然是热点研究内容;第三项内容,由于波场与速度结构之间的高度非线性关系,用波形模拟的方法进行速度结构的反演非常复杂,这种研究仍在发展之中。相对而言,第二项应用波形记录反演震源参数和震源破裂过程的研究已得到广泛应用,下面我们进一步介绍这项内容。

为了尽可能减少需反演的未知量的数目,获取更为稳定的反演结果并提高解的唯一性,经常需要对问题作一些物理上合理的简化和约束。在地震矩张量反演中,经常采用同步震源假设,即设地震矩的各分量有相同的随时间变化的过程:

$$M_{pq}(t) = M_{pq}S(t), \tag{7-23}$$

则有

$$u_i(\boldsymbol{x},t) = M_{pq}S(t) * G_{ip,q}(\boldsymbol{x},t), \tag{7-24}$$

$$U_{a/Z}(\boldsymbol{x},\omega) = M_{pq}\widetilde{G}_{ap,q/Z}(\boldsymbol{x},\omega) \quad \alpha = 1,2, \tag{7-25}$$

式中 $U_{a/Z}(\boldsymbol{x},\omega)$ 为 $u_a(\boldsymbol{x},t)$ 和 $u_3(\boldsymbol{x},t)$ 的 Fourier 变换之商;$\widetilde{G}_{ap,q/Z}(\boldsymbol{x},\omega)$ 为 $G_{ap,q}(\boldsymbol{x},t)$ 和 $G_{3p,q}(\boldsymbol{x},t)$ 的 Fourier 变换之商。

由(7-25)式可看出,采用同步震源假设后,地震矩张量的反演将变得简单。理论上只要有三个以上的三分向台站记录就可反演出矩张量的 6 个独立分量;当然为了保证反演结果的可靠性,实际应尽可能使用更多台的高质量地震记录。如果再加上地震矩张量的迹为零的约束,就减少为只有 5 个独立的分量。因此有些书将(7-20)所示的理论地震波场计算的基本公式修改为

$$u_i(\boldsymbol{x},t) = S(t) * i(t) * \sum_{k=1}^{5} M_k G_{ik}(t). \tag{7-26}$$

要注意的是,(7-26)式定义的格林函数与基本式(7-20)式中的格林函数已有了不同的意义,前者是后者的加权和表达。

将由(7-26)式计算的理论地震图(可为某种波段,也可为整个预期的地震波记录)与实际的地震记录,按一定准则进行拟合,再从拟合导出的"观测方程"中求解出地震矩张量的各个分量,这就是地震矩张量的反演(见图 7.6)。

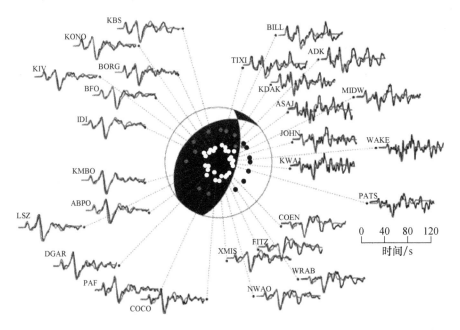

图 7.6　反演 P 波波形记录得到的 2008 年 5 月 12 日汶川 M_S8.0 地震的震源机制解

采用下半震源球投影,同时给出了点源模型的 P 波垂直向,位移理论图(细线)与记录(粗线)的拟合图。投影图上含+号的灰色圆圈表示初动向上,黑色圆圈表示初动向下,白色圆圈表示使用记录台站的投影位置(引自王卫民等,2008[7])

除了前面介绍的用波形拟合的方法进行地震矩张量反演外,利用波形拟合还可以反演断层面上位错矢量的空间分布图像和破裂前沿随时间扩展的图像。根据(7-22)式,破裂过程反演的一般表达方程可以写为

$$A(\tau) \cdot m = d, \tag{7-27}$$

其中 τ 为需反演的各子破裂单元的破裂时间(rupture front time),是个长度为子单元数的向量。m 为需反演的各子破裂元上沿断层面的位错矢量(有走滑与倾滑两个分量),是个长度为子单元数的 2 倍的向量。$A(\tau)$ 为各子破裂单元上沿倾向或走向的单位位错在观测台的理论地震图响应,称格林函数矩阵,是个长为资料点数、宽与 m 等长的矩阵。d 为由地震波形记录构造的观

测数据向量。$A(\tau)$是关于 τ 的非线性函数并且一般情形下无法给出具体的表达式。

图 7.7 是用波形拟合的方法获取的中国台湾 1999 年 9 月 21 日集集 7.3 级地震震源破裂过程反演结果。

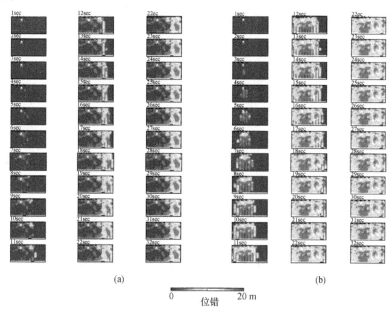

图 7.7　用波形拟合法获取的中国台湾 1999 年 9 月 21 日集集 7.3 级地震断层面位错分布图像
(a) 走滑分量；(b) 倾滑分量（据周仕勇，陈晓非，2006[7]）

7.3　地震动力学与破裂准则

现代地震学的最重要成果之一是确认了地震（尤其是浅源地震）是地球内部断层错动的结果，这也是 1910 年美国科学家 Reid 首先提出的弹性回跳理论的物理基础。该理论最初被用来解释 1906 年美国旧金山地震的机制，并作为地震孕育的重要模型之一。工程地震学中所涉及的不少地震危险性概率模型（如应力释放模型）中也隐含了弹性回跳理论的物理思想。

1. Reid 的弹性回跳理论的主要论点

(1) 造成构造地震的岩石体破裂是岩石体周围地壳的相对位移产生的应变超过岩石强度的结果；

(2) 这种相对位移不是在破裂时突然产生的，而是在一个比较长的时期内逐渐达到其最大值的；

(3) 地震时发生的唯一物质移动是破裂面两边的物质向减少弹性应变的方向突然发生弹性回跳。这种移动随着破裂面的距离增大而逐渐衰减，延伸仅数英里；

(4) 地震引起的震动源于破裂面。破裂起始的表面开始很小，很快扩展得非常大，但是其扩展速率不会超过岩石中 P 波的传播速度；

(5) 地震时释放的能量在岩石破裂前是以弹性应变能的形式储存在岩石中的。

图 7.8 是常见的说明弹性回跳理论的卡通图。

地震发生的动力学过程大体分为三个阶段：① 破裂的起始（成核）阶段；② 破裂的发展阶

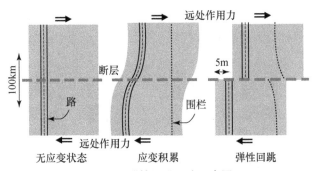

图7.8 弹性回跳理论示意图

段;③ 破裂的终止阶段。地震波记录包含有震源破裂的信息,利用地震波记录反演地震的矩张量,地震位错、应力降及位错发生的时间(破裂前沿时间)在断层面上的分布,称为震源运动学研究。研究地震破裂起始发生和破裂终止的物理条件、地震破裂发生过程中应力降与滑动之间的本构关系及断层破裂增长的力学机制等称震源动力学研究。

2. 关于地震破裂起始发生条件的研究

此研究可以追溯到库仑(Couloumb C A)1776年提出的库仑破裂准则:岩石中某个截面上的剪切强度等于该截面处岩石的聚合力与摩擦力之和,当该截面上的剪切力大于此剪切强度时,完整岩石就会沿该截面发生剪切破裂。剪切强度可以描述为

$$|\tau|_{破裂} = c + \mu\sigma_n,\qquad(7\text{-}28)$$

式中 c 为聚合力;μ 是岩石的内摩擦系数;σ_n 为截面上的正应力,并设压应力为正(下同)。

若地震发生是沿预存断层面的两盘相对滑动的结果,则可以忽略断层面上聚合力的影响,(7-28)式可以修改成:

$$|\tau|_{破裂} = \mu\sigma_n.\qquad(7\text{-}29)$$

另外一个破裂准则是拜尔利(Byerlee,1978)通过大量含预切面岩石的摩擦滑动实验总结的结果,称为拜尔利定律:

$$|\tau|_{破裂} = \begin{cases} 0.85\sigma_n, & \sigma_n < 200\,\text{MPa}, \\ 50\text{MPa} + 0.6\sigma_n, & 200\,\text{MPa} \leqslant \sigma_n < 2000\text{MPa} \end{cases}\qquad(7\text{-}30)$$

式中 σ_n 为预切面上的正应力。200 MPa 大约相当于地下 8 km 深度处的静岩压强。

除了上述简单的线性破裂准则外,还有一系列更为复杂的非线性破裂滑动律在震源破裂过程动力学模拟研究中得到广泛应用。比较典型的有黏滑模型、滑动弱化摩擦准则与 Dieterich 摩擦律等。

图7.9是表示二维应力状态的摩尔圆图,图中绘出了(7-28)式表示的库仑-摩尔破裂准则(直线),由图可以方便地判断破裂面的破裂角 θ。

考虑到地层里水的作用,可能会显著减小破裂面(或断层面)上的有效正压力,如果设孔隙压力为 P,则(7-28)、(7-29)式应修改为

$$|\tau|_{破裂} = c + \mu(\sigma_n - P),\qquad(7\text{-}31)$$

$$|\tau|_{破裂} = \mu(\sigma_n - P).\qquad(7\text{-}32)$$

孔隙压力增加将减小地球介质的破裂强度,导致地震活动增加的典型实例是:水库诱发地震和油田注水采油的诱发地震。这说明孔隙压力对地震活动有较大影响。

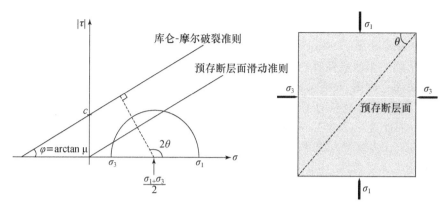

图 7.9　摩尔圆破裂准则判断图

图 7.10 是震源破裂断层面上任意一点的应力动态变化示意图。该图是分析不均匀初始应力场中破裂的传播过程而获得的。决定断层上任一点发生动态破裂的最重要的震源参数是有效破裂应力 τ_{eff}，它等于该点的静摩擦应力 τ_s（static frictional stress）减去动摩擦应力 τ_a（dynamic stress arrest level）（图 7.10）。断层破裂是以不稳定的有限速度向外扩展的。

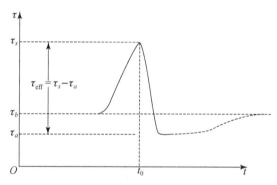

图 7.10　震源破裂前锋经过断层面某处前后,该点剪切应力的动态变化

（Yamashita，1976[6]）

附　地震活动性模拟

　　地震目录是工程地震、地震预测及地震构造活动研究中最为基本的资料。现代地震观测,至今仅 100 余年的历史,而现代地震台网的建设则更晚。在我国,依靠现代区域地震观测台网建立的地震目录大多都始于 1970 年,其中华北较早,但也是在 20 世纪 60 年代后。华北区域内强震的复现周期大多都在数百年,短的也在数十年,因此,无论是用统计的方法开展复现周期长达百年的 7 级以上目标地震的预测研究或地震危险性区划研究,还是基于一定物理模型假设对地震前兆进行检验和修正,仅仅依据几十年的现代地震目录作为基本资料是不够的。虽然基于历史文献记载和古地震地质研究可以大大延伸地震目录的时间跨度(至千年的尺度,我们称之为历史地震目录),但历史地震目录难以克服定位及震级精度低、漏震等缺陷,难以用于较为精细的研究之中。

地震活动性理论模拟研究是近年来国际上新兴的一项前沿性研究课题。Robinson & Benites 于 1996 年开展了 Wellington 地区（包含有 5 个主要断层）的地震活动仿真模拟，计算出了世界上第一个区域性理论地震目录。他们所采用的断层单元破裂准则是简单的恒定摩擦系数的库仑准则，没有考虑断层破裂的传播时间对应力迁移的延迟效应、破裂单元的愈合过程对断层后续破裂的影响等非线性物理过程，其模型是一种准静态理论地震活动性的模拟模型。周仕勇等（2006）对模型作了一定的改进，从而可以直接应用 GPS 等跨断层形变速率观测资料作为模型力源的加载参数。下面对该模型的基本原理作简单介绍。

考虑三维半无限弹性空间中包含着 N 个断层的情况。根据所要模拟的地震目录的震级下限要求，设定网格大小，将每个断层进行如图 7.1 的网格化（离散成子断层单元），根据岩石破裂的实验结果和关于断层各段物性的地震学或地质学调查结果，设定断层面的破裂强度分布和初始应力分布。

各子断层单元上剪切应力的走向分量 τ_s 与倾向分量 τ_d 由下式计算：

$$\tau_s(k,m,t)=\tau_{s0}(k,m)+\sum_{l,n=1,1}^{L_m,Nf}K_{ss}(k,m,l,n)[V_{sn}t-u_s(l,n)]$$
$$+\sum_{l,n=1,1}^{L_m,Nf}K_{sd}(k,m;l,n)[V_{dn}t-u_d(n,l)]$$
$$\tau_d(k,m,t)=\tau_{d0}(k,m)+\sum_{l,n=1,1}^{L_m,Nf}K_{ds}(k,m,l,n)[V_{sn}t-u_s(l,n)]$$
$$+\sum_{l,n=1,1}^{L_m,Nf}K_{dd}(k,m;l,n)[V_{dn}t-u_d(n,l)] \tag{1}$$

式中 k 是研究区域中断层的序号；m 是 k 号断层上划分的子断层单元的序号；下标 s,d 分别表示断层面上的剪切应力的走向和倾向分量；τ_{s0} 和 τ_{d0} 是地震活动性模型中设置在子断层单元(k,m)上的初始剪切应力；Nf 是研究区域中断层的数量；L_m 是 k 号断层上所划分的子断层单元的数量；V_{sn} 和 V_{dn} 是 n 号断层上剪切形变速率的走向和倾向分量，由 GPS 等现代形变观测结果给定；$u_s(n,l)$ 和 $u_d(n,l)$ 是 t 时刻前(n,l)断层单元上所发生的累积位错的走向和倾向分量。$K_{ss}(k,m;l,n),K_{sd}(k,m;l,n),K_{ds}(k,m;l,n),K_{dd}(k,m;l,n)$ 是(n,l)单元发生的位错对(k,m)单元上作用的剪切应力的传递系数（triggering coefficients），应用弹性力学理论可求得。

抑制断层单元滑动（破裂）的静态强度由下式确定：

$$S_{静}(k,m,t)=-\mu^*[L+\delta\sigma_n(k,m,t)+P_{base}+\delta P(k,m,t)] \tag{2}$$

式中 $S_{静}(k,m,t)$ 为断层单元(k,m)的摩擦阻力；μ^* 为摩擦系数；L 为断层单元处的静岩压力（压应力为负，下同）；$\delta\sigma_n$ 是构造运动加载、研究区 t 时刻前诸断层单元的破裂所造成的(k,m)断层单元上正压力的变化（确定方法与断层单元上剪切应力的计算方法类似）；P_{base} 是孔隙压力（恒定部分）；δP 是诸断层单元的破裂在(k,m)单元处所造成的孔隙压力变化。断层单元上的剪切应力及剪破裂强度如下：

$$\tau=\sqrt{\tau_s^2+\tau_d^2} \tag{3}$$
$$S=\max[S_{动}(t),S_{静}(t)-\Delta S\cdot v(t)/v_c] \tag{4}$$

式中 $S_{动}=dyn \cdot S_{静}$ 称为动破裂强度,岩石破裂实验结果表明 dyn 在 $0.4\sim0.6$;$\Delta S=S_{静}$ $-S_{动}$;$v(t)$ 为子单元破裂的滑动速率,v_c 为模型设定的临界滑动速率,大量观测表明 $1\,m/s$ 是比较合适的取值。当子单元破裂,其中蕴藏的部分弹性能将释放,作用在子单元上的剪切应力将降低。失稳的子单元的剪应力降为

$$\Delta\tau=\tau-arr \cdot S_{静}, \tag{5}$$

这里,arr 为应力捕获因子,岩石破裂实验结果表明其在 $0.3\sim dyn$ 间。

在 t 时刻,当研究区域中的某个子断层单元上由(3)式定义的剪切应力大于(4)式定义的剪破裂强度时,将表示一个地震开始发生,该子单元的位置为该地震的初始破裂点。由于该子单元的破裂将在研究区各点产生扰动应力场,扰动应力可能使与该子单元同断层的其他子单元相继破裂,宏观上表现出断层破裂的传播过程,同一断层上相继发生的子单元破裂都会在研究区各点产生扰动应力场,我们追踪这种应力场动态变化,当扰动应力场不再能引起同一断层上其他任何子单元破裂时,表示该地震过程结束。当然,子单元破裂产生的扰动应力场也可能引起研究区域其他断层上子单元的破裂,如果同一时间多个断层上都存在子单元破裂,我们将其视为多震事件,将不同断层上的破裂视为多个独立的地震事件追踪,但在计算扰动应力场时要同时考虑同断层和不同断层在该地震过程中破裂的影响。在一个地震过程中,最后一个子单元破裂与第一个子单元破裂的时间差为该地震过程的持续时间。

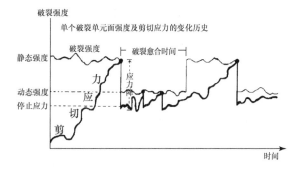

图 1　某子单元上剪切应力、破裂强度、破裂发生(黑点)时间演化过程示意图

注意,为清晰起见,时间轴的标度是不固定的。其中破裂的子单元愈合时间及处于动态破裂的时间段对应的时间轴仅几秒和几十秒;而加载时间段(左端第 1 个黑点左面)为数年或数百年计

该地震的地震矩由(6)式计算:

$$M_0 = G \sum Au_n, \tag{6}$$

这里,G 为介质的剪切模量,A 为基本破裂单元的面积,u_n 是该断层上第 n 个子单元在该次地震过程中发生的累积位错(滑动)。该地震的矩震级 M_w 可由如下经验关系式简单确定:

$$M_w=\frac{2}{3}\lg M_0-6.07. \tag{7}$$

式中地震矩 M_0 的单位是 $N \cdot m$(牛[顿]·米),$\lg$ 表示以 10 为底的对数函数。

需要指出的是,本模型考虑到了如下非线性因素的影响:

（1）考虑破裂愈合。即子单元破裂后,强度立即由静破裂强度降低至动态破裂强度,为了有效表示破裂单元在环境应力作用下自愈合(强度恢复)的过程,本研究区设置子单元破裂愈合时间为 3.0 s。由于破裂的子单元可以自愈合,因此在同一地震过程中,一个子单元可以多次破裂。图 1 给出了子单元上剪切应力、破裂强度及破裂状态的动态曲线,从中读者可以了解我们计算追踪子单元破裂条件的大体思路。

（2）考虑应力传递的时间延迟。子单元破裂产生的扰动应力不是瞬时传递,而是以模型介质 S 波速度的 0.9 倍传递。

思 考 题

1. 图 7.4 是西安台记录的 1997 年新疆伽师的一次 6 级地震(地震矩为 7.74×10^{17} N·m)的震源振幅谱图,台网观测表明,该地震没有明显的破裂传播的方向效应,说明可用圆盘破裂模型描述震源的破裂。设破裂传播速度是 2.2 km/s,请:

（1）通过测量拐角频率,估计该震源破裂位错滑动的平均时间、破裂完成时间及破裂面积;

（2）估计震源破裂的应力降。

2. 设地震断层为北东 45°走向的直立断层,长 100 km,宽 20 km,地震是断层单侧破裂的结果,破裂传播速度是 2.5 km/s。破裂过程中断层面各点的位错滑动函数 $D(t)$ 是均匀的,为

$$D_i(t) = \begin{cases} 0, & t \leq 0, \\ \dfrac{1}{2}t, & 0 < t \leq 2s, \\ 1, & t > 2s, \end{cases} \quad i = 1,2,3 \text{ 分别代表北、东、下三个方向。}$$

设地球介质为半无限均匀弹性空间,$\lambda = \mu = 3 \times 10^{10}$ Pa,位错单位为 m,问:

（1）该地震的标量地震矩是多少? 并根据附 7.1 给出的经验公式(7)计算矩震级;

（2）写出该地震的矩张量;

（3）分别画出该地震远场 P 波和 S 波辐射花样;

（4）计算震源正东 1000 km 地震台记录的 P 波和 S 波地震图;

（5）估计该地震台记录的地震波振幅谱的拐角频率;

（6）估计应力降。

参考文献

[1] Byerlee J. 1978. Friction of rocks. Pure Appl Geophys, 116(4-5): 615—626.

[2] Haskell N A. 1964. Total energy and energy spectra density of elastic waves from propagating faults. Bull Seis Soc Am, 54(6): 1811—1841.

[3] Kanamori H, Anderson D L. 1975. Theoretical basis of some empirical relations in seismology. Bull Seis Soc Am, 65(5):1073—1095.

[4] Minson S E, Dreger D S. 2008. Stable inversions for complete moment tensors. Geophys J Int, 174(2): 585—592.

[5] Robinson R, Benites R. 1996. Synthetic seismicity models for the wellington region, New Zealand: Implications for the

temporal distribution of large events. J Geophys Res，102(B12)：27833—27844.

［6］ Yamashita T. 1976. On the dynamical process of fault motion in the presence of friction and inhomogeneous initial stress. Part I，Rupture propagation. J. Phys. Earth，24：417—444.

［7］王卫民，赵连锋，李娟，姚振兴.四川汶川 8.0 级地震震源过程.地球物理学报,2008,51(5):1403-1410.

［8］周仕勇，陈晓非.近震源破裂过程反演研究——Ⅱ.9.21 中国台湾集集地震破裂过程的近场反演[J].中国科学,2006,36(1):49—58.

［9］周仕勇，姜明明，Robinson R. 1997 年新疆伽师强震群发展过程中发震断层间相互作用的影响[J].地球物理学报,2006,49(4):1102—1109.

第8章 地震观测、地震资料分析与应用

8.1 地震观测发展与地震仪原理

地震学是一门由地震观测所推动而发展的科学,因而地震观测是地震学的基础,它在地震学乃至整个地球科学的发展中起着非常重要的作用。

地震仪是一种可以接收地面震动,并将其以某种方式记录下来的装置。这种地面震动可以是由地震、火山喷发、人工爆破或其他原因产生的。

地面运动可以是位移、速度或加速度,它们是随时间变化的三维矢量,一般都需要用三个互相独立的分量才能完整描述。因此,为了研究完整的地面运动,一定要将这三个分量都记录下来。

地面震动幅度的大小在很大一个量级范围内变化。强震在震中附近产生的震动可以较背景性地面震动大 9 个数量级。这就需要根据不同的研究目的,设计不同的地震仪,记录不同幅度范围的地面震动。如用于记录震中附近强震产生的地面震动的强震仪和用于记录区域地震的微震仪。此外,地震波是由不同周期成分的振动组成的复杂波列,其低频段可低到 0.0001 Hz,其高频信号可高达数百赫。因此,根据不同的需求,设计用于记录不同频段地震波的长周期、短周期、中长周期及宽频带等具有不同频率响应特性的地震仪(图 8.1)。尽管需要设计不同类型的地震仪,以满足各方面的需要,但就基本原理而言,目前的地震仪都基本是建造在以一套弹簧—摆为拾震器的基础上,即俗称的摆式地震仪。

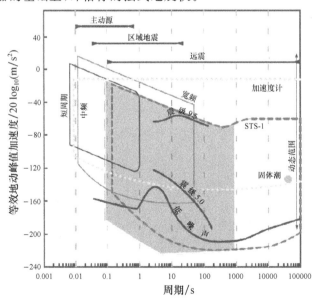

图 8.1 地面震动幅度和地震仪频带范围

(参见 http://www.passcal.nmt.edu/information/one_pagers/index.html)

常见的地震仪一般由拾震器、放大器(换能器)及记录系统三个部分组成。下面我们将逐一介绍其功能及其基本工作原理。

8.1.1 拾震器

拾震器是接收地面运动的一种传感器。它主要由一个质量为 M 的摆锤,通过弹簧拴在一个能与地面一起运动的固定支架上。图 8.2 给出由带阻尼的弹簧-摆系统构成的拾震器的实例。

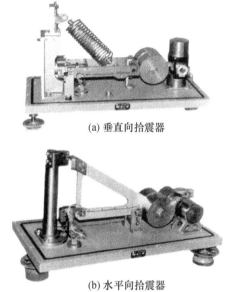

(a) 垂直向拾震器

(b) 水平向拾震器

图 8.2 带阻尼的弹簧-摆拾震系统

图 8.3(a)绘出摆式拾震器的工作原理图,拾震器由并联的弹簧和阻尼器悬挂起来的重锤组成。令地面相对于惯性参考系的运动位移用时间函数 $u(t)$ 表示,而重锤 M 相对于支架的运动用 $y(t)$ 表示,这里 $y(t)$ 是重锤质心离开其平衡位置 y_0 的位移量。于是,重锤相对于惯性系的绝对运动位移可表示为 $u(t)+y(t)$。重锤离开平衡位置运动后将受到弹簧的附加作用力 $-ky(t)$,即当位移不大时该力的大小与位移 $y(t)$ 正比,比例系数为 k,负号表示力的方向与位移方向相反。此外,重锤运动时还受到一个阻尼器阻碍运动的力,该阻力通常与重锤运动的速度成正比,可表示为 $-D(\mathrm{d}y/\mathrm{d}t)$,$D$ 是比例系数,负号表示力的方向与运动速度的方向相反。于是,在惯性参考系中重锤的运动方程可写为

$$M \frac{\mathrm{d}^2}{\mathrm{d}t^2}[y(t)+u(t)] + D\frac{\mathrm{d}y(t)}{\mathrm{d}t} + ky(t) = 0, \tag{8-1}$$

或化简为

$$\ddot{y} + 2\varepsilon\dot{y} + \omega_0^2 y = -\ddot{u}, \tag{8-2}$$

式中 $2\varepsilon = D/M$;$\omega_0^2 = k/M$;ε 称为阻尼系数;定义 $h = \varepsilon/\omega_0$ 为阻尼常数。

由(8-2)式可以看到,地面相对于惯性系的加速度运动可以由悬挂的摆相对于拾震器支架运动的相对加速度、速度及位移的线性组合来表达。

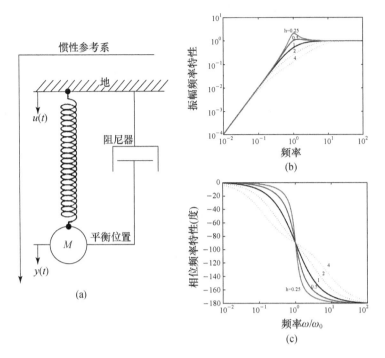

图 8.3 拾震器拾震原理(a)、不同阻尼常数拾震器的振幅频率响应(b)和相位频率响应(c)

设时间域函数 $u(t)$ 和 $y(t)$ 的 Fourier 变换式分别为 $U(\omega)$ 和 $Y(\omega)$，则方程(8-2)在频率域可以表示为

$$(-\omega^2 + i2\varepsilon\omega + \omega_0^2)Y(\omega) = \omega^2 U(\omega), \quad i = \sqrt{-1},$$

即
$$Y(\omega) = X(\omega) \cdot U(\omega), \tag{8-3}$$

其中
$$X(\omega) = \frac{\omega^2}{-\omega^2 + i2\varepsilon\omega + \omega_0^2} = |X(\omega)| e^{i\varphi(\omega)}. \tag{8-4}$$

$X(\omega)$ 称为拾震器的频率响应函数，其中

$$|X(\omega)| = \frac{\omega^2}{\sqrt{(\omega^2 - \omega_0^2)^2 + 4\varepsilon^2\omega^2}} \tag{8-5}$$

是振幅响应函数也称振幅频率特性。而

$$\varphi(\omega) = \tan^{-1} \frac{2\varepsilon\omega}{\omega^2 - \omega_0^2} \tag{8-6}$$

是相位响应函数(相位频率特性)。

如果地面运动是角频率为 ω、单位振幅的简谐振动，即 $u(t) = e^{i\omega t}$，则拾震器接收到的振动可假定为 $y(t) = X(\omega)e^{i\omega t}$，将此特定的输入地动 $u(t)$ 和假定的解 $y(t)$ 代入(8-2)式，亦可求得(8-4)式中的 $X(\omega)$。这说明 $X(\omega)$ 表示了拾震器对特定频率 ω 的输入振动的振幅和相位的改变特性，也称仪器的频率响应特性。原来输入的单位振幅的地面振动，仪器记录的振幅大小将为 $|X(\omega)|$，而记录振动的相位将比地面振动的相位滞后 $\varphi(\omega)$。

若阻尼 ε 为 0，由(8-5)式，当 $\omega \to \omega_0$ 时，拾震器的振幅响应趋于无穷大。ω_0 称为拾震器的

自然角频率或固有角频率,它是由拾震系统的固有性质所决定的。

由(8-5)式,当 $\omega \gg \omega_0$ 时,振幅响应函数基本为 1,即拾震器能记录高频的地面运动位移。对长周期地面运动,即 ω 很小时,振幅响应函数近似正比于 ω^2,这意味着,在非常低频的部分,摆相对支架的运动正比于地面运动的加速度。

通常将接收系统对狄拉克函数 $\delta(t)$ 输入的响应称为单位脉冲响应。如果已知地震仪的单位脉冲响应,则地震仪对任何输入 $u(t)$ 的响应,可以用其单位脉冲响应函数与时间函数 $u(t)$ 的卷积计算。单位脉冲响应是地震仪的一个重要参数。

为了获取拾震器的单位脉冲加速度响应,在(8-2)式中引入 Laplace 算子。用符号 $\Longleftrightarrow$ 表示时间函数 $f(t)$ 与其 Laplace 变换 $F(s)$ 间的对应。根据 Laplace 变换的微分性质,有

$$\delta(t) \quad \Longleftrightarrow \quad 1,$$
$$f(t) \quad \Longleftrightarrow \quad F(s),$$
$$\frac{\mathrm{d}f(t)}{\mathrm{d}t} \quad \Longleftrightarrow \quad sF(s) - f(0),$$
$$\frac{\mathrm{d}^m f(t)}{\mathrm{d}t^m} \Longleftrightarrow s^m F(s) - \sum_{k=0}^{m-1} s^{(m-k-1)} \left[\frac{\mathrm{d}^k f(t)}{\mathrm{d}t^k} \right]_{t=0}.$$

(8-2)式中,若输入的地面加速度 $\ddot{u}(t) = \delta(t)$,将(8-2)式两边作 Laplace 变换,用 $Y(s)$ 表示位移响应函数 $y(t)$ 的 Laplace 变换,并考虑拾震器的初始条件为 $y(0) = \dot{y}(0) = 0$,则有

$$(s^2 + 2\varepsilon s + \omega_0^2)Y(s) = -1, \tag{8-7}$$

$$Y(s) = \frac{-1}{\left[s + \varepsilon + \sqrt{(\varepsilon^2 - \omega_0^2)} \right]\left[s + \varepsilon - \sqrt{(\varepsilon^2 - \omega_0^2)} \right]}, \tag{8-8}$$

① 当 $\varepsilon < \omega_0$,响应函数的 Laplace 变换存在一对共轭复极点。响应函数 $y(t)$ 为一个阻尼正弦函数,摆的运动为衰减性周期运动,运动方程如(8-9)式:

$$y(t) = \frac{\mathrm{e}^{-\varepsilon t} \sin\left[(\sqrt{\omega_0^2 - \varepsilon^2})t \right]}{\sqrt{\omega_0^2 - \varepsilon^2}}. \tag{8-9}$$

② 当 $\varepsilon > \omega_0$,响应函数的 Laplace 变换的极点值为二个实数。响应函数 $y(t)$ 为两个指数衰减函数的差,摆的运动衰减很快,不再有周期性:

$$y(t) = \frac{\mathrm{e}^{-(\varepsilon + \sqrt{\varepsilon^2 - \omega_0^2})t}}{2\sqrt{\varepsilon^2 - \omega_0^2}} - \frac{\mathrm{e}^{-(\varepsilon - \sqrt{\varepsilon^2 - \omega_0^2})t}}{2\sqrt{\varepsilon^2 - \omega_0^2}}. \tag{8-10}$$

③ 当 $\varepsilon = \omega_0$ 时,响应函数的 Laplace 变换的极点值为一个实数。响应函数 $y(t)$ 如(8-11)式,这时摆的运动称为临界无阻尼运动:

$$y(t) = -t\mathrm{e}^{-\varepsilon t}. \tag{8-11}$$

在实际设计拾震器时,若阻尼太小,摆被地震触动后,可能形成自由振荡,影响拾震;若阻尼太大,则摆动后回复到平衡点要较长时间。为了摆的运动系统保持较好的灵敏度,一般取 $\varepsilon < \omega_0$;综合考虑上述两种因素,一般拾震器的设计取阻尼常数 $h = \varepsilon/\omega_0$ 为 0.7。灵敏度、自然周期及阻尼是摆式地震仪的三个参数。

8.1.2 地震信号的传输和放大

地震仪的放大技术是逐渐发展的。最早采用的是机械放大和光杠杆放大,将摆的运动通过杠杆放大,直接在熏烟纸上记录或由摆反射的光写在相纸上。这种早期地震仪的放大倍数

到千倍级已是非常困难了。现代地震仪基本已都采用电子放大器以提高地震仪的灵敏度。此时就必须采用换能装置,先将地面运动的机械信号转换成电信号。目前使用最为普及的地震换能器是电磁型换能器,其工作原理为:在拾震器的摆锤前装一个线圈(图 8.4),中心是柱形

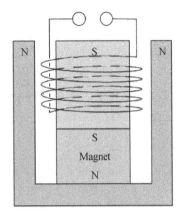

磁钢,周围是环形软铁,形成均匀的环形辐射式磁场。当摆锤运动时,带动线圈与磁钢产生相对运动,使部分线圈匝移出或移入磁钢,引起线圈中磁通总量的变化,从而产生感应电动势。由法拉第定律,不难推出摆运动所产生的感应电动势 $e(t)$ 与摆运动的速度 $\dot{y}(t)$ 有如下关系:

$$e(t) = C\frac{\mathrm{d}y(t)}{\mathrm{d}t}, \tag{8-12}$$

式中 C 称为换能系数,是一个由换能器线圈中磁感应强度、线圈的半径及线圈的匝数等决定的常量。C 越大,显然地震仪的放大倍数越大,灵敏度越高。这种换能器的优点是结构简单、灵敏度高、长期使用性能稳定。

图 8.4 电磁型换能器

8.1.3 记录系统

1. 模拟记录系统

20 世纪 70 年代中期以前的地震仪基本都是模拟记录地震仪。其主要特征是拾震器接收到的信号经放大后,或传输给电流计进行照相记录,或传输给记录笔进行笔绘记录,或磁带记录后再回放为笔绘记录图。为了操作简便,并能在振动到达时立即见到地面运动的记录图,模拟记录中多数采用的是笔绘记录方式(亦称可见记录)。在这种记录系统中,最常见的是,将纸绕一周粘在一个均匀、低速转动的滚筒上,记录笔在滚筒转动过程中沿滚筒的轴,向一侧匀速缓慢移动(图 8.5 左)。平时,随着滚筒的转动,记录笔在纸上画下的是一道直线。而记录器的另一组成部分——标准记时装置每隔一分钟和一小时发出标准的脉冲电流信号使记录笔瞬间跳动,在记录纸上画上整分号和整时号。地面振动时,拾震器接收到的信号经放大后传输给固定有记录笔的一组弹簧电磁线圈,使记录笔向两侧来回摆动,摆动的幅度与拾取的信号大小是成正比的。滚筒的匀速转动及记录笔随拾取信号的大小及正负向两侧有规则地来回摆动,在记录纸上就可以留下清晰的地震图。由地震图及已知的地震仪的响应函数,理论上说是可以恢复地面的真实震动图像的。

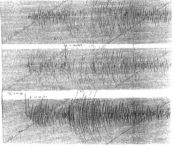

图 8.5 DD-1 型笔绘记录短周期地震仪的记录系统(左)及记录的地震图(右)

由于模拟记录图上的地震震相到时及地震波振幅大小只能靠人工用刻度尺读取,存在较大误差,如要借用计算机进行波形分析,还需要将地震波形记录进行数字化处理;此外,模拟记录的保存及传输、交换均不方便。因此,随着数字电路技术的高速发展和普及,传统的模拟记录正逐步被下面要介绍的数字记录所取代。

2. 数字记录系统

地震观测系统实质是将输入的地面运动信号转换输出为另一种可以保存、分析和复制的记录。输出的记录可以是与地面运动输入量存在某种线性关系的电压、电流或光强度等各种物理量。模拟地震记录就是用记录笔画出这类物理量的连续变化图(即地震图),而数字地震记录就是应用一个模-数转换器,将这类物理量(通常是电流或电压)按某种采样规则(如等时间间隔采样),在一系列时间点上进行采样测量、计数,并保留在存储器上。简单地说,数字地震记录产生的过程,就是将地面运动输入一个线性系统,在这个系统中经由放大、模-数转换、滤波等步骤,最后输出数字地震记录的过程。图 8.6 是这一过程的工作框图。

图 8.6　数字地震仪工作原理框图

在 8.1.1 节中指出,对任何一个系统,其输出都可表示为系统对单位脉冲输入的响应函数(通常也称为系统函数)与输入信号在时间域的卷积。

如果我们用 $d(t)$ 表示地面运动,$s(t)$ 为地震记录,$g(t)$ 为地震仪的系统函数,则有

$$s(t) = g(t) * d(t), \tag{8-13}$$

在频率域中即有

$$S(s) = G(s) \cdot D(s); \quad s = i\omega. \tag{8-14}$$

如果将地震仪进一步分为如图 8.6 所示 N 个子系统,则有

$$G(s) = \prod_{i=1}^{N} G_i(s), \tag{8-15}$$

式中 $G(s)$ 为地震仪系统函数 $g(t)$ 的 Laplace 变换(也称为频率域系统函数);$G_i(s)$ 为第 i 个子系统函数 $g_i(t)$ 的 Laplace 变换。

地面运动可以是位移,也可以是速度或加速度。容易证明,如果 $G(s)$ 是位移的系统函数,则速度和加速度的系统函数 $G_v(s)$ 和 $G_a(s)$ 分别为

$$G_v(s) = G(s)/s, \tag{8-16}$$

$$G_a(s) = G_v(s)/s. \tag{8-17}$$

3. 地震仪的动态范围

动态范围是地震仪的另一个重要性能指标,表示地震仪所能记录的最大振幅与记录噪声振幅之间的差别,通常用分贝(dB)表示,即对所能记录的最大振幅与最小振幅(或称分辨率)之比取对数再乘以 20,即

$$20\lg\left(\frac{\text{可记录的最大振幅}}{\text{可检测的最小振幅}}\right).$$

对 DD-1 型短周期地震仪笔绘模拟记录,地震图上所能显示的最大振幅为 30 mm,模拟记录地震图上能识别的最低信号的振幅为 1 mm(参见图 8.5 右),则可算出 DD-1 型地震仪的动态范围约为 30 dB。而对数字记录,由于其所能记录的最小数为 1,所能记录的最大数由所使用的存储器的位数决定,对 n 位计数的数字地震仪,所能记录的最大数为 $2^{(n-1)}$(因为 1 位是符号位),则对 32 位数字地震仪,其动态范围为 187 dB。因此数字地震仪可拾取很大强度范围内的地震信号。

8.1.4 地震仪传递函数(系统函数)

地震仪的系统函数可以在频率域定义,也可以在时间域中定义。在频率域中,地震记录的频谱表示成地面运动和系统函数的乘积[见(8-14)式];在时间域中,地震记录表示成地面运动和系统函数的卷积[见(8-13)式]。

(8-8)式中,我们给出了带阻尼的弹簧摆拾震器的系统函数。对实际使用的拾震器,其阻尼系数一般在 0.7 左右。由(8-8)式可以看到,拾震器的系统函数有一对共轭的复极点。(8-15)式指出地震仪的总的系统函数(我们常称之为地震仪的传递函数)为组成其的一系列子系统函数的乘积。因此,地震仪的传递函数一般可以写成

$$G(s) = \frac{G_0(s - z_1)(s - z_2)\cdots(s - z_m)}{(s - p_1)(s - p_2)\cdots(s - p_n)} \tag{8-18}$$

在数字地震记录中,传递函数一般是用零点、极点的形式给出的。注意,地震仪的传递函数零点数 m 可以为 0 或单双数,极点数 n 肯定为大于或等于 2 的双数,并由共轭复极点组成。

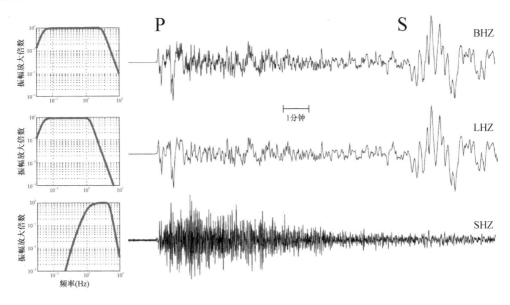

图 8.7 一些典型地震仪的传递函数的振幅-频率特性曲线及相应地震记录图(右)
(上图:宽频地震仪;中图:长周期地震仪;下图:短周期地震仪,皆为垂直向记录)

地震仪的传递函数是其仪器响应中最重要的组成部分,在台站的 RESP(仪器响应)文件中或地震仪的使用说明中均会给出其对应的零点、极点,我们可以根据这些数据得到仪器的传

递函数。

下面给出的是中国数字地震台网(CDSN)北京台(BJT)的宽频带(BB)地震仪垂向记录的头段信息,我们可以看到,地震仪的传递函数是以零点、极点的形式给出的。

Channel Response Data

Station：	BJT
Channel：	BHZ
Start date：	1993,161
End date：	No Ending Time
Instrument response，	BJT ch BHZ
Response type：	Poles and zeros
Transfer function type：	Laplase Transform（Rad/sec）
Stage sequence number：	1
Response in units lookup：	8 m/s-Velocity in meters per second
Response out units lookup：	15 V-Volts
A0 normalization factor：	＋3.94858E＋3
Normalization frequency：	＋200000E－2
Number of zeros：	2
Number of poles：	4

Complex zeroes：

i	real	imag	real_error	imag_error
0	＋0.00000E＋00	＋0.00000E＋00	＋0.00000E＋00	＋0.00000E＋00
1	＋0.00000E＋00	＋0.00000E＋00	＋0.00000E＋00	＋0.00000E＋00

Complex poles：

i	real	imag	real_error	imag_error
0	－1.23400E－02	＋1.23400E－02	＋0.00000E＋00	＋0.00000E＋00
1	－1.23400E－02	－1.23400E－02	＋0.00000E＋00	＋0.00000E＋00
2	－3.91800E＋01	＋4.91200E＋01	＋0.00000E＋00	＋0.00000E＋00
3	－3.91800E＋01	－4.91200E＋01	＋0.00000E＋00	＋0.00000E＋00

Sensitivity：　　　　　　　　＋2.40000E＋03

从中我们可以看到,该地震仪的传递函数有 2 个零点和 4 个极点,根据所给出的零点和极点值,可以构造零极点表示的传递函数为

$$H(s) = \frac{s^2}{(s+0.012\,34-i0.012\,34)(s+0.012\,34+i0.012\,34)(s+39.18-i49.12)(s+39.18+i49.12)}$$

(8-19)

结合归一化系数和放大倍数,我们可以得到最终的传递函数为

$$G(s) = \frac{S_d A_0 s^2}{(s+0.012\,34-i0.012\,34)(s+0.012\,34+i0.012\,34)(s+39.18-i49.12)(s+39.18+i49.12)}$$

(8-20)

其中,$A_0 = 3948.58$ 为归一化系数,满足当 $s=i\times2\pi f_s$ 时,$|A_0 H(s)|=1$,这里 $f_s=0.02\mathrm{Hz}$ 为归一化频率;$S_d = 2400$ 为放大倍数。

这样我们可以得到北京台地震仪垂向记录的传递函数振幅-频率关系,见图 8-8。

此外,对于特定的地震仪,我们还可以通过其说明书得到其传递函数。下面是北京大学购买的 Guralp 公司某一型号地震仪的说明书中给出的垂向摆零点极点等信息:

POLES(Hz)

$-23.56 \times 10^{-3} \pm j23.56 \times 10^{-3}$

$-50 \pm j32.2$

ZEROS(Hz)

0

0

$138 \pm j144$

Normalizing factor at 1 Hz:A $= -0.0903$

Sensor Sensitivity:$2 * 984.48$ V/(m/s)

同样,我们可以得到该地震仪的传递函数为

$$G(s) = \frac{S_d A_0 s^2 (s-138-i144)(s-138+i144)}{(s+0.023\,56-i0.023\,56)(s+0.023\,56+i0.023\,56)(s+50-i32.2)(s+50+i32.2)}$$

$$(8-21)$$

其振幅-频率关系示于图 8.8。

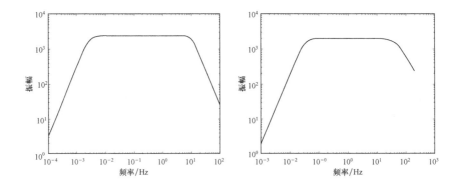

图 8.8 传递函数振幅-频率关系图

左侧对应北京台垂向记录,右侧对应北京大学 Guralp 地震仪垂向记录。

由此我们可以根据数字记录恢复地面振动过程。关于数字地震记录的格式读者也可以参考有关文献。

通常将地震仪按其响应特性分为位移型、速度型及加速度型三类,分别适用于:若频率域的位移传递函数的振幅是平坦的,则仪器是位移型的;如速度传递函数的振幅是平坦的,则仪器是速度型的(见图 8.8);如加速度传递函数的振幅是平坦的,则仪器是加速度型的。

8.1.5 数字地震记录仪器响应的去除

正如图 8.6 所示,我们得到的数字记录是地面震动经过了五个子系统后的结果。只有将这五个子系统的影响从实际记录中去除掉,我们才能得到真正的地面震动。

现代的地震记录系统一般采用过采样和抽取降采样率的方法(第四步和第五步)来得到高精度的数字记录。比如,我们要得到采样率为 40 sps(样点/秒)的数字记录,首先对模拟信号采样,得到采样率为 5120 sps 的数字信号;然后每 16 个点取一个,得到采样率为 320 sps 的信号;然后每 4 个点取一个,得到采样率为 80 sps 的信号;最后,每 2 个点取一个,得到采样率为 40 sps 的地震记录。在每一次抽取降采样率的过程,为了避免混频现象,都要经过一个 FIR 低通滤波器。根据需要可以把 FIR 滤波器设计得非常接近理想滤波器,即通带内是水平直线,拐角频率很窄很陡,而且具有线性相移,即波形无畸变,只是有个时间延迟(图 8.9)。现代的数字记录仪都会校正这个时间延迟,从而使数字信号的时间延迟接近于零。

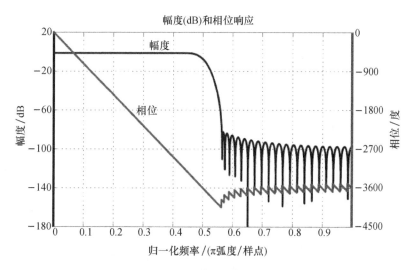

图 8.9　典型 FIR 数字滤波器的频率响应

所以,我们在去除地震记录的仪器响应的时候,一般只需要考虑拾震器的传递函数,而不需要考虑记录仪内的 FIR 滤波器。但是要注意记录仪的灵敏度,这样才能将数字信号(单位为 counts)转化为真正的地面震动(单位为 m 或 m/s 或 m/s^2)。关于仪器响应的去除在后面要介绍的地震波记录专门分析软件 SAC 中的专用命令。读者也可参见 http://seisman.info/simple-analysis-of-resp.html 等网站的相关论述。

8.2　地震台网与地震台选址和架设的一般原则

8.2.1　地震台网

根据地震监测范围的大小和任务的性质,地震观测台网可以分为全球台网、区域台网、地方台网和临时台网。除研究性的地震台网外,一般的区域台网和地方台网,至少由四个以上的地震台所组成。若采用集中记录的方式,则须布设传输台网,传输方式包括有线和无线传输两种。如地震台站按特定的研究目的布设并采用集中记录和相关分析的方式,则称之为地震台阵。

组成地震台网的台站数目及其几何形状的选择,主要是依据观测任务和实际许可的条件确定的。一般分散在震源周围的台站数 $N \geqslant 3$,即可测定震源位置,$N \geqslant 4$ 不仅可定位还可以给出定位误差。然而可以证明,在水平均匀的地壳模型条件下,这些台站对震源而言不能排列成一条直线,或分布在一个圆周上,也不能分布在 2 次或 4 次曲线上,形成利用震相到时交切震中位置的"死局",这样的台网布局无法定位。后两种台站布局的图形比较复杂,只有在用计算机求解震源位置的方程时才能发现。前两种情况,图形比较简单,在布设地震台时应予以适当注意。无论是前者抑或后者,只要台网内的地震台站数足够多,在测定地震参数过程中发现"死局"存在时,立即变更参加定位的地震台站的组合,一般都能解决这种问题(现代定位,"死局"表现在观测方程的解是"奇异"的,观测方程的条件数过高)。

为了得到较好的定位精度,在设计地震台网时,要尽量将地震台站包围地震活动区,使地震台相对震中的最大空隙角度小。

8.2.2 地震台址的选择

台址的选择受多种因素的制约,可分为策略上的因素和技术上的因素两大类。策略因素包括交通通信条件、供电情况等,要对选台区域的无线电接收能力有大致的估计,对地震台来说,对时间信号的接收是至关重要的。技术因素包括宏观选点和微观试验两项内容。这里我们只从技术的角度介绍如何在一给定的区域正确地选择地震台址。

1. 宏观选点

宏观选点是根据已有的经验,根据地质、地形及周围干扰源情况选择台址。在开始外出选台之前,先要准备一张选台区域的大比例地质图和地形图。我们需要根据地质图和现场勘查弄清台址底下的地质结构。台基应选择建在完整的并有大面积露头的基岩上,岩性要坚硬致密,如花岗岩、辉绿岩或石英砂岩等。不应有风化层或破碎夹层,不宜在卵石和沙土层上建台。如果给定区域中只有沉积层,要注意寻找盐丘出露地表的地方作为台址。

台址的选取还需要注意避开干扰源。表 8.1 列出了主要干扰源和有效避开干扰所需的参考距离。注意有时只需将所选定的台址移动几千米,地震台的信噪比就能得到大幅度的改善。

2. 微观选点

理想的地震台应该远离噪声干扰,这样才有可能获得高信噪比的地震记录。在我们通过地质图及实地勘查从宏观上初步确定地震台的位置后,我们还需要借用仪器对选点的背景噪声和信号进行测量。测量包括:

(1) 地动噪声的振幅谱;

(2) 噪声日变化,若有必要,观察季节变化;

(3) 当从几个备选的观测点选择其一时,还应对其信噪比进行比较。

为了得到地动噪声谱,一般用一套地震仪在被选择的点连续记录几天后,作谱分析。严格地说,选台不能仅仅看地动噪声谱,因为有时地动噪声谱小,但地震信号也小,所以应查看台基的信噪比,应比较所有备选观测点对同一地震的记录,看这些点的地震信号的振幅与地动噪声的振幅的比值(即信噪比)。

表 8.1　避开干扰源的参考距离（据 Bormann,2002)

干扰源类型	参考距离/km
海 洋	200
大型湖泊	100
大瀑布或小型湖泊	15
大型输油管道	15
有较高流速的河流	10
铁 路	10
采石场	5
主干公路	2
街道、大型建筑社区	1
森林,小型社区	0.1

在难以避开噪声源的区域选取台址,可以考虑将地震仪安装在深井下,这样常可以有效地减小地面噪声源的干扰。由于深井的费用大,选择怎样的井深合适,不能只看在某一井深地动噪声降低了多少,还应该看其信噪比提高了多少,综合考虑科学价值和经济效益来确定应选择的恰当深度。一般来说,40 m 深的井下拾震器可有效避免来自街道地表的噪声源;100 m 深的井下拾震器可有效避免来自重型机械和施工工地的噪声源;400 m 深的井下拾震器可有效衰减来自海岸的噪声源。

3. 地震台观测平台的建造

拾震器大多不是直接安放在地面上(用于工程需要的自由场加速度强震仪除外),而通常是在基岩上用混凝土浇铸一个表面光滑的观测平台,并将拾震器固定在该平台上,以保证拾震器支架与地面运动的一致性,这样才可能得到记录真实的地面震动的地震图。观测平台的建造可根据不同的台址地质条件,选择不同的方法。

(1)基岩条件下建观测平台

当选定的台址有基岩出露时,观测平台的建造是最简单的。我们只需要将岩石上几厘米厚的风化表层剥除干净,然后将混凝土直接浇铸在其上面,作一个水平、光滑的观测平台即可。

(2)盐丘条件下建观测平台

在盐丘中挖掘一个数十厘米到 1 米深的平底光滑的凹陷平台作观测平台,无需浇铸混凝土。

(3)井下地震观测系统的架设

在沉积土地表和沙化地表等地区建设观测平台,常采取挖井的办法,在井下建造地震观测系统。过去三十多年间采用这种技术的实际观测结果证明,井下地震观测系统的记录能显著减小噪声水平,对长周期记录的改善尤其明显。

钻井和井下地震仪的安装是专家们的工作,这里只能简单做下概括性的描述。大多数井下地震仪拾震器适于放在内径 15.2 cm 的井孔中。井孔与垂直线的偏差不能超过 3°～10°。将井孔钢套管的顶端与底端密封,使其不透气也不透水。连在一条钢缆上的拾震器被下放到井孔中,另有一条用于供电和信号传输的电缆与其连接。拾震器与井壁必须接触良好,传统上是用一种由马达驱动的夹紧装置来完成这一工作,而近年来已采用向井中注沙包围传感器的方法来使其固定。传感器的水平取向由内置罗盘确定。

4. 观测的气温环境

注意保证地震仪在一个较稳定的环境温度下工作,对获取高质量的地震记录也是很重要的。不同类型的地震仪对环境温度的变化要求不同,表8.2按类型给出了地震仪要求观测平台气温的年变化不能超过的大体限度。

表 8.2　地震仪摆的环境温度稳定性要求(据 Bormann,2002)

地震仪类型	摆的固有周期 T_S	年温度变化不能超过的限度
短周期(SP)仪	$T_S<2s$	40C°
长周期(LP)仪	$T_S<20s$	5C°
长周期(LP)仪	$T_S<100s$	1C°
超长周期(VLP)仪	$T_S>300s$	0.1C°
宽频带(BB)仪		3C°

为了保证地震仪在较为恒定的温度环境下工作,观测平台一般建在地下室或采用了隔热措施的房间中。

(a) 挖坑、整平、放垫块、放检波器　　(b) 在摆外围加泡沫板、穿石棉衣、深埋地下可以保证摆恒温工作环境

图 8.10　北京大学在西藏布设地震流动观测台阵时的架台过程

为了保证有良好的地震记录,还需保证观测室的整洁和干燥,拾震器一般是不能在高湿度的环境下正常工作的。此外,对超长周期地震仪,还要注意气压变化对观测的影响。这个问题目前是采用将拾震器真空密封的形式解决的。

8.2.3　全球重要数字地震台网介绍[①]

自 1975 年 IDA(International Deployment of Accelerometers)台网开始数字地震台网建设以来,全球范围内数字地震台网的建设如雨后春笋。IDA 台网是用于低频地震学研究的数字地震台网,现有 18 个台,包括设置在我国的北京台和昆明台。

1981—1982 年间,法国开始实行 GEOSCOPE 计划。到 2000 年,该台网在全球已设置了 30 个宽频带数字地震台,包括设置于我国新疆的乌什台。

1983—1986 年,中国地震局与美国地质调查局合作建设中国数字地震台网(CDSN)。到 2000 年,已有 11 个台,全部为宽频带数字记录。此外,中国地震局 1990 年以来对所管辖的国家地震台网和部分区域地震台网进行全面的数字化改造,截止到 2005 年国家数字地震台站扩

---

① 据陈运泰等,2000.

建为 108 个,并建设了由 1000 套宽频带数字地震仪组成的流动观测台网,设置数据管理中心等。我国台湾地区从 1990 年开始实行了 6 年的地震观测网络的基本建设工作,目前已布设了 700 个数字强震自由面加速度记录台,75 个短周期遥测台,12 个宽频带记录台。特别是其强震自由面加速度记录台网是当今世界上最密集、最先进的地震动加速度记录台网之一,在 1999 年 9 月 21 日台湾集集地震的强震记录中发挥了重要作用,为全世界地震学家和工程抗震设计师提供了极为丰富的高质量近震源加速度记录资料。

1984 年,美国 57 所大学联合成立了一个叫 IRIS(Incorporated Research Institutions for Seismology)的联合体,计划在全球设置 100 多个数字地震台。近期,IRIS 的全球数字地震台网(GDSN)已有 72 个数字地震台,包括设置在中国西安的一个台(1995 年并入 CDSN)。另外 IRIS 拥有 400 套便携式数字地震仪,通过 PASSCAL(Program for Array Seismic Studies of the Continental Lithosphere)计划提供给用户进行野外观测。IRIS 的数据管理中心是目前国际数字地震资料最丰富、应用效率最高的数据中心,CDSN 的记录也能在 IRIS 数据管理中心检索、下载。全世界任何人都可通过 Internet 网自由进入 IRIS 数据管理中心,并免费下载所需资料。

1992 年,德国研究技术联合部在波茨坦设立了一个跨学科的地学研究所——地球科学研究中心(GeoForschungs Zentrum,GFZ),开始实施 GEOFON 计划,用两个三年时间(1993—1995;1996—1998)在全球建立起由 30 个固定台组成的宽频带数字地震台网,一个流动宽频带数字地震台阵和一个综合的数据管理中心。

1987 年,日本地震学家提出了"海神计划"(Pacific Orient Seismic Digital Observation Network;POSEIDON),计划在西太平洋和东亚地区每个约 $10°\times10°$ 的地区设置一个数字地震台。

1989 年,意大利发动地中海沿岸国家建立了一个非政府性质的国际合作组织 MedNet(Mediterranean Network),计划在地中海地区设置 12~15 个数字地震台,台距约 1000km。到 2005 年 MedNet 已有 22 个地震台。

加拿大国家台网(CNSN)已有近 10 个甚宽频(VBB)及近 30 个宽频(BB)和 50 多个短周期(SP)数字化地震台站。

宽频带、大动态、数字化地震观测系统的出现与高速发展,对地震学的发展给予了巨大的推动。现在用一套观测系统甚至一个信道就可以记录下地震学家和地震工程学家感兴趣的信息,将传统的地震仪与强震仪的功能集成在一台仪器中,将传统的进行全球地震学研究的中长周期地震仪和进行近震与区域性地震学研究的短周期地震仪的功能集成一体。宽频带、大动态数字地震仪记录的地震图,携带了丰富的震源和介质的信息,为人们深入研究了解地震震源过程和地球内部结构提供了强有力的观测手段。数字地震观测是当前地震观测技术的发展方向。

8.3　地震震相分析

震相是地震图上显示的性质不同或传播路径不同的地震波组。各种震相在到时、波形、振幅、周期和质点运动方式等方面都各有其自己的特征。震相特征取决于震源、传播介质和接收仪器的特性。由于这些波组都有一定的持续时间,所以相邻震相的波形有时会互相重叠,产生干涉,使地震图呈现出复杂图形,以致在一般情况下,只能识别震相的起始。地震学的任务之一就是分析、解释各种震相的起因和物理意义,并利用各种震相特征测定地震的基本参数,研究震源的力学性质和探测地球内部结构等。因此地震震相的识别与分析是地震学研究中最为基础的工作,需要特别重视。

8.3.1 主要震相介绍

P 震相和 S 震相 分别代表来自震源的两种体波。在 P 震相中,质点沿着波的传播方向运动。在震中距小于 105°(射线没穿过地核)的范围以内,P 震相是地震图上的初至震相。地震图上另一个显著震相是 S 震相,其振幅、周期通常都比 P 震相大,质点运动垂直于波的传播方向。S 波可分为 SV 和 SH 两种成分。SV 的质点振动限定在波的传播平面内,而 SH 的质点振动方向是垂直于波的传播平面的水平方向。

第 3 章附 3.3 中我们详细介绍了各类震相的传播路径及其命名规则。对于浅源近震,从震源经过地壳上层传播到地表的直达波,用 Pg 和 Sg 表示。在地壳上下层分界面(康拉德界面 C,部分地区存在这种明显的间断面)上传播的首波用 Pb 和 Sb 表示。沿莫霍界面(Moho 面,全球性速度间断面)传播的首波用 Pn、Sn 表示,该面上的反射波用 PmP、SmS 表示(参见第 3 章,附 3.3)。

当震源位于上地壳(花岗岩层)时,在一定距离内可以观测到 Pg、Sg、Pb、Sb、Pn、Sn、PmP、SmS 等震相。

体波传至地球表面可发生一次或多次反射。在反射时如不改变其波的性质,则反射后的震相分别用 PP、PPP、SS、SSS 等表示(第 3 章,附 3.3)。反射后,波的性质也可以发生转换,如 SP、PPS 等。SP 震相表示入射到地表时为 S 波,经反射后转换为 P 波,以此类推。

在核-幔界面上反射的波用 PcP、PcS、ScP 等表示。这类震相可以在近震的地震图上出现,在震中距为 30°~40°时甚为显著。它们是研究地核界面性质的重要震相。

核震相 穿过地核又回到地面的体波称为地核穿透波,相应的震相称为核震相。外核只能传播纵波,以 K 表示在外核中传播的那部分纵波。PKP(有时简写为 P′)、SKS(简写为 S′)、PKS,SKP 分别表示 4 种不同的地核穿透波(第 3 章,附 3.3)。当地核穿透波在地核界面内反射时用 KK 表示,于是有 SKKS、SKKP。SKPPKP 表示 SKP 在地球表面一次反射后又穿透外核。这些核震相在地震图上已经被观测到。PKP 出现在大于 142°的距离上,SKS 在震中距大于 84°时存在,出现在 S 之前,容易与 S 震相混淆。关于如何从地震图上正确读取这些震相,后面讲远震记录分析时将作详细阐述。

地球的内核既能传播纵波,也能传播横波。内核内部传播的纵波用 I 表示,内核的横波用 J 表示。如 PKIKP 是穿透内核,在传播中没有改变性质而入射到地球表面的 P 波,PKJKP 则表示地震波是以横波的形式穿透内核的波。

深震相 当震源较深时,从震源发出的体波可以先在震中附近地表反射,然后才到达观测点,形成另一震相,这类震相称为深震相,以小写字母表示在震中附近反射前波的性质。主要有:pP、sP、sPS 等。pP、sP 等与 P、S 震相的到时差对震源深度的变化有显著反应,因而是测定深震震源深度的主要震相。

面波 是沿地球表面传播的波,或限定在一定地层中传播的波(称为导波)。这类波既存在于地壳中,也存在于地幔中。面波震相,一般用 L 表示,L_R、L_q 分别表示瑞利(Rayleigh)波和洛夫(Love)波。L_R 波质点只在传播面内运动,地表质点运动轨迹为逆进椭圆。L_q 波质点沿垂直于传播面的水平方向运动,本质上属于 SH 型波,它的速度比 S 波速度小,比 L_R 波的大。L_R、L_q 波一般都是大振幅、长周期、近于正弦波的波列,周期由几秒至几百秒。L_R、L_q 波都有频散,频散性质主要取决于地球介质速度随深度的变化。大陆路径和海洋路径面波的频散存在较大的差异。面波的频散特性在研究大尺度地球速度结构中有重要应用。

在大地震的地震记录图上常观测到绕地球若干圈的面波，它们的周期一般在几分钟到十分钟间，波长在 1000 km 以上，其传播速度和频散受地幔速度结构的控制。这种波称为地幔面波，R_m 和 Q_m 分别表示地幔瑞利波和地幔洛夫波。脚标 m 表示所观测的面波绕地球传播的圈数。1960 年 5 月 22 日智利大地震（Mw 9.6）时，瑞典乌普萨拉地震台记录到了绕地球 10 圈的 R_{20} 和 Q_{20} 波（M. Båth，Introduction to Seismology，2nd ed. 1979）。

此外，还有一些不常见的震相，如漏能式面波 PL，导波震相等。它们对研究地球内部构造都有一定用处。由于篇幅所限，这里不作具体介绍，建议感兴趣的读者可以阅读相关专门文献。

8.3.2　从地震图上读取震相

前面已提到，地震波实际是一系列传播时间不同的各震相的子波列的叠加。因此地震图上波形相位、周期及振幅的突然变化点是判断新震相子波列到达的主要依据，一个震相的到达可能具有下列特征的一部分或全部（图 8.11）：

（1）一组振动的起始点或具有相位突变的地方表示某个震相的到达。

（2）振幅显著变大的地方表示一个震相到达。

（3）地震波周期显著变化的交界处表示一个震相到达。

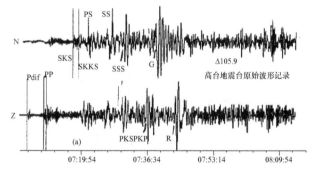

图 8.11　中国甘肃高台地震台记录的 2001 年发生在新西兰北岛海域的 M_S6.9 地震
上图为北南分量记录，下图垂直分量记录（取自赵仲和教授培训教程图）

正确地识别并确认震相需要一定的专业知识和实际工作经验的积累，但也有一般的原则可循。如实际震相的确认中，一般是从垂直向的记录图上读取 P 波初至到时，对照垂直向记录，从水平向记录图上确认 S 震相（一般情形下，S 波震相具有在水平向特别清晰，并较垂直向明显强的特征），然后根据其与 P 波的到时差大体估计震中距大小，根据震中距我们可以初步判断所记录的地震是地方震、区域震还是远震，判断地震图上可能出现哪些震相，这些震相出现的顺序和大体时间（这些可从出版的地震走时便查表或 J-B 表上查到，参见图 1.8）。

"地震走时表——各种震相对应震中距离的列表"是分析、识别震相的重要参考根据。在数字记录中，为了便捷地识别震相名称，预先把"地震走时表"输入电脑，于是，在显示器荧光屏上，随同地震图的波形，P、S 等主要震相也被自动标示在地震图的波形上（图 8.12）。对于已经定位的地震事件，可以将各个地震台的地震图依初至波（P，PKP）到达时刻的先后顺序或依震中距离由近及远的顺序，绘在同一张图上，组合成"台网并列地震图"（图 8.13）。如果仔细观察，会发现理论模型预测的震相位置与地震图上显示的震相位置通常可能会出现正负几秒（或震相走时的 1%）的差异。这种差异可能是由我们确定的震源位置存在误差所引起（如果

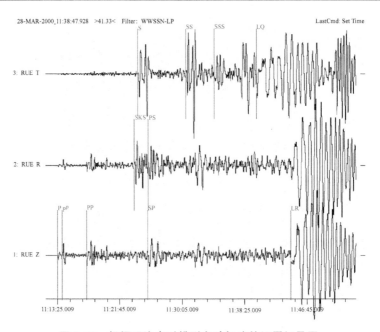

图 8.12　根据理论走时模型自动标注的远震记录图

(震中距为 93.7°、震源深度 120 km,引自 P. Borman,2002[1])

输入的台站位置是正确的),更大的可能是走时计算所依据的地球理论速度结构模型与实际地球速度结构模型的差异所造成的。我们采取的理论地球速度结构模型通常是横向均匀的,而实际地球不可能是横向均匀的。因此,在实际震相到时的读取中,我们一定要读取地震图上显示的震相的实际起始位置的时间,理论模型预测的时间只是指示我们在这个时间附近,寻找相应的震相。理论模型预测的震相位置与地震图上显示的震相位置的差异时间是我们开展实际地球速度结构走时成像研究的重要资料。

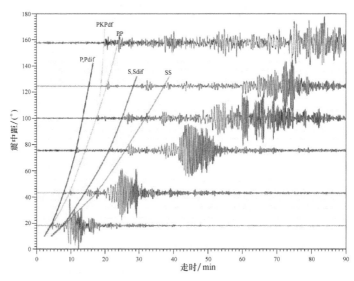

图 8.13　不同震中距的台记录的同一地震,依据走时模型自动标注的部分震相

(横坐标时间刻度单位为分,纵坐标震中距刻度单位为度;引自 P. Borman,2002[1])

下面按震中距对地震记录分类,进一步叙述震相的确认方法。

1. 地方震记录图分析

通常在地壳厚度为 30～40 km 的地区,震中距＜100 km 的地震称为地方震,S_g 与 P_g 的到时差在 13s 以内。地方震的震相识别相对简单,通常只有两个清晰的震相:直达纵波 P_g 和直达横波 S_g。P_g 为先至震相,周期约为 0.05～0.2s;S_g 为后至震相,周期约为 0.1～0.5s,振幅一般明显大于 P_g 波。在震中距约 50 km 后,部分地区能记录到莫霍面上的反射波 PmP 和 SmS。在上下地壳界面(康拉德界面)清楚的地区,可能还能记录到沿康拉德面传播起始不及 P_g、S_g 清晰的 P_b 和 S_b 震相。这些震相出现的顺序依次:P_b、P_g、PmP、S_b、S_g 和 SmS。需指出,P_g、S_g 是近震记录中最清晰且一定出现的主要震相,在地震图分析中,一定要识别和测量,其余诸震相,因地震台所处区域不同,可能会不清晰或不一定出现。

2. 区域地震记录

通常把震中距在 100～1000 km 间的地震称为区域地震。区域地震记录与地方震记录间最大差异是区域地震记录图上通常有清晰的 P_n、S_n 震相出现。由第 3 章不难进一步推导出震源深度为 h 的震源,P_n、S_n 震相出现的理论临界震中距为:

$$\Delta^* = (2H-h)\Big/\left(\frac{V_2^2}{V_1^2}-1\right)^{1/2} \tag{8-22}$$

式中:Δ^* 为临界震中距,H、h 分别为地壳厚度和震源深度,V_1、V_2 分别为地壳内 P 或 S 波速度和上地幔顶部 P 或 S 波速度。

可见 P_n、S_n 震相出现的临界震中距与地壳厚度和 Moho 间断面上、下层地震波的速度有关。实际观测表明,在新疆地区,P_n、S_n 震相出现的临界震中距在 200 km 左右,而在华北地区 P_n、S_n 震相出现的临界震中距在 150 km 左右。震中距小于临界距离的地震记录,地震图上的震相到达特征仍如上述地方震记录一样,以 P_g、S_g 为主。而对大于临界距离的区域地震记录,一般有清晰的首波震相 P_n 出现。地震图上主要震相出现的顺序为:P_n、P_g、PmP 及相应的横波震相,在震中距超过 400 km 左右时,还可能有 L_g 面波出现。P_n、S_n 的震相特征是起始缓但清晰,振幅较 P_g、S_g 的振幅小得多。

3. 远震记录

由于地球内部介质的分层结构及各层介质物理性质的不同会导致波速不同,而且地震波穿过各分层界面都将可能发生波的反射和折射,并会发生波的性质的转换。所以穿过地球内部深处的远震(震中距大于 1000 km)记录,将包含更多的震相。

远震的原生纵波和横波用 P 和 S 表示,在地面上反射一次用 PP 和 SS 表示,反射两次用 PPP 和 SSS 表示。P 波反射后转换成 S 波,记为 PS;S 波转换为 P 波记为 SP。同理,可推想有 PSP、PPS、SSP 等震相。由于波速随深度而增加,及球体介质层的曲率,远地震波射线路径总体上是弯曲的、凹向地面。但当射线穿过地球内部的低速层时,低速层内的射线段会反向偏转,出现上凸(参见图 3.5,图 3.15)。

P 波、S 波在幔核界面上反射或反射转换,相应产生 PcP、ScS 或 PcS、ScP 等震相。P 波穿过外核以及发生转换,可产生 PKP、SKS、PKS、SKP 等震相。穿过外核的 P 波在核幔界面反射还可以产生 PKKP、PKKS 等震相。

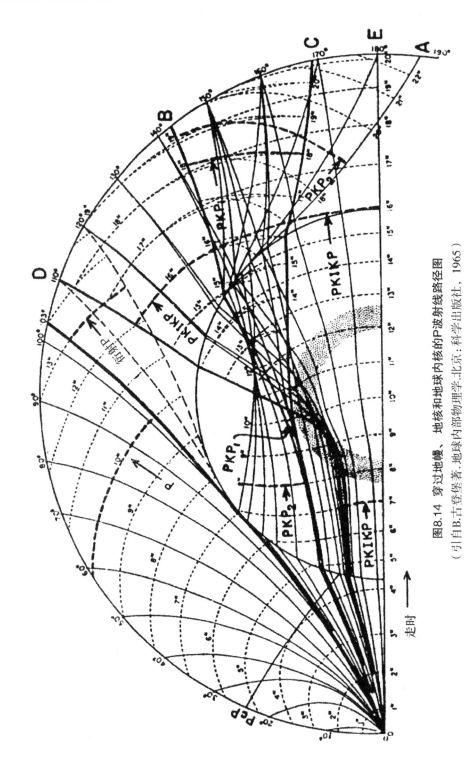

图8.14 穿过地幔、地核和地球内核的P波射线路径图
（引自B.古登堡著.地球内部物理学.北京：科学出版社，1965）

对极远震,震中距在 105°~130°,首先到达的震相是衍射 P 波震相,记为 P_{dif},是 P 波沿地核界面绕射而形成的震相(图 8.14),初动一般很弱,振幅很小。对震中距大于 110°的极远震,可以观测到清晰的穿过地核的震相,如 PKP,PKIKP,PKJKP(J-B 表将其都表示为 PKP),SKJKP 等。极远震的初始震相不再是 P 波,而是 P_{dif} 或 PKP 或 PKIKP。需要注意的是,由于地核的聚焦作用,PKP 或 PKIKP 波都很强,与 P_{dif} 成鲜明对照。对震中距大于 143°的极远震,有两个 PKIKP 震相,记为 PKP_1 和 PKP_2(图 8.14),它们是由于射线通过外核不同路径形成的 。

在极远震地震图分析中,比较清晰且通常需要识别的主要震相有:P_{dif}、PKP、PP、PKS、SKS 等(参见附 3.3)。

4. 地震深度震相

震源深度不同,不仅使波形不同,而且还产生了一些可用来确定震源深度的震相。地震多发生在地壳的脆性层,因而震源深度多在 30 km 以内。我们将震源深度小于 70 km 的地震称为浅源地震,深度在 70~300 km 的地震为中源地震,深度大于 300 km 的地震为深源地震,观测表明,最深源地震深度可达 700 km 之多。我国东北凯兴湖地区为深震区,震源深度可达 500~600 km。我国的台湾以东海沟、西部的帕米尔地区有中源地震。深源地震波形的主要特征有:与同量级的浅源地震比,面波要小得多;波的初动及 P(或 PKP)最大振幅显得强而尖锐,且波形清晰、衰减快。

远震记录上,我们通常可看到紧跟 P 波到达的地震深度震相 pP 和 sP(图 8.12)。它们对 P 波的到时差因震源深度的不同,在数十秒到数分之间。深度震相 pP 和 sP 起始均较为尖锐清晰,它们与初至 P 波的到时差对震源深度较为敏感,是确定震源深度的重要震相。

不同地震台,由于台站所处地层介质条件的差异及地震仪的差异,在地震图上的震相特征会有所差异,因而震相的识别除了必需的基础理论外,还需有一定的实际地震记录分析经验知识的积累。

8.4 数字地震资料分析软件包 SAC 应用简介

SAC(Seismic Analysis Code,SAC)是由美国加州大学 Lawrence Livermore 国家实验室(LLNL)开发研制的用于研究连续信号,尤其是时间序列数据的通用程序,是地震学中常用的处理地震波形的数据处理软件。

SAC 软件提供了一些常用的地震数据操作,包括:标记震相到时、滤波、快速傅里叶变换与反变换(fft/ifft)、重采样、差值、互相关等;同时还提供了简单的绘图界面,用以绘制地震图及其频谱;还可以查看台站与事件的相关信息。

SAC 软件提供了不同的版本适用于不同的计算机系统,以下介绍在 Linux 系统下,SAC 软件的使用以及对"SAC 格式"的文件的一些简单操作。

8.4.1 SAC 软件的启动与退出

1. 启动 SAC

在终端键入小写"sac"以启动 SAC 软件,显示如下版本号以及版权信息:

\$sac

SEISMIC ANALYSIS CODE [10/07/2013 (Version 101.2)]

Copyright 1995 Regents of the University of California

SAC>   //"SAC>"是 SAC 程序特有的命令提示符

2. 退出 SAC

SAC> quit   //或简写"q"

8.4.2 SAC 文件与读写

1. SAC 文件格式

前面提到的 SAC 是指 SAC 软件。由于 SAC 软件的普遍的使用,地震学研究者们专门定义了一种特殊的统一文件格式,即"SAC 文件格式"。

SAC 格式的文件是二进制文件,由"头段区"与"数据区"组成。

头段区包含了许多信息属性, 当读入了一个 SAC 文件后,可以使用 lh 命令,来查看头端区的全部信息,例:

SAC> r ./BD. NE5D. 2009283212438. BHZ. sac   // 读入当前文件夹下该文件

SAC> lh   // list the sac header

以下列举了常用的一些头文件参数,其他更多参数可查阅《SAC 参考手册》

FILE:./BD. NE5D. 2009283212438. BHZ. sac - 1   //sac 文件名

NPTS = 40001   //总采样点数

B = $-1.776250e+02$ //文件起始时刻(相对于参考时间)

E = $8.223750e+02$ //文件结束时刻(若不声明单位为秒)

IFTYPE = TIME SERIES FILE   //文件类型

LEVEN = TRUE   //是否等间距采样

DELTA = $2.500000e-02$ //采样间隔

DEPMIN = $-3.570000e+02$ //最小振幅

DEPMAX = $1.531300e+04$ //最大振幅

DEPMEN = $8.228595e+03$ //平均振幅

OMARKER = 0   //发震时刻(相对于参考时间)

T1MARKER = 222.37   (P)   //用户标记的 T1 时间,此处命名

                                     //为 P

T2MARKER = 243.58   (pP)   //用户标记的 T2 时间,此处命名

                                     //为 pP

KZDATE = OCT 10 (283), 2009   //参考时间:年/月/日

KZTIME = 21:24:38.529   //参考时间:时/分/秒/毫秒

                                     //又称绝对时间,之前的 B 与 E 指

                                     //以绝对时间为起始的相对时间

KSTNM = NE5D   //台站名

STLA = $4.410769e+01$ //台站纬度

STLO = $1.296008e+02$ //台站经度

EVLA = $4.785000e+01$ //事件纬度

EVLO = $1.524600e+02$ //事件经度

EVDP = 1.120000e+02		//事件震源深度
DIST = 1.812365e+03		//震中距
AZ = 2.652068e+02		//方位角
BAZ = 6.870774e+01		//反方位角
GCARC = 1.630921e+01		//great circle arc;震中到台站的
		//大圆弧长度,单位为度
LOVROK = TRUE		//该文件能否被修改覆盖
NVHDR = 6		//头文件的类型,此例为 6
LCALDA = TRUE		//是否根据台站与事件的经、纬
		//度自动计算震中距、方位角。
KCMPNM = BHZ		//分量名称,此例为宽频带 Z 分量
KNETWK = BD		//台网名
MAG = 6.000000e+00		//震级

注意:

测试发现,LOVROK 值为"TRUE"时,自动计算的距离可能存在问题,谨慎使用。

2. SAC 文件的读写

在 SAC 中读命令是 read(简写 r),例:

SAC> r 111. sac

如果要一次性读入 111. sac 222. sac 333. sac 三个文件,不能够分三次读入,因为 SAC 在执行读取命令时,会删除内存中原有的波形数据,应该一次性读入,例:

SAC> r 111. sac 222. sac 333. sac

也可以参考 SAC 的 read more 功能。

读文件时,不但可以使用绝对或相对路径,还可以使用"通配符",比较常用的通配符是"$*$",该通配符可以匹配任意长度的字符串(包括零长度),例:

SAC> r *. sac　　　　　　　// 读入文件夹下所有以".sac"结尾的文件

当读入了一个 SAC 文件后,可以使用 lh 命令,来查看头端区的全部信息,也可以仅列出需要的头段变量,例:

SAC> lh b　　　　　　　//列出头段变量中的起始时刻参数,大小写均可

FILE:./111. sac — 1

b = −9.904688e+01

也可使用 ch 命令来更改头段区的信息,例:

SAC> ch B 0　　　　　　　//把起始时刻改为 0s

写命令为 write(简写为 w),当更改头段区数据后,需要重写头端信息以保存,例:

SAC> wh　　　　　　　//write head

相似的,当更改完数据区信息(如滤波或重采样后),也需要保存,例:

SAC> w over　　　　　　　//write over 会保存头段区与数据区

SAC 也可以实现另存为,例:

SAC> w append . bp　　　　　//另存为 111. sac. bp

SAC> w tempt. sac　　　　　//另存为 tempt. sac

SAC 文件二进制转 ASCII 码:

SAC 文件格式为二进制,不通过软件无法阅读。SAC 本身提供了一种 SAC 格式转 ASCII 文件的命令,例:

SAC> r 111. sac

SAC> w alpha test. txt   //储存为 ASCII 码文件

转换后可以直接阅读。也可根据 SAC 格式的二进制规则编写 matlab 程序读取 SAC 文件。

8.4.3 SAC 软件绘图

当已经读入一个或多个 sac 文件后,可以使用 sac 软件的绘图命令绘制时间序列或频谱图。Windows 系统需要开启 Xwin 软件,Linux 系统需要连接时开启-X 选项以支持图形窗口。

1. plot 命令

plot 命令绘制读入的所有波形数据,但每次只显示一个波形,例:

SAC> r *. sac   //读入所有 sac 文件

SAC> plot   //或简写"p"

Waiting   //开启了图形界面

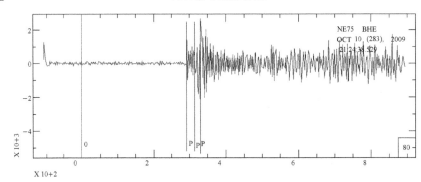

图 8.15 plot 命令绘制的单一地震图

在命令行界面键入 Enter,会进入到下一张图。

2. plot1 命令

plot1 命令会绘制读入的所有波形数据,在一个窗口中一次显示多个波形,共用一个 X 轴,Y 轴各自独立,例:

SAC> plot1   //或简写"p1"

当一次性读入过多个波形数据时,会一次性显示全部波形,太密集不利于观察,可以指定窗口内一次最多显示多少个,例:

SAC> p1 p 5   // p 是选项 perplot 的简写,5 代表每次显示 5 个波形

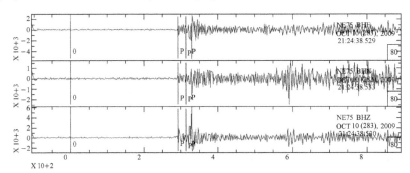

图 8.16 plot1 命令绘制的共享时间轴的地震图

3. plot2 命令

plot2 命令绘制的图共用 X,Y 轴。在比较滤波前后的图形时,可以参考使用。

为了便于区分重叠在一起的地震图,绘图前可以使用颜色选项,例:

SAC> color red increment　　　　　　// 波形颜色依次为红、绿、蓝、黄等等。

4. ppk 命令

ppk 命令开启的图形界面中,鼠标变为一个十字光标。具有许多功能:

（1）震相拾取

将光标移动到待标记震相附近,键盘依次按下"t""0",即把此位置的时间标记到头段区的"t0"参数,地震图上出现带有"T0"标识的竖线,也可用 lh 查看,例:

SAC> lh t0　　　　　　　　　　　　　//"t1"至"t9"同理

FILE：./BD.NE75.2009283212438.BHE.sac — 1

t0 = 2.925969e+02

（2）放大与还原

将光标移动到绘图区域中的某位置,键入"x",再移动至另一位置,再次键"x"即可放大两次按键中间区域。重复此步骤,可以多次放大。

若需要还原,键入"o"。

（3）其他常用功能

"b"显示上一张图;

"n"显示下一张图;

"q"退出 ppk 绘图模式。

5. plotsp 与 fft 命令

plotsp 命令可以绘制多种格式的谱数据,例:

SAC> fft　　　　　　　　　　　//fft 命令对数据进行快速离散傅里叶变换,用法:

　　　　　　　　　　　　　　　//fft［WOMEAN|WMEAN］［RLIM|AMPH］

　　　　　　　　　　　　　　　//其中,WOMEAN 变换前先去除均值;

　　　　　　　　　　　　　　　//WMEAN 变换前不去除均值;

　　　　　　　　　　　　　　　//RLIM 输出为实部—虚部格式;

　　　　　　　　　　　　　　　//AMPH 输出为振幅—相位格式。

　　　　　　　　　　　　　　　//若直接输入 fft,默认参数为"fft wmean amph"。

SAC> psp am loglog　　　　　　//绘制双对数坐标轴下的振幅谱

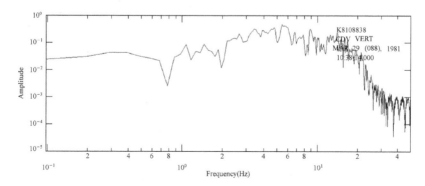

图 8.17　plotsp 命令绘制的震源振幅谱图

绘制相位谱或使用其他坐标轴格式等更详细的参数,可参考《SAC 用户手册》。

8.4.4　其他常用命令

1. bandpass 带通滤波

bandpass 带通滤波命令对数据文件使用无限脉冲带通滤波器,默认使用 Butterworth 滤波器。例:

SAC> bp co 0.01 4 n 4 p 2

其中,"bp"代表 bandpass、"co"代表拐角频率、"0.01 4"是带通频带、"n 4"表示此滤波器 4 个极点、"p 2"表示此滤波器 2 个零点。

当滤波后需要保存时,需用命令"write over"。

其他滤波器与更详细的参数选取可以参考《SAC 参考手册》

2. 去均值、去线性趋势与两端压制

(1) rmean 命令

当波形数据存在一个非零的均值时,rmean 命令可以去掉此值使均值为 0,例:

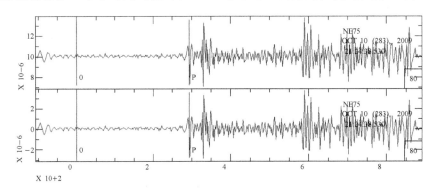

图 8.18　带有非零均值的地震图(上)及 **rmean** 后的地震图(下)

(2) rtrend 命令

当波形数据存在一个长周期的线性趋势时,会影响对波形的识别,rtrend 命令可以去除此线性值,例:

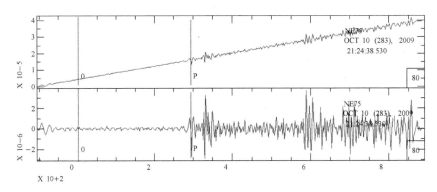

图 8.19　带有线性趋势的地震图(上)及 **rtrend** 后的地震图(下)

（3）taper 命令

有时数据的两端不为零,存在一个峰值,不但给观察波形造成干扰,谱分析时会出现假频现象。taper 命令会在波形两端加衰减窗,使数据两端在短时间窗内逐渐变成零值,例:

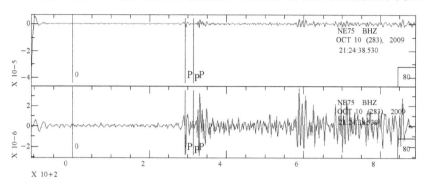

图 8.20　左端带有尖状干扰的地震图(上)及 taper 后的地震图(下)

8.4.5　SAC 编程

当我们对部分数据进行比较少的操作时,可以在 sac 中读取文件并输入指令。当对大量数据进行重复性或类似的操作时,可以借助于 sac 编程尽可能减少重复性的人工操作。

以下我们介绍三种方式的 sac 编程:sac 宏、脚本调用 sac、matlab 下读取 sac 二进制文件后的编程。

1. sac 宏

宏(Macro),是一种批量批处理的称谓。

假设现在要对三组数据(data1.sac,data2.sac,data3.sac),分别进行不同频率(1Hz,2Hz,3Hz)的低通滤波,可以编写如下的宏文件:

```
* Lowpass filter          // * 开头代表注释
r data1.sac               //读取第一个文件
lp n 4 c 1                //四极 Butterworth 低通滤波器,拐角频率为 1 Hz
r data2.sac               //读取第二个文件
lp n 4 c 2                //四极 Butterworth 低通滤波器,拐角频率为 2 Hz
r data3.sac               //读取第三个文件
lp n 4 c 3                //四极 Butterworth 低通滤波器,拐角频率为 3 Hz
w over                    //保存
```

把这个写好的宏文件命名为 datalowpass,然后在 sac 下使用这个宏文件:

```
SAC> macro datalowpass    //宏文件和数据需要在当前目录下
```

这样就通过宏执行了对三组数据进行不同频率滤波的操作,但在执行这个宏的过程中,屏幕并不会显示执行的命令。可在宏注释后的第一行加入"echo on"来显示正在执行的命令。

这样的宏虽然给批量操作带来简便,但是滤波的频率是固定的,不够灵活。因此可以引入宏参数来扩展宏的适用范围:

```
* Lowpass filter          // * 开头代表注释
$keys$f1 f2 f3            //$keys$后面跟宏参数的变量名
```

```
r data1. sac
lp n 4 c $f1$                    //变量名前后加"$",表示使用其具体表示的值
r data2. sac
lp n 4 c $f2$
r data3. sac
lp n 4 c $f3$
```

在使用这样的宏的时候,需要输入参数值

`SAC> macro datalowpass f1 1 f2 2 f3 3`   //此时宏中的$f1$会被替换成1Hz

文件名也可使用类似的方法从参数读入。

2. 脚本调用 sac

之前介绍的 sac 宏就是一种简单的脚本语言,但是有时候无法完成更复杂一些的操作。这里介绍用 Bash 脚本调用 sac。

假设我们要把 otime 的值赋给头段变量 t1,需要先在 sac 中用 lh 命令读取 otime 的具体值,然后用 ch 命令把这个值赋值给 t1。可以通过脚本直接把 otime 赋值给 t1:

```
#! /bin/bash                     //固定格式,标明是 bash 脚本
sac << EOF                       //两个 EOF 之间的部分是需要执行的 sac 命令。
r data1. sac                     //"<<"符号表示将这些命令指定给 sac 执行。
ch t1 &1,o&                      //这是一种头端变量的引用格式"&fno,header&",其中
                                 //"fno"是读入内存中的序号
                                 //此例中我们读入了一个文件,其内存号就是1,若读入
                                 //多个,则依次为1,2,3…
                                 //"header"是头段变量名称,此例中为 o,"&"是指取变
                                 //量代表的具体值,不能省略。
q                                //此处一定要退出 sac
EOF
```

将这个脚本命名为 changedepth. bash,可以在终端执行:$ bash changedepth. bash

这样就完成了这个脚本的编写,定义了 t1 的值。除了指定内存的读取参数外,还可以指定文件名称读取:

```
ch t1 &1,o&
```

等价于

```
ch t1 &./data1.sac, o&          //若文件在当前目录下,必须加"./"
```

有时我们对一个地震事件进行了重新定位,得到了新的震源坐标。以震源深度为例,用 ch 命令更改震源深度时,旧的震源深度就被覆盖了。而良好的工作习惯要求我们尽可能地保留每一步中的信息,可是 sac 头文件中只有 evdp 这样一个选项,因此我们可以用一个额外的文件储存更多的信息:

```
#! /bin/bash
sac << EOF
r data1. sac
setbb oldevdp &1,evdp&          //把 evdp 参数储存给变量 oldevdp
                                //bb(blackboard)指黑板变量
setbb newevdp 120               //新的震源深度存为 newevdp
wbbf evdp. dat                  //将 oldevdp 和 newevdp 存入文件 evdp. dat 中
```

```
ch evdp %newevdp%          //引用黑板变量需要加两个"%",此处值为 120
w over
q
EOF
```

当下次使用 sac 时,可以重新读取 evdp.dat 文件:
```
SAC> readbbf ./evdp.dat    //evdp.dat 前的"./"表示其在当前目录下
SAC> getbb                 //查看已储存参数
```
3. matlab 编程
(1) matlab 读取 sac 二进制文件
(2) 用 matlab 实现长短窗法自动拾取震相

8.4.6　进一步的学习

当掌握了基本的操作,想更深入的学习时,可以参考 SeisMan 的《SAC 参考手册》:
SeisMan 博客:http://seisman.info
项目主页:https://github.com/seisman/SAC_Docs_zh
联系方式:seisman.info@gmail.com。

8.5　地震定位与震级测量

地震仪问世(1879 年)之前,曾以宏观等震线最高烈度的中心为震中,称之为宏观震中。利用仪器记录进行震源定位始于欧洲和日本,最初使用方位角法,随后是几何作图法和地球投影法。20 世纪 60 年代后,计算机开始应用于地震定位,目前作图定位法已被计算机定位法代替。为了直观认识地震定位的基本原理,本节仍简要介绍一种用于地方震定位的作图方法。

8.5.1　交切作图定位法(石川法)

这是电子计算机问世前使用的方法。假定地壳介质是均匀的。对于地方震,若已知虚波速度 $V_\varphi = (V_P V_S)/(V_P - V_S)$,并已知三个以上台站的 P_g 震相到时 T_{Pg} 和 S_g 震相到时 T_{Sg} 数据,可用公式 $D_i = V_\varphi (T_{Pg} - T_{Sg})_i$($i$ 为台站编号)计算各台的震源距。在平面地震图上作图,先绘出台站 S_1, S_2, S_3 等的位置,分别以各台为圆心,以各台震源距为半径画圆,三圆两两相交将得三条弦,其交点即震中 E(图 8.21)。如果用 4 个以上的台相交,将得到 6 条以上的弦,一般可获得一交汇区,取其中心点为 E。过 E 点与最近台连线,再过 E 点作连线的垂线并与最近台的圆周相交,得一弦,此弦的长度之半即为震源深度 h。各地震台根据台网确定的震源位置,可反过来计算出各震相(P_g 和 S_g)的走时,由测量的震相到时减去相应的走时即为该台该震相所估计出的发震时间;取参加定位的各地震台的各震相独立估计出的发震时间的加权平均值,即为该地震发震时刻的台网测量结果。

石川法需要每个台都具备 P 波、S 波的到时数据。但有时有些台只能分辨一个震相(P_g 或 S_g),这些可以根据同时记录了 P_g 和 S_g 震相的台站所计算出的震源距及由此进一步计算的地震的发震时刻,只记录了单震相 P_g 或 S_g 的地震台,可用震相到时减去前面所计算的发震时刻,得到该震相地震波的走时,用走时乘以相应的地震波速度,可得该台的震源距,如上述一样参加交切定位。

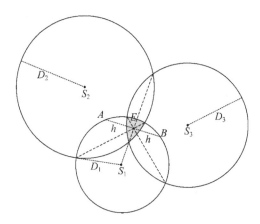

图 8.21 交切作图定位法

8.5.2 计算机定位法(近震)

通常在记录台数 $m \geqslant 5$,震中距小于 $170\,\text{km}$(P_g 为地震图上首达震相),已知 P_g 到时、台站方位和震中距分布合理的条件下使用这种定位方法。计算步骤如下:

(1) 由各记录台的地理位置坐标计算其直角坐标,在中纬度地区计算公式。如下所示:

$$y_i = 111.1(\varphi_i - \varphi_0), \tag{8-23}$$

$$x_i = 111.1(\lambda_i - \lambda_0) \cdot \cos\left(\frac{\varphi_i + \varphi_0}{2}\right), \tag{8-24}$$

式中 $\varphi_0,\lambda_0,\varphi_i,\lambda_i$ 分别为参考点(直角坐标原点)和 i 台的地理纬度和经度,单位为度;x_i,y_i 单位为千米。

(2) 假定地壳介质是均匀的,由直达波 P_g 的走时公式可推导出基本定位方程组。如下所示:

$$[(P-O)V]^2 = (X-x_i)^2 + (Y-y_i)^2 + h^2,$$

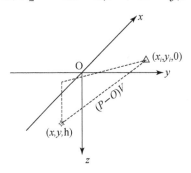

图 8.22 地震波走时示意

为了计算方便,我们将已知量作为系数,将上式重写为

$$a_{i1}X_1 + a_{i2}X_2 + a_{i3}X_3 + a_{i4}X_4 + a_{i5}X_5 = b_i \quad (i=1,2,\cdots,m), \tag{8-25}$$

式中 i 为台站编号,m 为参加定位的地震台数,其他参数分别为

$$X_1 = [(OV)^2 - (X^2 + Y^2 + h^2)]; \quad X_2 = X; \quad X_3 = Y; \quad X_4 = V^2; \quad X_5 = OV^2,$$

$$a_{i1} = 1; \quad a_{i2} = 2x_i; \quad a_{i3} = 2y_i; \quad a_{i4} = P_i^2; \quad a_{i5} = -2P_i; \quad b_i = x_i^2 + y_i^2,$$

X、Y、h 为待定位震源坐标,O 为发震时刻,V 为 P 波传播速度,x_i、y_i 为台站坐标,P_i 为 i 台记录的地震直达波 P_g 的到时。

（3）将方程组(8-25)正则化,按下式计算正则方程组系数

$$a'_{kj} = \sum_{i=1}^{m} a_{ik}a_{ij} \quad (i,j = 1,2,3,4,5),\tag{8-26}$$

$$b'_j = \sum_{i=1}^{m} a_{ij}b_i \quad (j = 1,2,3,4,5).\tag{8-27}$$

（4）列主元消去法解正则方程组

$$\begin{bmatrix} a'_{11} & a'_{12} & a'_{13} & a'_{14} & a'_{15} \\ a'_{21} & a'_{22} & a'_{23} & a'_{24} & a'_{25} \\ a'_{31} & a'_{32} & a'_{33} & a'_{34} & a'_{35} \\ a'_{41} & a'_{42} & a'_{43} & a'_{44} & a'_{45} \\ a'_{51} & a'_{52} & a'_{53} & a'_{54} & a'_{55} \end{bmatrix} \begin{bmatrix} X_1 \\ X_2 \\ X_3 \\ X_4 \\ X_5 \end{bmatrix} - \begin{bmatrix} b'_1 \\ b'_2 \\ b'_3 \\ b'_4 \\ b'_5 \end{bmatrix} = 0.\tag{8-28}$$

（5）还原震源参数和速度 V,公式为

$$\begin{aligned} X &= X_2, \\ Y &= X_3, \\ h &= \sqrt{X_5^2/X_4 - (X_2^2 + X_3^2)} - X_1, \\ O &= X_5/X_4, \\ V &= \sqrt{X_4}. \end{aligned}\tag{8-29}$$

（6）计算各记录台 P_g 波的理论到时 P'_i,求标准误差 σ_P:

$$P'_i = \frac{\sqrt{(X - x_i)^2 + (Y - y_i)^2 + h^2}}{V} + O,$$

$$\sigma_P = \sqrt{\frac{\sum_{i}^{m}(P'_i - P_i)^2}{(m-1)}}.\tag{8-30}$$

（7）将震源位置由直角坐标还原为地理坐标

$$\varphi = \frac{Y}{111.1} + \varphi_0,$$

$$\lambda = \frac{X}{111.1\cos\left(\dfrac{\varphi + \varphi_0}{2}\right)} + \lambda_0.\tag{8-31}$$

由定位计算的基本方程(8-25)不难推断,当定位台网区域地壳的 P 波速度 V 已知时,有 4 个以上台的记录,就可以确定震源位置和发震时间。该方程及方法同样适用于以 S_g 震相到时为基本资料的定位,也可用于混合应用 P_g 和 S_g 到时资料的定位。事实上,在保证震相到时资料读取精度的前提下,定位所使用的记录台越多,震相资料越多,定位结果越可靠。

8.5.3 用于一般地震的定位方法——Geiger 法

设 n 个台的震相观测到时为 $t_1, t_2, \cdots, t_n$,求震源(x_0, y_0, z_0) 及发震时刻 t_0,使得目标函数

$$\varphi(t_0, x_0, y_0, z_0) = \sum_{i=1}^{n} r_i^2\tag{8-32}$$

最小;其中 r_i 为到时残差

$$r_i = t_i - t_0 - T_i(x_0, y_0, z_0),\qquad(8\text{-}33)$$

T_i 为震源到第 i 个台站的震相计算走时。使目标函数取极小值,也就是令

$$\frac{\partial \varphi(t_0, x_0, y_0, z_0)}{\partial t_0} = \frac{\partial \varphi(t_0, x_0, y_0, z_0)}{\partial x_0} = \frac{\partial \varphi(t_0, x_0, y_0, z_0)}{\partial y_0} = \frac{\partial \varphi(t_0, x_0, y_0, z_0)}{\partial z_0} = 0.$$

$$(8\text{-}34)$$

令 $$\boldsymbol{\theta} = (t_0, x_0, y_0, z_0)^{\mathrm{T}}, \quad \nabla_{\theta} = \left(\frac{\partial}{\partial t_0}, \frac{\partial}{\partial x_0}, \frac{\partial}{\partial y_0}, \frac{\partial}{\partial z_0}\right)^{\mathrm{T}}.$$

为方便,记为

$$\boldsymbol{g}(\boldsymbol{\theta}) = \nabla_{\theta}\varphi(\boldsymbol{\theta}),\qquad(8\text{-}35)$$

则在真解 $\boldsymbol{\theta}$ 附近任意试探解 $\boldsymbol{\theta}^{*}$ 及其校正矢量 $\delta\boldsymbol{\theta}$ 满足

$$\boldsymbol{g}(\boldsymbol{\theta}) = \boldsymbol{g}(\boldsymbol{\theta}^{*}) + \nabla_{\theta}[\boldsymbol{g}(\boldsymbol{\theta}^{*})]^{\mathrm{T}} \cdot \delta\boldsymbol{\theta} = 0,\qquad(8\text{-}36)$$

也即

$$\nabla_{\theta}[\boldsymbol{g}(\boldsymbol{\theta}^{*})]^{\mathrm{T}} \cdot \delta\boldsymbol{\theta} = -\boldsymbol{g}(\boldsymbol{\theta}^{*}).\qquad(8\text{-}37)$$

由 φ 的定义可得公式(8-36)的具体表达式

$$\sum_{i=1}^{n}\left[\frac{\partial r_i}{\partial \theta_j}\frac{\partial r_i}{\partial \theta_k} + r_i\frac{\partial^2 r_i}{\partial \theta_j \partial \theta_k}\right]_{\boldsymbol{\theta}^{*}} \delta\theta_j = -\sum_{i=1}^{n}\left(r_i\frac{\partial r_i}{\partial \theta_k}\right)_{\boldsymbol{\theta}^{*}}.\qquad(8\text{-}38)$$

注意,(8-38)式中隐含有对 j 的哑元求和。若 $\boldsymbol{\theta}^{*}$ 偏离真解 $\boldsymbol{\theta}$ 不大,则 $r_i(\boldsymbol{\theta}^{*})$ 和 $\left(\frac{\partial^2 r_i}{\partial \theta_j \partial \theta_k}\right)_{\boldsymbol{\theta}^{*}}$ 较小,可忽略二阶导数项,(8-38)式可简化为线性最小二乘解

$$\sum_{i=1}^{n}\left[\frac{\partial r_i}{\partial \theta_j}\frac{\partial r_i}{\partial \theta_k}\right]\delta\theta_j = -\sum_{i=1}^{n}\left(r_i\frac{\partial r_i}{\partial \theta_k}\right)_{\boldsymbol{\theta}^{*}}.\qquad(8\text{-}39)$$

写成矩阵形式,(8-39)式为

$$\boldsymbol{A}^{\mathrm{T}}\boldsymbol{A}\delta\boldsymbol{\theta} = \boldsymbol{A}^{\mathrm{T}}\boldsymbol{r},\qquad(8\text{-}40)$$

其中

$$\boldsymbol{A} = \begin{pmatrix} 1 & \dfrac{\partial T_1}{\partial x_0} & \dfrac{\partial T_1}{\partial y_0} & \dfrac{\partial T_1}{\partial z_0} \\ \vdots & \vdots & \vdots & \vdots \\ 1 & \dfrac{\partial T_n}{\partial x_0} & \dfrac{\partial T_n}{\partial y_0} & \dfrac{\partial T_n}{\partial z_0} \end{pmatrix}_{\boldsymbol{\theta}^{*}}, \quad \boldsymbol{r} = \begin{pmatrix} r_1 \\ \vdots \\ r_n \end{pmatrix}.$$

若二阶导数项不可忽略,则给出非线性最小二乘解

$$[\boldsymbol{A}^{\mathrm{T}}\boldsymbol{A} - (\boldsymbol{r}\,\nabla_{\theta}^{\mathrm{T}})^{\mathrm{T}}\boldsymbol{A}]\delta\boldsymbol{\theta} = \boldsymbol{A}^{\mathrm{T}}\boldsymbol{r}.\qquad(8\text{-}41)$$

通常来自不同记录台的不同震相到时数据具有不同的精度,如果不加以区别,则具有较低精度的数据将严重干扰结果的精度,这一问题可以通过引入加权目标函数来解决。设各台站到时残差 r_i 的方差为 σ_i^2,引入加权目标函数

$$\varphi_r(\boldsymbol{\theta}) = \sum_{i=1}^{n} r_i^2(\boldsymbol{\theta})\frac{1}{\sigma_i^2},\qquad(8\text{-}42)$$

按照上述同样的步骤,通过求(8-42)式的极小值,得到如下加权线性最小二乘解

$$\boldsymbol{A}^{T}\boldsymbol{C}_r^{-1}\boldsymbol{A}\delta\boldsymbol{\theta} = \boldsymbol{A}^{T}\boldsymbol{C}_r^{-1}\boldsymbol{r},\qquad(8\text{-}43)$$

其中 C_r 为加权方差矩阵,$C_r = \mathrm{diag}(\sigma_1^2, \cdots, \sigma_n^2)$.

由方程(8-40)、(8-41)或(8-43)式求得 $\delta\boldsymbol{\theta}$ 后,以 $\boldsymbol{\theta} = \boldsymbol{\theta}^{*} + \delta\boldsymbol{\theta}$ 作为新的尝试点,再求解相应

方程。如此反复迭代,直至 φ 或 φ_r 足够小(或满足一定的循环结束条件),此时即得估计解 $\hat{\boldsymbol{\theta}}$。

地震定位是地震学中最经典、最基本的问题之一,对于研究诸如地震活动构造、地球内部结构、震源的几何结构等地震学问题有重要意义。因此,地震学家一直在不断改进或提出新的定位方法。随着计算机科技的迅速兴起,Geiger 方法在 20 世纪 70 年代开始被广泛用于地震定位工作中,被 IASPEI(国际地震学与地球内部物理学联合会)推荐使用的 HYPO71~81 系列定位程序就是基于 Geiger 的定位思想上发展设计的。

附 8.1

Hypo71 系列的定位程序是 IASPEI 最先推广应用的单个地震的计算机常规定位程序,用于已知介质速度结构条件下的定位。其基本原理为:

设 $\boldsymbol{d}$ 为定位台网中一些地震台观测的一些震相到时的观测资料矢量;$\boldsymbol{m}=\{x,y,z,t\}$ 为需确定的参数矢量;在介质速度介质确定的条件下,不难找到一数学算子 F 将这两组矢量联系为:

$$F(\boldsymbol{m})=\boldsymbol{d} \tag{1}$$

$$\delta\boldsymbol{d}=\frac{\partial F}{\partial\boldsymbol{m}}\delta\boldsymbol{m} \tag{2}$$

① 设(1)式的初解为 $\boldsymbol{m}_0=\{x_0,y_0,z_0,t_0\}$,$i=0$
② 将 $\boldsymbol{m}_i=\{x_i,y_i,z_i,t_i\}$ 代入(1)计算 $\boldsymbol{d}_{ei}$
③ 令 $\delta\boldsymbol{d}_i=\boldsymbol{d}-\boldsymbol{d}_{ei}$ 并代入(2)求解 $\delta\boldsymbol{m}_i$,并令 $\boldsymbol{m}_{i+1}=\boldsymbol{m}_i+\delta\boldsymbol{m}_i$
④ 根据 $\delta\boldsymbol{m}_i$ 或 $\delta\boldsymbol{d}_i$ 判断是否满足收敛条件。若满足,转 5°;否则转 2°。
⑤ $\boldsymbol{m}_{i+1}$ 即为所求解;求解过程停止。

这一求解过程我们称之为 Geiger 法。需要注意的是,由于直达波走时对震源深度的变化较其他参数敏感性要小得多。这类定位方法对震源深度的确定有一定困难,这是定位中要特别注意的一个问题。

8.5.4　联合定位法

前面介绍的定位方法,是对一个一个的地震进行的单事件定位法,其优点是方法简单、定位快速,并在地球速度结构较精确且参与定位的地震台对地震的包围较好的情况下,能获得较高的定位精度。

1967 年 Douglas A 首次提出联合定位法(JHD, Joint Hypocenter Determination)[①](见图 8.23)1976 年 Crosson R S 又提出了地震参数(发震时刻和震源位置)与速度结构联合反演的方法。

联合定位(JHD)的基本思想是:设有 n 个台站观测到 m 个地震事件,取水平分层的速度模型。对于由台站 i 记录到的事件 $j(i=1,2,\cdots,n;\ j=1,2,\cdots,m)$ 定义到时残差

$$r_{ij}=T_{ij}(\boldsymbol{x}_j,\boldsymbol{v})-t_{ij}, \tag{8-44}$$

其中 $\boldsymbol{x}_j=(t_{0j},x_{0j},y_{0j},z_{0j})^{\mathrm{T}}$ 为事件 j 的发震时刻和震源位置,$\boldsymbol{v}=(v_1,\cdots,v_l)^{\mathrm{T}}$ 为一维的速度模型参数(v_k 为第 k 层的波速,介质共分为 l 层,给定具体每层的厚度)。$T_{ij}(\boldsymbol{x}_j,\boldsymbol{v})$ 为事件 j 到

---

① Nature,215(5096):47—48。

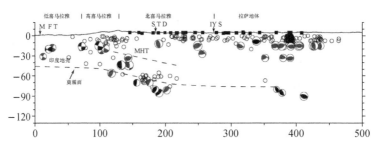

图 8.23 北京大学利用 2004—2005 年架设在藏南地震流动台网记录所作的 JHD 定位
结果揭示了俯冲的印度岩石层在雅鲁藏布江缝合带变平的事实；据 Liang et al. , 2008

台站 i 的理论到时。t_{ij} 为相应的观测到时，t_{ij} 与 T_{ij} 之差就是到时残差 r_{ij}。

定义目标函数

$$\varphi(\boldsymbol{\theta}) = \varphi(\boldsymbol{x},\boldsymbol{v}) = \boldsymbol{r}^{\mathrm{T}} \cdot \boldsymbol{r} = \sum_{i=1}^{n} \sum_{j=1}^{m} r_{ij}^{2}, \qquad (8\text{-}45)$$

其中 $\boldsymbol{x}=(\boldsymbol{x}_1^{\mathrm{T}},\cdots,\boldsymbol{x}_m^{\mathrm{T}})^{\mathrm{T}}$，是所有事件的地震参数矢量；$\boldsymbol{\theta}=(\boldsymbol{x}^{\mathrm{T}},\boldsymbol{v}^{\mathrm{T}})^{\mathrm{T}}$，是所有需要反演的参数矢量（$4m+l$ 维）；$\boldsymbol{r}=(r_{11},r_{12},\cdots,r_{mn})^{\mathrm{T}}$ 为到时残差的矢量（mn 维）。

联合定位就是要求估计解 $\boldsymbol{\theta}$，使得目标函数达到极小值，这是典型的非线性最小二乘最优化问题，本书第 5 章 5.3 节介绍了这类问题的一般解法。

8.5.5　主事件定位法

主事件定位法（master event location）是一种相对定位法，其基本原理是选定一震源位置较为精确的主地震，并将主地震的位置及发震时刻设为已知量，计算发生在其周围的一群地震相对于它的位置，进而确定这群地震的震源位置。由于主事件定位法对假设的地壳模型依赖较小，因而地震相对位置能定得较精确。

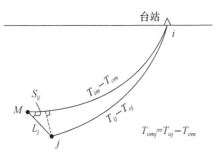

图 8.24　用于计算地震位置的基本原理
T_{ij} 及 T_{im} 分别表示第 i 台记录到的第 j 个地震 P 震相（或 S 震相）的到时
及第 i 台主地震 P（或 S）震相的到时；T_{oj} 及 T_{om} 分别表示第 j 个地震及
主地震的发震时刻；T_{omj} 为第 j 个地震与主地震发震时刻之差

用于计算地震位置的基本原理（图 8.24）为

$$T_{ij} - T_{im} = T_{omj} - [L_j \cos(S_{ij})/V_{im}] \qquad (8\text{-}46)$$

其中 T_{ij} 及 T_{im} 分别表示第 i 台第 j 个地震 P 震相（或 S 震相）的到时及第 i 台主地震 P（或 S）震相的到时；T_{omj} 为第 j 个地震与主地震发震时刻之差。L_j 为主地震与第 j 个地震间的距离；S_{ij} 为相对位置向量与第 i 台射线路径间的夹角；V_{im} 是主地震直达 P（或 S）波到 i 台的平均速度。

这个方法假设地震间的距离 L_j 比台源距小得多。当震源区足够小时,可近似认为震源区附近介质是均匀的,则(8-46)式成立。

注意到(8-46)式 T_{cmj} 中隐含待定地震的发震时刻未知量,考虑到定位的重点是对地震的空间位置的精确定位,为了消除(8-46)式中发震时刻未知量,周仕勇 1999 年引入设立参考台的思想。取定位台网中任一台站为参考台(不失一般性,取参考台号为 R),则由(8-46)式可导得

$$(T_{ij} - T_{Rj}) - (T_{im} - T_{Rm}) = L_j[\cos(S_{Rj})/V_{Rm} - \cos(S_{ij})/V_{im}], \qquad (8\text{-}47)$$

(8-47)式已消除了发震时刻未知量的影响。

当缺少近震中的台站时,因为直达波走时对震源深度变化不大敏感,为加强对震源深度解的约束,可以用 Pn 和 Sn 波到时专门确定震源深度。考虑主地震定位只与震源区附近的地壳结构有关,可采用单层水平层地壳模型近似。由 Pn 和 Sn 波走时方程可推得

$$\delta h_j = (V_{1P}\delta\Delta_{ji} - V_{1P}V_{2P}\delta T_{ji})/\sqrt{V_{2P}^2 - V_{1P}^2}, \qquad (8\text{-}48)$$

式中 δh_j 为待定地震 j 与主地震的震源深度差;$\delta\Delta_{ji}$ 为待定地震 j 到观测台 i 的震中距与主地震到观测台 i 的震中距差;δT_{ji} 为地震 j 与主地震的 Pn 波到观测台 i 的走时差;V_{1P} 为地壳层 P 波的平均速度;V_{2P} 为上地幔顶层 P 波速度。显然,很容易导出用 Sn 波测量的类同公式。

(8-48)式中不含未知的地壳厚度,消除了传统绝对定位方法中,因对地壳厚度设定不准确而造成的定位误差。但用(8-48)式计算震源深度,需读取较为准确的 Pn 波震相到时。

联立(8-47)及(8-48)式,与前面介绍的类似思想,可以构造目标函数,开展地震群的联合定位,这里不再重述。

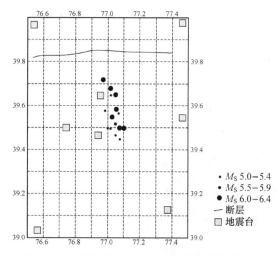

图 8.25 作者用主地震定位法,对 1997 年新疆伽师震群的重新定位

(发现 $M_S \geqslant 5$ 地震成明显的北北西右阶雁列分布,由此推断在伽师
震源区可能存在一北北西向的发震构造;据周仕勇等,2001[15])

8.5.6 双差定位法

双差定位法(double-difference location,DD 法)是 Waldhauser 和 Ellsworth 2000 年发表的一种精确定位方法[9],与主事件定位法(master event location)一样属于相对事件定位法,因此较大限度地消除了绝对定位方法中因所用速度结构模型的不确定性所造成的定位误差。

在双差定位法中,由相邻事件间的观测到时差与理论到时差的残差(双差)作为数据,结合走时方程,构造出反演的矩阵方程,求得地震定位参数的修正值。由于假设相邻足够近的事件的射线路径相互重合,当速度结构的变化尺度小于相邻两个事件的距离时,双差定位法就不能有效消除速度结构模型的不确定性的影响。2003 年张海江等[①]改进了 Waldhauser 提出的双差定位法,考虑了速度结构变化的影响,并增加了同时反演浅层速度结构的功能。人们将张海江的定位方法称为层析双差定位法(TomoDD)。主要原理如下:

基于射线理论的体波走时方程可以表示为

$$T_k^i = t^i + \int_i^k u\,\mathrm{d}s,$$

其中 T 代表到时,t 代表发震时刻,u 代表慢度,i 代表地震,k 代表台站。为了得到线性化的方程,采用一阶泰勒展开:

$$r_k^i = \sum_{l=1}^{3} \frac{\partial T_k^i}{\partial x_l^i} \Delta x_l^i + \Delta t^i + \int_i^k \delta u\,\mathrm{d}s, \tag{8-49}$$

其中 r 代表理论到时和观测到时的残差。把事件 i 和事件 j 的相应的方程(8-49)相减,就得到了构成反演矩阵的方程:

$$r_k^j - r_k^i = \sum_{l=1}^{3} \frac{\partial T_k^j}{\partial x_l^j} \Delta x_l^j + \Delta t^j + \int_j^k \delta u\,\mathrm{d}s - \sum_{l=1}^{3} \frac{\partial T_k^i}{\partial x_l^i} \Delta x_l^i - \Delta t^i - \int_i^k \delta u\,\mathrm{d}s. \tag{8-50}$$

将方程(8-50)右端中的积分离散化,就可以构造出以速度和震源参数的扰动作未知数、到时差残差(双差)作已知数据的反演矩阵方程。最终对由方程(8-50)得到的矩阵方程使用阻尼最小二乘反演方法求解。

Waldhauser 2000 年提出的双差法忽略了小区域内的速度变化项,即(8-50)式可退化为

$$r_k^j - r_k^i = \sum_{l=1}^{3} \frac{\partial T_k^j}{\partial x_l^j} \Delta x_l^j + \Delta t^j - \sum_{l=1}^{3} \frac{\partial T_k^i}{\partial x_l^i} \Delta x_l^i - \Delta t^i. \tag{8-51}$$

比较(8-50)与(8-51)式可以看到,层析双差定位的基本方程较原始的双差定位方程要复杂得多,需反演的参数也多得多。只有在获得更好的资料条件时,才可能较原双差法的定位结果有显著改善。图 8.26 是一个利用 TomoDD 法定位的实例。

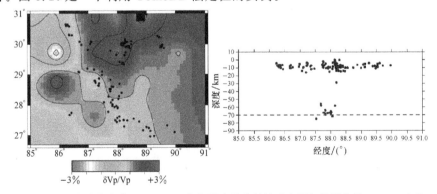

图 8.26 利用北京大学 2004—2005 年架设在藏南的流动台网记录所作的TomoDD 定位
(结果揭示:藏南地区存在两个明显的发震层,其中一个发震层在上地
幔顶部,支持"三明治"岩石层流变强度模型;姜明明,等,2009[13])

---

① Zhang,Thurber,2003[11].

8.5.7　震级测定

震级是表征地震强弱的量度,它与地震发生的时间和地点一起被称为是地震三要素。里克特 1935 年研究美国南加州地震活动时,发现在 $\lg A - \Delta$(A 为地震记录的最大振幅,用微米单位计量;Δ 是震中距)曲线图上,各次地震的振幅变化曲线大体彼此平行;任何两次大小不等的事件,它们的最大振幅对数之差与震中距无关(图 8.27)。据此提出计算震级的公式:

$$M = \lg A - \lg A_0 \tag{8-52}$$

式中 A 为待定震级的地震记录的最大振幅,A_0 为同一记录仪记录的标准地震(零级地震)的最大振幅。并定义,用标准地震仪(伍德-安德森地震仪,固有周期 0.8s,阻尼 0.8,静态放大倍数 2800),在震中距 100 km 处,两水平向记录最大振幅的平均值为 $1\mu m (10^{-3}\ mm)$ 时,相应地震的震级定为 0 级。

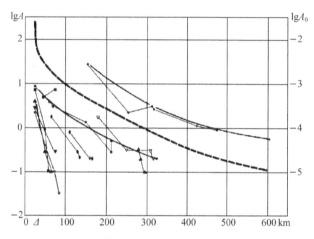

图 8.27　里克特近震震级定义的原始 $A\text{-}\Delta$ 曲线

(据美国南加州 1932 年 1 月的原始地震资料)

后来,在里克特震级定义的基础上又发展了基于不同测量标准的震级标度,可概括为以下三种主要标度:① 近震震级标度 M_L;② 面波震级标度 M_S;③ 体波震级标度 m_b。以上三种标度都属里克特震级系统,其计算公式如下:

$$M_L = \lg A + R(\Delta), \tag{8-53}$$

式中,A 为与地震记录最大振幅相应的地动位移(单位 μm),应取两个水平分量最大振幅的几何平均值计算,不过实际中常取两个水平分量最大振幅的算术平均值;$R(\Delta)$ 称为量规函数,与震中距 Δ 有正变关系,并与记录仪类型有关。图 8.28 给出的是用标尺测量计算里氏震级 M_L 的图例。

$$M_S = \lg\left(\frac{A}{T}\right)_{\max} + c_1\lg(\Delta) + c_2, \tag{8-54}$$

式中 A 为地震记录的最大面波振幅的地动位移(μm,一般取瑞利波两个水平分量最大合成位移),T 为相应周期(秒)。

$$m_b = \lg\left(\frac{A}{T}\right)_{\max} + Q(\Delta, h), \tag{8-55}$$

式中 A/T 为记录的最大体波振幅(μm)及相应周期(秒),$Q(\Delta, h)$ 为震级起算函数,也称量规函数,是震中距 Δ 和震源深度 h 的函数。

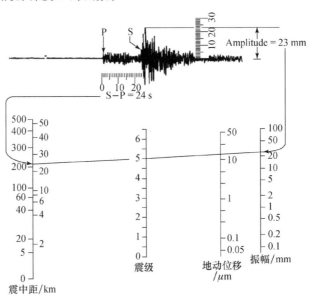

图 8.28 用标尺测量计算里氏震级 M_L 的图例(据 Bormann,有修改,2002)
① 用标尺量出 P 波和 S 波的到时差(如图中 24s),用虚波速度法算出震中距(如图:$24 \times 8 = 192$ km);② 量出地震图上波的最大振幅(如图中 23 mm),根据仪器放大倍数(假设为 2000),将其换算成真实地动位移(如图中 11.5 μm);③ 将测量的震中距点与地动位移点连接成直线,其在震级标尺上的交点即为所测震级。

对同一地震采用不同的震级标度测量,测量值是不同的。为了统一,在各种震级标度间建立了用于换算的一系列经验公式。此外,对于特大型地震,用里氏系列的震级标度测量将出现"饱和"问题。因此,作为一种新趋势,国际上从 20 世纪 70 年代开始用世界数字化台网测量地震矩张量和标量地震矩 M_0(M_0 单位为 N·m),金森博雄[①]提出了震矩级标度 M_W 的计算公式如下:

$$M_W = \frac{2}{3}\lg M_0 - 6.07,\qquad(8\text{-}56)$$

由于地震波受能量辐射花样的方位性,地震波传播路径的影响、记录台台基效应的影响等,不同台测定同一地震的震级值会有所不同,这是正常的。震级是表征地震强弱的量度,但震级的测量精度是有限的。

8.6 P 波初动测定震源机制(断层面解)

地震断层通常用断层的走向 φ_S、倾角 δ 和滑动角 λ 三个参数来描述(参见第 6 章,图 6.14)。按目前国际上常用的描述方法,这些参数的定义是:

走向 φ_S 断层面与水平面交线的方向,但此交线有两个方向,为唯一确定起见,按以下原则确定其中之一为断层的走向:人沿走向看去,断层上盘在右。走向用从正北顺时针量至走向方向的角度 φ_S 来表示,$0° \leqslant \varphi_S < 360°$。

---

① Kanamori H,1977. J Geophys Res,82(20):2981—2987.

倾角 δ　断层面与水平面的夹角。0°<δ≤90°。

滑动角 λ　在断层面上量度,从走向方向逆时针量至滑动方向的角度为正,顺时针量至滑动方向的角度为负。滑动方向指断层上盘相对于下盘的运动方向。−180°<λ≤180°。

走向 φ_S 和倾角 δ 是断层的几何参数,二者规定了断层的产状;滑动角 λ 是断层的运动学参数,由这一参数的具体数值,即可描述断层的各种运动类型。例如:λ≈0°表示左旋走滑断层(断层水平错动,人在断层一侧面对断层,另一侧向左错动);λ≈±180°表示右旋走滑断层(断层水平错动,人在断层一侧面对断层,另一侧向右错动);λ≈+90°表示逆断层,λ≈−90°表示正断层。需要指出的是:实际发震断层的破裂,其滑动角大多数不会正好为 0°,±90°或±180°。因此实际震源机制多是倾滑和走滑混合型的。我们习惯规定:−45°≤λ≤45°或135°≤λ≤180°或−180°≤λ≤−135°称为走滑机制(strike-slip faulting),其中λ>0 称带逆冲分量的走滑破裂,λ<0 为带正断层分量的走滑破裂。45°<λ<135°,称为逆断层(thrust faulting)或带走滑分量的逆断层。−135°<λ<−45°,称为正断层(normal faulting)或带走滑分量的正断层。

由第 6 章 6.5 节学习的关于力偶源产生激发的远场地震波的辐射花样(参见 6-89 式和图 6.10),可写出纯剪切位错点源,在如图 8.29(a)所示的震源坐标系中,其 P 波振幅相对大小的方位分布用下式表示:

$$\Lambda_P(\theta,\varphi) = \sin\theta\sin2\varphi. \tag{8-57}$$

(8-57)式显示出震源球被 P 波初动分割成了"+"(初动向上)、"−"(初动向下)区的四象限,每一个象限内 P 波的初动符号都是一致的:"+"区为介质受初动波向震源外的挤压区,该区内的垂直向地震仪所记录的是向上的初动;"−"区为介质受初动波向震源的拉张区,该区内的垂直向地震仪记录的是向下的初动。

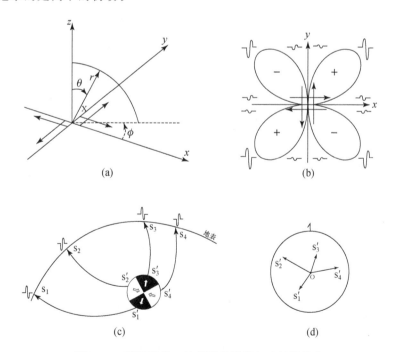

图 8.29　剪切源的 P 波辐射花样及初动极性分布
黑区初动向上"+",白区初动向下"−"

　　震源球是以震源为球心的虚拟球,震源球的"＋""－"区的交界面称为节面,断层面是这两个正交的节面中的一个。震源球上象限的分布及节面的位置取决于发震断层的走向与断面错(滑)动方向。(8-57)式显示出节面上的远震 P 波位移为零,发震断层位于这两个节面之一上。因此,由地震在震源球上产生的 P 波初动的四象限分布图像可以找出地震的破裂面走向、倾角及滑动角,称之为断层面解,也有人将其称之为震源机制解。

　　震源机制解除了可以用上述 P 波的初动极性四象限分布特性求解外,还可以利用辐射花样四象限分布特性求解(称振幅比方法,本书限于篇幅不作介绍),还可以通过波形拟合反演矩张量求解(参见第 7 章 7.2 节)。但根据 P 波初动方向的观测资料来求解是最早的、也是最简单的方法,尤其在缺少数字记录的 20 世纪 80 年代之前,所发表的震源机制解基本上都是 P 波的初动解。用 P 波初动求解震源机制的原理如下:

　　观测台地震仪垂直向记录的初至 P 波的振动方向,有的向上,即挤压波,记为"＋",有的向下,即拉伸波,记为"－"。由于介质速度结构的影响,从震源发出的 P 波一般不是沿直线到达每个台站 $S_i(i=1,2,\cdots)$ 的,如图 8.19 所示意表达的。求震源机制解时,需根据已知的速度结构推算出到达每个台站 S_i 的 P 波从震源处是沿什么方位 S_i' 发出的,即需要将台站 S_i 的记录标在震源球面的相应位置 S_i' 上去。震源球面是包围震源的一个小虚拟球面 S,要求球面内的射线不再发生任何弯曲[图 8.29(d)]。若将每个台站 S_i 所记录到的 P 波初动方向都标在震源球面上的相应位置 S_i' 上去后,人们发现,对于天然构造地震,只要记录足够多,并且 S_i' 在球面上的分布范围足够广,则可以找到过球面中心的两个互相垂直的平面,将震源球面上的正、负号分成四个象限,这两个平面就是上述的双力偶震源的两个节平面。找到两个节平面的空间位置后,震源坐标架的 x、y、z 轴和 P、T 轴的空间方位也就知道了。上述求解过程如今是通过计算机来实现的。

　　震源机制解通常是通过给出震源参数和用图示来表达。作为一例,表 8.3 给出 2001 年 11 月 14 日中国昆仑山 $M_S8.1$ 地震的震源机制解的参数表达(哈佛大学测定)。力轴的方位 (A_z) 从正北顺时针量度,倾角 (P_L) 为力轴从水平面向下倾的角度。表中的 12 个参数中,只有 3 个是独立的,根据其中的任意 3 个,例如节面 I 或节面 II 的 3 个参数,或是 P 轴的两个参数加 T 轴的一个参数等,可以计算出其他参数来。

表 8.3　2001 年 11 月 14 日中国昆仑山 $M_S8.1$ 地震初始破裂的震源机制解

节面 I			节面 II			P 轴		T 轴		N 轴	
φ_s	δ	λ	φ_s	δ	λ	A_z	P_L	A_z	P_L	A_z	P_L
96°	54°	−7°	190°	84°	−144°	59°	29°	318°	20°	198°	54°

　　φ_s—走向,δ—倾角,λ—滑动角;A_z—方位角,P_L—倾角。

　　将震源球面上表示的数据和震源机制解结果用图示法表达出来时,需要借助于某种将球面上的点与平面上的点一一对应起来的投影法。1902 年俄国科学家乌尔夫(Wulff)提出了乌尔夫网投影(图 8.30),也叫赤平极射投影法,苏联的地震学家首先将其用于震源机制解的研究中。该投影法选择震源球过球心的水平大圆面(也可以是其他过球心的某个大圆面,见图 8.31)作为投影面,投影点为与大圆面相对的极点。一般只用半个球面的投影,震源机制解表达通常用下半震源球面在水平大圆面上的投影,这时投影点为震源球面的上极点 z'。若某射线 P 穿过下半球面的 Q 点到达台站,则其在投影图上的投影点为 Q'。如果某射线从震源向上发出,穿过震源球面上的 R 点到达台站 S_i[图 8.31(a)],可将射线经震源 O 向反方向延伸至震源球面上 R 的对蹠点 R_1,用 R_1 在投影平面上的投影 R_1' 来代替 R 的投影[图 8.31(b)]。从双力偶点源地震波辐射的空间对称性考虑,这样做是可以的。

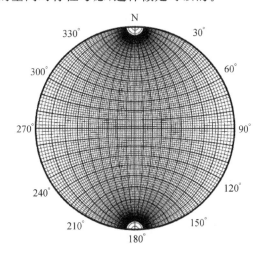

图 8.30　Wulff 投影网

球面上的 Q 点的空间方位是由过该点矢径的方位角 A_z 和离源角 i_h 确定的,Q 在投影网上的投影点 Q' 的位置也是通过这两个角度来确定的(图 8.31(b)(c)),A_z 从网的正北标记顺时针量($0° \sim 360°$),与 i_h 对应的线段 OQ' 的长度 d 根据投影规则定。对乌尔夫投影,如图 8.31(b) 所示,将大圆的半径长度看成为 1,$d = \tan(i_h/2)$。乌尔夫投影是一种等角投影,球面上曲线的交角投影到平面上后保持不变,球面上的圆投影到平面上后仍是一个圆。该投影关系简单,但在表示球面上的图形时,网心部分常过于集中,边缘部分则较稀疏。施密特投影是一种等面积投影,球面上面积相等的区域投影到平面上后仍保持面积相等。用该投影,网上的图形分布相对比较均匀。

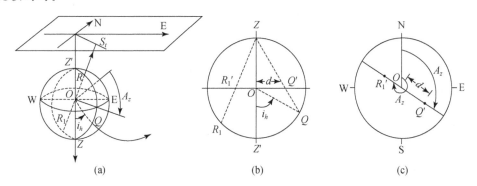

图 8.31　球面上的点与平面上的点一一对应起来的乌尔夫网投影法

下面我们进一步说明如何在投影网上表达震源机制解的节平面和力轴。如图 8.32(a) 所示,过震源球心的直立大圆面 ABC 在网上的投影是过网心的直线 $AB'C$。与大圆面 ABC 走向相同、但倾斜的大圆面 ADC(其中$\angle AOG = 90°$,倾角$\angle GOD = \delta$)在网上的投影是 $AD'C$,网上 $D'G$ 线段的长短表示倾角 δ 的大小[图 8.32(a)右图]。当倾角等于 $0°$ 时,$D'G$ 线段的长度将等于零,D' 点将与网边点 G 重合,即过网边的圆弧表示水平的节平面。倾角愈大,线段 $D'G$ 愈长,投影圆弧的曲率愈小。任一力轴 OQ [图 8.32(b)]在空间表示为一单位长度的向量,在震源球面上可用该矢量方向在球面上出头点的位置 Q 来表示,Q 在乌尔夫投影网上的点 Q' 是根据 OQ 轴的方位角 A_z 和下倾角 P_L 确定的。A_z 是力轴下倾方向的水平投影的方位角,从正北顺时针量度,取值范围为 $0°\sim360°$。P_L 是力轴下倾方向与水平面的夹角,在投影网上用线段 $Q'R$ 的长短来表示,也是线段愈长,表示倾角愈大。

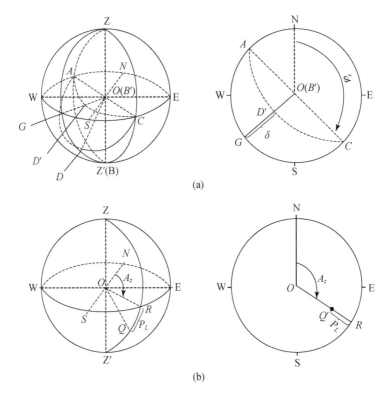

图 8.32 节平面(a)和力轴(b)在投影网上的表示

用乌尔夫网开展震源机制测定的基本流程如下:

(1)搜集台网记录的 P 波初动资料,向上为"+",向下记为"—"。

(2)根据震源与台站的位置坐标计算台站相对震源的方位角 A_z 及台站记录的 P 波射线离源角 i_h。

(3)取透明纸盖在乌尔夫网上,在纸上作网心及"北"的标记。

① 自"北"沿网边数出 P 台的台站方位角 A_z,标记 P,转动纸使 P 与乌尔夫网 E 点重合。当 $i_h < 90$ 度时,从网心向 E 数 i_h 角度数所到达的即为台站 P 在乌尔夫网上的投影点[图8.33(a)],当 $i_h > 90°$ 时,由 W 点向网心数 $i_h - 90°$ 所到达的即为台站 P 在乌尔夫网上的投影点。在投影点标出该台记录初动符号[图8.33(b)]。由此不难看出,由网心向外数的距离表达的是射线的离源角,亦即震中距。同震中距不同方位的台投影在乌尔夫网上的同心圆上。

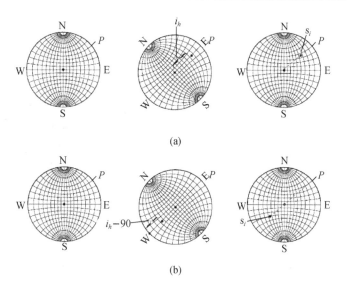

图 8.33　将不同震中距和方位角的地震台记录的 P 波初动符号标在乌尔夫网上

② 将台网记录的所有初动符号投影到乌尔夫网上后。转动纸,利用乌尔夫网的经线画出两条正交的大圆弧将它们分成正负相间的区域,这两条弧就是震源机制的两个节面在地球面的出露(两条节线)。由于节面是正交的,所以两条大弧要正交,正交的标志是,一大圆弧的极点(大圆弧中垂线与垂足相距 90°的点,可以将大圆弧转到一条经线上,从弧与横轴的交点沿横轴向网心数 90°的角度数,即为其极点)必须落在另一条大弧上(图 8.34)。

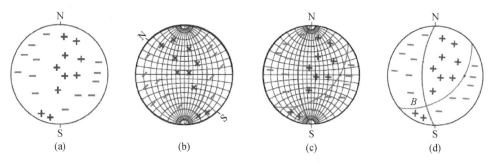

图 8.34　震源机制的初动解作图步骤

③ 将纸的北标记与乌尔夫网的 N 标记对正,弧朝上看,弧左面的点在乌尔夫网的标度为该对应节面的走向(下半球投影)。转动纸,将弧与乌尔夫网的某一经线重合,弧顶点与网边的距离表示的角度即为该节面的倾角。

④ 两节线弧的交点 N_0 记为 B,表达的是两节面的交线,称为零轴,有时也记为 N 轴。B 与网边的距离为 B 轴的仰角,$O\text{-}B$ 与网边的交点 n_0 与 N 的交角是 B 轴的方位角(图 8.35)。

⑤ 从 B 点出发,沿两条大弧分别数 90 度,分别得到 X 点及 Y 点。延长 OX,OY 与网边分别并 X',X_c,Y',Y_c。直线 $X'X_c$ 与相应大弧走向有夹角 $\angle X'OA$ 与 $\angle AOX_c$;直线 $Y'Y_c$ 与相应大弧走向有夹角 $\angle Y'OC$ 与 $\angle COY_c$。如果网心处于"+"区,即震源机制带逆冲破裂分量,滑动角>0,则取网边弧 $X'A$ 为滑动角(逆时针为正),反之取 AX_c。对节面 C 同方法确定滑动

角(图 8.35)。

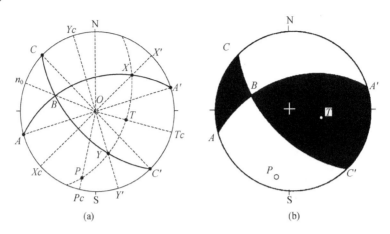

图 8.35　(a) 断层面参数及力轴的图解；(b) 震源机制解图解

⑥ 转动纸,将 X,Y 两点落到一条大弧上,沿该大弧,从 X(或 Y)点出发数 45°及 90°,并将这两点标记。位于"+"区(压缩区)的点标为"T",位于"−"区(拉张区)的点标为"P"。"T"与"P"点与网边的距离分别是 T 轴(张力轴)与 P 轴(压力轴)的仰角,OP、OT 与网边的交点与 N 的交角分别是 P 轴与 T 轴的方位角。

(4) 如表8.3,列出上述测量结果,将图 8.35 节线分割出的压缩区(即 P 波初动"+"区)涂成深色[如图 8.35(b)],即得所测震源机制解。

由于震中总是处于断层的上盘,而震中在乌尔夫网上的投影是在圆心。因此乌尔夫网投影图的圆心如果处于"+"区,说明断层上盘相对下盘存在向上运动的分量,即为逆断层(或带逆冲分量)地震。反之,投影图的圆心如果处于"−"区,说明断层上盘相对下盘存在向下运动的分量,即为正断层(或带正倾分量)地震。

8.7　地震活动性分析

8.7.1　地震的时空分布图像特征

地震活动性分析包括研究地震的空间分布图像和时间演化规律两方面的内容。地震是新构造运动的宏观表现,地震的空间分布图像包含着地壳和上地幔不均匀性及新构造运动的信息。从中国地震活动震中分布图中,可以看到80%以上的地震分布在主要活动构造带上。张培震等的研究[16]指出:有历史记录至 2005 年,中国大陆发生的 119 次 7 级以上地震,有 104 次发生在活动地块边界上,充分说明地震是新构造运动的一种形式,强震的发生地点与构造活动是密切相关的。

地震的时间序列图像和时空迁移特征是地震危险性预测的重要课题。

1974 年 Mogi 研究全球各重要地震带地震活动的时-空变化,发现在某些地震带上,大地震有明显的迁移现象。张国民通过对中国大陆的历史强震活动的系统研究,提出了强震的成组孕育与发生的观点。我国力学家王仁通过对华北 700 年历史强震时-空演化图像的有限元模拟,定量分析了强震发生的关联性,指出一地区强震的发生对相邻构造区的强震活动存在影响。尽管对强震成组孕育与发生是否具有普遍性,其物理机理是什么,迄今仍没有被普遍接受的看法,但不同学者对强震成组发生的原因的解释可能有如下 3 个:

(1) 由于地壳岩层的破裂是顺序发生的,一个大地震可能发生在上次地震破裂带的邻近,表现出地震成组孕育与发生的现象。

(2) 大地震的发生必然扰动相邻构造区的应力场,从而可能使相邻构造上库仑应力增加,触发或促进邻近下个大地震的发生。

(3) 如果作用的应力随时间增加,应力水平沿构造带连续变化,地震可能相继发生。

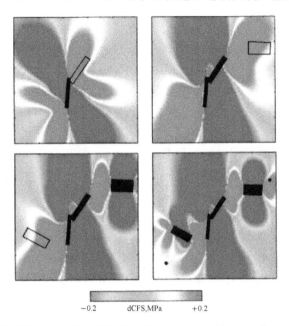

图 8.36 通过计算从唐山系列主要地震产生的库仑应力变化研究震源区地震间的相互作用
(黑区标记发震断层在地表的投影;据 Robinson & Zhou 计算,2005)

8.7.2 标度律

统计研究表明,地震的许多相互独立的震源参数或断层参数之间存在较强的统计相关性,从而可以相互估计与预测。这种相关性称为标度律(scaling law)。用统计学方法,寻找地震学中的标度律,从而进一步探索这类标度背后的物理机理,也是震源物理研究的重要途径。

地震学中的第一个标度律是日本地震学家大森房吉 1894 年发表在东京大学学报的余震衰减律(称为 Omori law),其表达如下:

$$n(t) = \frac{n_0}{t+c},\qquad(8\text{-}58)$$

式中 t 是大震发生后的时间;$n(t)$ 是大震发生后 t 时刻震源区余震活动的频次(单位时间的地震数);n_0 和 c 为序列常数,因余震序列不同可能不同。

1961 年日本地震学家宇津德治(Tokuji Utsu)将(8-58)式修正为

$$n(t) = \frac{n_0}{(t+c)^p}.\qquad(8\text{-}59)$$

(8-59)式称为大森-宇津定律。与(8-58)式比较,(8-59)式多了一个幂参数 p,因而预测与资料可能拟合得更好。但从统计学理论上说,模型的优劣并不能仅仅从与资料拟合的程度上作判断,数学上可以完全证明,只要模型有足够多的待定参量,模型的理论预测就可能与资料无穷逼近。因此靠增加模型参量提高对资料的拟合程度,这样的修正不一定具有统计意义。比较模型的优劣需要用 AIC(akaike informational criterion)准则判断,AIC 准则表达如下

$$AIC = -2\lg\hat{L} + 2k, \tag{8-60}$$

式中 $\lg\hat{L}$ 是给定模型的对数似然函数的最大值(观测资料在模型预测中出现的最可几概率),k 为模型参数的个数。比较不同的模型与资料的符合程度,小 AIC 值所对应的模型较优。通过大量余震观测资料的 AIC 统计检验,Omori-Utsu 律被接受为更好的余震衰减模型。Omori-Utsu 律被认为是现代地震学诞生百年来,两个最无争议的地震学标度律中的一个。1988 年 Dieterich J H 应用他提出的速率-状态型摩擦理论说明了 Omori-Utsu 余震频度衰减模型的合理性。

地震学中另一个被广泛接受的标度律是 Gutenberg 和 Richter-1944 年提出的震级频度统计关系:

$$\lg[N(M)] = a - bM, \tag{8-61}$$

式中 M 是震级,$N(M)$ 为一定地区一定时间范围内发生的震级大于等于 M 的地震数。

后来,随着地震观测资料的不断积累,不少人提出了许多不同的标度律。例如地震震级与地震尾波持续时间的相关关系;地震震级与震源破裂尺度的相关关系;地震震级与余震区面积的相关关系;地震震级与断层面平均位错的相关关系;断层面破裂长度与宽度的相关关系,等。

1975 年 Kanamori 发表了地震矩 M_0 与震源破裂面积 S 的相关关系图,拟合公式为

$$\lg M_0 = \frac{3}{2}\lg S + c, \tag{8-62}$$

式中 c 是常数。对(8-62)式的物理解释,可以由地震应力降 $\Delta\sigma$ 与应变降 $\Delta\varepsilon$ 的下列关系推导:

$$\Delta\sigma = \mu\Delta\varepsilon \propto \mu\frac{\overline{D}}{\sqrt{S}}, \tag{8-63}$$

式中 $\overline{D}$ 是平均位错。由地震矩 M_0 的定义,有

$$M_0 = \mu\overline{D}S \propto S^{3/2} \cdot \Delta\sigma, \tag{8-64}$$

则有
$$\lg M_0 = \frac{3}{2}\lg S + c(\Delta\sigma). \tag{8-65}$$

大量观测显示(8-65)式中的 c 是个基本上与地震矩大小无关的区域性常量。这意味着震源破裂产生的应力降与地震的大小基本无关。这个结论在物理上是可以接受的,因为应力降反映的是震源破裂面上介质在破裂前后应力状态的变化。破裂前断层面上的应力由介质的剪切强度决定,破裂后断层面上的应力由震源区环境平衡应力决定,显然这两者都是独立于震源体的大小的。1975 年 Kanamori 发表的这一结论被后面通过对多个地震的应力降的独立测量所建立的震级与应力降的统计关系所证实。大量地震的应力降测量结果的统计研究表明,地震的应力降与震级大小无明显相关关系(对中等以上地震更是如此),地震的应力降与震源机制、地震发生的构造背景存在相关。一般而言,正断层地震的应力降相对较小;内陆挤压区发

生的地震的应力降大于拉张区(如地堑区)和板缘区地震的应力降。这在物理上也是可以接受的。

8.7.3 自相似性

相似性的概念来源于初等几何中的相似三角形。自然界的一切图形大体可分为两种：一种是具有特征尺度的图形，如球、正方体、椭圆等，可以用一个或一组特征参量简单描述；另一种是不具有特征尺度的图形，如山脉、海岸线等。自然界中更多的图形是属于后者，对它们的描述与研究直到美国数学家 Mandelbrot 在 20 世纪 70 年代前后提出分形(fractal)和分数维的概念后，方得到迅速发展。1967 年 Mandelbrot 发表了 *How long is the coast of Britain? Statistical Self-Similarity and Fractional Dimension* 的论文，首次提出了如何刻画复杂几何图像的问题，并提出了统计自相似和分数维的概念。Mandelbrot 刻画复杂图像的思想在 20 世纪 80 年代开始得到主流数学界的认可，并被物理学界、化学界、生物学界、地学界等其他研究领域所广泛接受，得到了迅速的发展与应用。为了让大家更容易地认清自相似(self-similarity)和分形的概念，我们简单回顾一下关于维数的定义。

图 8.37 展示的是 Koch 曲线和 Cantor 点集。这类图像的一个重要性质是自相似性。即若把要考虑的图形的一部分放大，其形状与整体相同。显然测量 Koch 曲线的长度或 Cantor 点集的点数在传统几何学中是个棘手的问题。

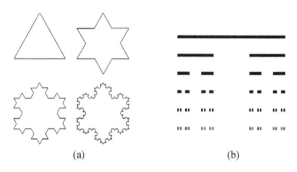

图 8.37　Koch 曲线(a)和 Cantor 点集(b)

根据相似性，我们再看看维数的定义。如图 8.38 所示，分别是一条单位长度的线段、单位面积的正方形和单位体积的立方体。如果我们将边二等分，则线段变成 2 个、正方形出现 4 个、立方体出现 8 个。也就是说，线段、正方形及立方体可被看成分别由 2^1、2^2、2^3 个把全体分成 $1/2$ 的相似体组成。可见，维数可以定义为

$$D = \frac{\lg[N(\varepsilon)]}{\lg[1/\varepsilon]},\tag{8-66}$$

或
$$N(\varepsilon) \propto \varepsilon^{-D}.\tag{8-67}$$

式中，ε 为测量标尺长度；$N(\varepsilon)$ 为以 ε 为标尺时所测量的相似体的个数。

根据(8-66)式的维数定义，我们也可以计算 Koch 曲线和 Cantor 点集的维数分别为

$$D = \frac{\lg 4}{\lg 3} = 1.2618 \quad 和 \quad D = \frac{\lg 2}{\lg 3} = 0.6309$$

我们理解了 Koch 曲线的长度是不可测量的，也找到了描述这类复杂图像的方法——分

数维。现在我们知道如何回答 Mandelbrot 提出的经典问题：海岸线有多长？

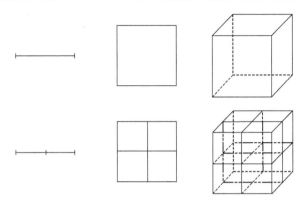

图 8.38　维数定义与测量

分形几何及分数维的思想和概念在 20 世纪 80 年代对其他自然学科都产生了重要的影响。有许多科学家从各自研究的领域都发现并发表了一系列具有自相似性(或统计自相似)的复杂现象。在地球物理学中,最早发表的是关于断层的长度分布具有分形特征的报道。

根据(8-62)式,有

$$M_0 \propto S^{3/2} \propto r^3, \tag{8-68}$$

式中 r 是断层面的等效圆半径。因为地震矩与地震震级间具有如下统计关系：

$$\lg M_0 = 1.5M + 9.05. \tag{8-69}$$

将(8-68)、(8-69)式代入 G-R 律(8-61)式,不难推得

$$N(r) \propto r^{-2b} \tag{8-70}$$

与(8-67)式比较,不难得到断层的长度分布具有分形特征,且其分维数为 b 值的 2 倍。这在当时被认为是具有重要意义的结论。

不久,地震能量分布,地震在空间上的分布图像,地震在时间轴上的点集分布图像也认为具有统计自相似性,可以用分数维描述。同时关于分数维的定义和计算方法也在不但扩大,有容量维、信息维及多维(或高维)等,并试图用小震的分维数变化预测强震。那个时候,分形的概念有被过度应用之嫌。

分形作为描述复杂现象和过程的简单数学工具,对研究复杂图像中的规律性有很大帮助,理所当然地受到重视。然而一切新理论的引进与应用,需要注意寻找坚实的物理理论支持和严格的数学证伪。分形理论在地球科学中的应用也应不例外。

8.8　地震预测问题的讨论

地震预测必须指明即将发生地震的地点、时间和震级大小,并且要有一定的精度。

世界上,早就有人提出过地震预测问题了。1906 年美国西海岸发生了旧金山大地震,1909 年美国地质学家 G K Gilbert 就在 *Scinece* 杂志上(Vol.29, No.734)发表了题为"地震预报"的文章。文中指出,天气曾被视为神灵所操纵,而现今(当时)已可通过科学来预测了;地震也同样曾是笼罩在神秘之中,而现今文明世界的人们期待着科学预测地震时代的到来。

日本 1946 年就提出了关于地震预测的方案(上田诚也,日本的地震预测. 国际地震动态,

2014(2):1—10），1965 年开始的第一个地震研究 5 年计划就命名为"地震预测研究计划"。中国地球物理学家傅承义 1956 年在"科技长远规划"中率先提出在我国开展地震预报研究工作的规划；在 1966 年 3 月发生的河北邢台强烈地震后中国开始了大规模的地震预测研究。

在世界多国开展了地震预测研究和预报实践后，20 世纪 70 年代，科学家们的情绪显得乐观，比如，出现了岩石的扩容－膨胀理论，预期大地震前可能出现多种"前兆"。中国地震工作者根据序列性的直接前震对 1975 年 2 月 4 日海城 7.3 级地震的成功临震预报，使人们见到了地震预测的曙光。但是 1976 年中国唐山 7.8 级的特大灾难性地震未能预报，又使人们对地震预报产生怀疑。

事实上，对地震是否能预测，一直存在着争论。有人相信强烈的地震发生前，总该有些前兆反应，只是要解决如何才能观测到的问题。也有人认为地震是不能预测的，例如，1979 年美国 James N Brune(J Geophys Res，84(B5):2159—2198)提出：大地震由小地震所发动，小地震依次由次级的小地震发动，由此推断地震的固有属性是不能预测强地震的，因为无法确定地震的震级大小。

Brune 的观点当时并没受到多少人的关注。直到 20 世纪末，科学家对地震预测研究经历了近 30 年的探索仍几无所获；特别是 1995 年在日本地震监测台网最密集的关中地区发生了阪神 7.2 级地震而没有捕捉到任何前兆，越来越多的人开始怀疑地震预测的可能性了。1997 年，美国学者 Geller 等(1997. Earthquake cannot be predicted, Science，275(5306):1616—1617)提出地震具有典型的分形结构，不存在一个特征的长度标度，是一种自组织临界现象，这种现象具有内禀的不可预测性，所以地震是不可预测的。不过，也有人认为，分型结构模型是不能用来分析由大型地球结构控制的特别大的地震的。

关于地震预测的争论至今仍在持续。多数地震研究者的观点是，地震预测虽然很难，我们还是要不断地探索。

地震预测按时间尺度大体可分为：长期（即预测特定地区未来几十年内发生某强度以上地震动的危险性）、中期（预测未来 1 年至几年内发生某震级以上地震的可能地点）、短期（预测未来几个月至几星期内发生某震级以上地震的可能性）及临震（预测近几天或更短时间内即将发生强地震的可能性）预测 4 种。

在地震预测研究领域，为工程建设服务的长期地震预测已经为人类的防震减灾事业做出了重要贡献。现在，世界上有中强以上地震发生的国家一般都要编制和发布国家的地震区划图，该图给出几十年内预期的全国各地的地震危险性和地震动强烈程度的定量区域划分，为国土利用、城市规划、建筑物和工程设施的抗震设防提供科学依据。中国于 1957 年首次发布了全国地震烈度区划图，后来于 1977 年、1990 年、2001 年和 2015 年陆续发布了不断更新的全国地震区划图。这些图是作为防震减灾的国家标准发布的，建设部门必须按区划图的要求进行抗震设防。许多在地震区的调查结果表明，凡是进行了抗震设计的建筑，即使震时有些损坏，但一般都不会倒塌，不致造成人员伤亡。

在强地震发生地点的中期预测方面，中国学者搜索到了一些经验性的预测标志。例如，注意到强地震常发生在地震活动带的"空段"上，或发生在地震活跃动区域的某个"空区"内。一个具体例子是张国民等(2007)回溯性地指出 20 世纪 70 年代我国地震学者分析中国大陆地震空间分布图像时，注意到了 1976 年 5 月 29 日云南龙陵 7.4 级地震和 1976 年 7 月 28 日河北唐山 7.8 级地震前的地震活动空区（图 8.39）。不过，迄今我国还没有用"空区"标志预报过大地震的实例。

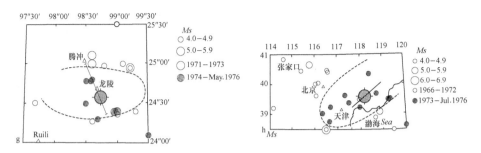

图8.39　云南龙陵7.4级地震和河北唐山7.8级地震发生前的地震空区
（据张国民等，2001[17]）

2008年5月12日四川汶川8.0大地震发生后，张培震等（2008，地球物理学报，51（4）：1066—1073）分析了震前的GPS测量资料，发现发生大地震的龙门山断裂带震前是处于闭锁状态的。这为用形变观测探讨大地震的中期预测途径提供一种线索。

美国学者在加州帕克菲尔德地震实验场进行的试验研究提供了令人关注的地震中期预报实例。20世纪70年代末美国学者注意到，从1857年以来，美国西部圣安德列斯大断层在加州帕克菲尔德镇的一段上大约每隔22年就会发生一次6级左右的地震，最后一次是1966年。那么，下一次会不会在1988年左右发生呢？再考虑到前面各次地震的波形记录都十分相似，于是美国地质调查局（USGS）于1985年4月5日向政府及公众发出通告：自即日起至1993年间，帕克菲尔德地区有超过90％的可能性发生一次5.5～6级的地震。

发出预报后，预期的地震迟迟未来，最终直到2004年10月5日才发生了一次6级地震，此震与帕克菲尔德地区1966年的6级地震相隔38年之久。原预期这次地震会发生在断层段的北端，实际是发生在没有料到的南端了。但不管怎样，预报的地震最后总算是来了。这次地震的预报试验使人们认识到，地震预测、预报的确不是件容易的事情。

大地震发生时间的短临预测是世界上尚未解决的难题。

迄今唯一成功的实例是中国海城地震的果断预报。1975年2月4日19时36分发生的辽宁海城7.3级地震前，中国地震工作者根据主震前3天内发生的频度和强度不断增加的前震序列，确实向政府提出了临震预测意见。政府也确实发布了预报，并疏散了群众，显著减少了人员伤亡。这是世界上强地震临震预报的首次突破。不过，海城地震预报是经验性预报的成功。海城地震以后的几十年来，世界上一直未出现过类似的第二次成功预报。这说明人们对大地震的发生原因还缺乏规律性的科学认识。实现大地震的物理预测，仍是地震研究者面临的一项艰巨任务。

本书的结尾，我们列出过去100年发生在我国死亡数超过5万人的地震。期望以此鞭策我国地震工作者，不可因为困难而放弃人民寄予我们的科学使命。

过去100年在我国发生的死亡人数在5万以上的地震有：1920年发生在宁夏海原的8.5级地震，死亡23余万人；1976年发生在河北唐山7.8级地震，死亡24万余人；2008年发生在四川龙门山断裂带上的汶川8.0级地震，死亡8万余人。地震是伤亡人数最多、最惨烈的自然灾害。

思 考 题

1. 证明(8-19)和(8-20)式,并说明如何区分从一条位移地震图所转换得到的速度图和加速度图的区别。

2. 考虑 8.1.4 节中所给出的 BJI 台传递函数是如何构成的,并画出其函数曲线,指出频带宽度,说明仪器的类型。

3. 在如右下半震源球的等面积投影图上,表示出双力偶点源震源机制解的以下节平面和力轴的位置(角度表示大致准确即可):

(1) 走向 45°、倾角 85°的节面 I ;

(2) 走向 315°、倾角 45°的节面 II ;

(3) 方位角 270°、倾角 10°的 P 轴(画个小空圈);

(4) 方位角 170°、倾角 5°的 T 轴(画个小黑点)。

4. 研究表明 2008 年汶川 $M_S 8.0$ 地震是龙门山断裂沿北 40°东方向单侧破裂的结果。简要绘出该地震 P 波及 S 波辐射草图,各个方向的地震台测量的该地震的震级会出现哪些差异? 为什么?

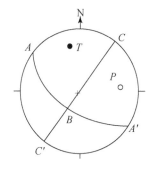

5. 左图是地震的两个节平面 ABA' 及 CBC' 在下半震源球等面积投影网上的表示。若 ABA' 是断层面时,则该断层的类型是

(1) 右旋走滑;

(2) 左旋走滑;

(3) 正断层;

(4) 逆断层。

参考文献

[1] Bormann P. 2002. New Manual of seismological observatory practice(NMSOP). Geo-Forschungs-Zentrum Potsdam.

[2] Crosson R S. 1976. Crustal structure modeling of earthquake data 1. Simultaneous least squares estimation of hypocenter and velocity parameters. J Geophys Res, 81(17): 3036—3046.

[3] Gutenberg B, Richter C F. 1944. Frequency of earthquakes in California. BullSeis SocAm,34(4): 185—188.

[4] Kanamori H, Anderson D L. 1975. Theoretical basis of some empirical relations in seismology. Bull Seis Soc Am, 65 (5): 1073—1095.

[5] Liang X, Zhou S, Chen Y J, et al. 2008. Earthquake distribution in southern Tibet and its tectonic implications. J Geophys Res,113(B12), B12409, 1—11.

[6] Ogata Y. 1988. Statistical models for earthquake occurrences and residual analysis for point processes. Journal of the American Statistical Association,83(83): 9—27.

[7] Robinson R, Zhou S. 2005. Stress interactions within the Tangshan, China, earthquake sequence of 1976. Bull Seis Soc Am, 95(6): 2501—2505.

[8] UtsuT. 1961. A statistical study on the occurrence of aftershocks. Geophysical Magazine,30: 521—605.

[9] Waldhauser F, Ellsworth W. 2000. A double-difference earthquake location algorithm: method and application to the northern hayward fault, california. Bull Seis Soc Am,90(6): 1353—1368.

[10] Wang K，Chen QF，et al. 2006. Predicting the 1975 Haicheng earthquake. Bull Seis Soc Am,96(3)：757—795.

[11] Zhang H，Thurber C H. 2003. Double-difference tomography：the method and its application to the Hayward fault, California. Bull Seis Soc Am,93(5)：1875—1889.

[12] 陈运泰,吴忠良,王培德,等. 数字地震学[M]. 北京:地震出版社,2000.

[13] 姜明明，周仕勇，佟啸鹏，等. 藏南地区中深源地震精确定深研究及其地球动力学含义[J]. 地球物理学报,2009. 52 (9)：2237—2244.

[14] 周仕勇. 1997 年伽师强震群研究及其生成机理的探索[D]. 中国地震局地球物理研究所,1999.

[15] 周仕勇,许忠淮,陈晓非.伽师强震源特征及震源机制力学成因分析. 地球物理学报,2001.44(5)：654—662 .

[16] 张培震,邓起东,张国民,等. 中国大陆的强震活动与活动地块. 中国科学(D辑),33(增刊),2003. 12—20.

[17] 张国民,傅征祥.地震预报引论[M]. 北京：科学出版社,2001.

本书主要参考书目

[美]安艺敬一，P. G. 理查兹. 定量地震学. 第一卷,第二卷. 北京:地震出版社,1987.

Bolt B A,地震九讲. 马杏垣,译. 北京：地震出版社，2000.

Bormann P. New Manual of Seismological Observatory Practice, Geo Forschungs Zentrum
    Potsdam,(GFZ 培训教材)2002.

Lay T，Wallace T C. Modern Global Seismology, Academic Press Limited：London，1995.

Shearer P M 著,陈章立译. 地震学引论. 北京：地震出版社,2008.

Stein S，Wysession M. An introduction to seismology, Earthquakes, and earthquake struc-
    ture，Blackwell Publishing Ltd. Berlin，2003.

陈运泰,吴忠良,王培德,等. 数字地震学. 北京：地震出版社：2004,

傅承义，陈运泰，祁贵仲. 地球物理学基础. 北京:科学出版社,1985.

傅承义主编. 中国大百科全书-固体地球物理学、测绘学和空间科学卷. 北京:中国大百科全书
    出版社,1985.

傅淑芳，刘宝诚. 地震学教程,北京:地震出版社,1991.

胡聿贤. 地震工程学（第二版）. 北京：地震出版社,2006.

吴忠良,陈运泰,牟其铎. 核爆炸地震学概要. 北京：地震出版社,1994.

曾融生. 固体地球物理学导论. 北京：科学出版社,1984.